高效节能节水环保技术

机械蒸汽再压缩式热泵蒸发法

庞合鼎　编著

中国轻工业出版社

图书在版编目（CIP）数据

机械蒸汽再压缩式热泵蒸发法/庞合鼎编著. —北京：中国轻
工业出版社，2016.3

ISBN 978-7-5184-0826-9

Ⅰ.①机… Ⅱ.①庞… Ⅲ.①蒸汽—气体压缩机械—热泵—
蒸发法 Ⅳ.①TH3

中国版本图书馆 CIP 数据核字（2016）第 002685 号

内容提要

本书比较系统、全面地介绍了机械蒸汽再压缩蒸发技术的理论知识和工程应用中的实际问题。内容共分九章，包括这项技术的一般概念和基本理论知识，工程设计中应考虑的要点和应掌握的原则；给出了一些实验研究数据并列举了不同领域的工业应用实例，对节能效果进行了比较分析以及讨论了生产运行中的有关问题。为了实际应用中热工计算的方便，在本书后的附录中，收集了有关数据表和水蒸气的焓-熵图。这项节能技术的推广应用必将为社会带来节约能源和保护环境的显著效果，为企业和生产单位带来突出的经济效益。

本书可供化工、石油、造纸、制药、食品、海水淡化、废水处理、核废水的净化和浓缩等部门以及科研院所科技人员、管理人员和大专院校师生参考。

责任编辑：林　媛　　责任终审：滕炎福　　封面设计：锋尚设计
版式设计：宋振全　　责任校对：吴大鹏　　责任监印：张　可

出版发行：中国轻工业出版社（北京东长安街6号，邮编：100740）
印　　刷：三河市万龙印装有限公司
经　　销：各地新华书店
版　　次：2016年3月第1版第1次印刷
开　　本：787×1092　1/16　印张：14　插页：1
字　　数：320千字
书　　号：ISBN 978-7-5184-0826-9　定价：45.00元
邮购电话：010-65241695　传真：65128352
发行电话：010-85119835　85119793　传真：85113293
网　　址：http://www.chlip.com.cn
Email：club@chlip.com.cn
如发现图书残缺请直接与我社邮购联系调换
151187K5X101HBW

序

　　能源、水资源的高效利用问题，已受到各国的重视。能源是人类生活和经济发展的物质基础。

　　改革开放以来，我国能源工业迅速发展，为国民经济持续发展做出了重要贡献。我国是能源生产大国，也是能源消费大国。人均能源资源拥有量较低，能源资源相对不足。随着能源生产量和消费量的不断增加，"三废"产生量也随之增加，环境污染日益严重。因此，节能减排，提高能源利用率，减少能源浪费不仅有利于环境保护，而且对保障国民经济持续发展也具有重要意义。

　　我国政府高度重视环境保护和资源节约问题，坚持资源节约和环境保护的基本国策，坚持能源开发与节约并举，节约优先，走资源节约道路的方针，使我国的能源供需矛盾和环境状况得到明显改善。

　　我国是一个水资源短缺的国家，水资源的时空分布极不均衡。水资源已成为制约我国经济发展的"瓶颈"，对工农业生产和人民生活影响巨大。因此，节能、节水对我国经济持续发展具有重大意义。

　　热泵蒸发技术，或称"机械蒸汽再压缩蒸发法"，是一项高效节能、节水、环保技术推广应用这一技术对提高企业的能源利用率，增加经济效益具有重要意义。

　　本书对热泵蒸发技术做了比较全面介绍，对热泵技术的发展历史、热泵蒸发技术的理论基础、热泵蒸发装置工程设计和操作运行的有关问题都有详细介绍，基本反映了国际国内的现状和发展动向以及笔者的工作成果和经验。

　　本书可供造纸、食品、制药、化工、石油、核工业、水处理、海水淡化、环境保护等部门以及其他科学技术部门从事能源技术工作的科技人员、管理人员、操作工人参考，也可供大专院校有关专业的师生参考。

于承泽

2015 年 10 月

编者的话

高效节能、环保、节水的热泵蒸发技术，也叫机械蒸汽再压缩蒸发法，是一项成熟可靠又非常实用的技术。它同常规同类蒸发法相比较，一般可节约80%～90%的热能。在国外，这种技术早已用于工业生产，并有很好的运行经验，而对我国来讲仅是处在起步阶段。不少人想对热泵蒸发技术有所了解和认识，来信、来电咨询和搜取有关资料，但缺乏工业用热泵方面完整系统的书籍可查，虽看到不少热泵书籍，其内容绝大多数为空调机、电冰箱方面技术的描述和讨论。为了节约能源、保护环境及节约水资源，尽快在我国推广工业用热泵蒸发技术。在这方面，尽我们应尽的一点力量和应承担的一份责任，才下决心把从事多年热泵蒸发技术研究情况和经验以及查阅有关这方面的资料整理成册，以供有关和有兴趣的读者，能通过这本书对工业用的机械蒸汽再压缩蒸发技术，即工业用热泵蒸发技术有所了解和认识，进而去应用和推广这项技术。

前　言

　　能源是人们生活在一个工业化社会的基本需求，然而许多常规能源总会有一天要用完的。由于社会、科技的不断发展，使各行各业的人们都清楚地认识到能源对人类的重要性以及人类对它的依赖性，也看到能源消耗的严重性。除此，我们又亲身感受到消耗能源的同时所带来的严重环境污染问题（如水污染及大气污染），例如2013年年底一段时间出现的大面积雾霾，使我们淹没在其中；无雨无风雾霾就要持续笼罩着，这直接影响着我们的健康，这也是耗能污染并存的问题。再来看看水资源问题，我们回顾一下已过去的40~50年的时间水资源的变化，20世纪60年代村村有水井，村民家家引用井水，每逢雨天用手伸入井内便可从井中提上水来。路边、村边雨后的那些水坑中的蛙群叫声使人难以入眠。山间小溪流水不断，平原地区大小河流，流水滔滔向下游而去，洪水季节河水几乎要溢出两岸河堤。而现在村中井枯了，山间溪流干了，平原地区大小河流有不少没水了。这短暂的自然变化带来了这些严重而值得思考的问题。我国政府十分重视这些问题，并有了这方面的政策，由于政策的执行在节能和坏保方面取得了显著的成效（第9章中有描述）。

　　现在，我们要做的就是研究新技术，利用现有的有效技术节约能源，减少污染，节约用水，保持用水的持久性。

　　本书是在庞合鼎、王守谦、阎克智于1985年合编的《高效节能的热泵技术》一书的基础上经过修改，并增加了第2章、第4章和附录的内容。该书所论述的热泵蒸发技术就是能达到既节约能源、减少污染又能节约用水的方法之一，也就是文章中所讨论的机械蒸汽再压缩式热泵蒸发技术。20世纪70年代天津大学化工系在实验室内作小型热泵试验研究。原子能研究所（即现在的中国原子能科学研究院）于1975—1979年建成一套机械蒸汽压缩式热泵蒸发装置，设计为每小时蒸发水量250kg，实际运行达到330kg。现场测量每蒸发1t水耗电68kW·h，但当时因国内没有厂家制造不锈钢蒸汽压缩机，因而这项工作搁置了下来。当时，同德国的起步时间仅差几年的时间，但这么一拖便落后了几十年。

　　2003年辽宁沈阳沈鼓集团公司可以制造压缩汽量为15t/h的离心式水蒸气压缩机以后，又生产了汽量为36t/h、46t/h的水蒸气压缩机，这便为我国热泵蒸发技术的发展创造了条件，此后又有一些生产厂家也能制造同种类和不同种类的水蒸气压缩机。目前这项节能技术在国内的化工、食品、制药及海水淡化方面都已有应用。热泵蒸发法无论生产能力大小均能节约热能80%~90%（同常规同类型蒸发装置相比较），不过生产规模越大节能效果越显著。采用热泵蒸发法可以省去冷却循环水泵房及冷却塔系统，如果用电启动又可以省去锅炉房，这便达到了节能，无污染又节约水资源的目的。

　　这项技术在我国的应用仍处在起步的初期阶段，但发展的趋势很快，不过还需要大力推广。为此，我将所做实验研究工作、生产运行经验及调研资料加以整理供有兴趣人士参阅。

本书的初稿经由中国原子能科学研究院罗文宗研究员（原放化所所长）审阅，余承泽研究员（原研究室主任）、廖元宗研究员和从事热泵研究的化工机械工程师秦化一阅读，他们都提出了宝贵的修改意见。

在编写过程中的打印、图表扫描和复制工作，得到了李秀芳等人的大力帮助。

出版费用得到了长沙鼓风机厂有限责任公司的赞助。

在此，对以上提供帮助的朋友和经费赞助单位表示衷心的感谢。

由于编写水平有限，请读者多加指正，并希望多提宝贵意见，谢谢！

作者

2015 年 11 月

目　　录

第1章　热泵的发展史

现在,工业用热泵蒸发技术应该说是一项成熟、可靠的实用技术。不过,不少人对此还有点神秘感。家中的空调机和电冰箱就是你身边的热泵装置,这些装置也是在改革开放30年的发展中才逐步走进千家万户,之前用到空调机,电冰箱的家庭并不多。这下,你反倒又觉得太熟悉了。但是,我们要谈的并不是这两种装置,主要介绍工业用热泵。无论现在的家用热泵(空调机,电冰箱),还是工业热泵都经历了漫长的发展,其原理基本相同。从19世纪到20世纪70年代的这个历史发展过程中,有不少学者、专家做过许许多多试验和研究工作才逐步完善了热泵技术的基本理论概念。以下就对其发展历史做个概括的介绍。

1.1　国外家用热泵的发展情况[1-2]

1.1.1　19世纪

19世纪初期随着对物理过程认识的深化,人们对能否将低温热能泵送到较高温度处产生了兴趣。1824年法国青年工程师卡诺(Carnot)研究了一个特殊而十分重要的循环,称之为卡诺循环。卡诺早期的著作及卡诺循环的研究为热泵(制热)或制冷技术的发展奠定了理论基础。Piazzi Smythe教授大概是建议用这一原理制造冷机的第一个人,而Willion Thomson教授(稍后是Lord Kelvin勋爵),首先提出了实用的热泵系统。那时候称为"热量倍增器",指出了制冷机也可以高效率地用于采暖。在提出这样一种系统的论据时,汤姆逊预见到这样的事实,即常规燃料的储备量,不允许人们在炉子里直接燃用燃料来取暖,而他的"热量倍增器"要比普通炉子少用燃料。汤姆逊提出的热泵系统使用空气作介质(工作流体),环境空气被吸入汽缸,然后在汽缸中膨胀,因而降低了温度和压力。跟着空气就通过安装在外面的空气—空气热交换器,在那里已降温的空气能从周围空气中吸收热量。在送入建筑物供采暖以前,空气被压缩回原来的大气压力以使其温度高于环境温度。通常认为,在瑞士也成功地建造一台这样的机器。汤姆逊声称,只用直接采暖法的3%的能量,他的热泵就能产生出同样的热量来。

19世纪70年代,应用这些原理开发制冷设备的工作取得了迅速的发展,当时制造了一些低温制冷机以满足冻肉市场的需要。1879年英国Glasgou的Bell Coleman在由美国和澳大利亚运送肉类到英国去的船上安装了一套这样的设备。与此同时,用醚、氨或甲烷氯化物作为冷冻介质的蒸汽压缩机的开发也在进行。低温空气制冷机为二氧化碳机所取代。

1.1.2　20世纪

在20世纪20年代制成了氨压缩机,30年代小型制冷设备使用了甲烷氯化物,而到了40年代初,出现了第一个现代的卤代烷冷冻介质——R-12。

热泵本身的开发工作是同制冷设备的开发工作同时进行的,但从生活实际的需求情况在开发制冷设备的整个历史时期内,由于各种原因热泵的开发工作落到后面。在 20 世纪 20 年代,当时 Krauss 和 Morey 在 Willion Thomson 论文的基础上,进行了重新论述并加以完善。从已安装和数量正在快速增加的制冷设备性能分析中来研究热泵的可行性。Haldane 进行了这方面的工作,他选用了 1891—1926 年运行的制冷装置,对其性能进行了数据分析,编制了对应于不同的输出温度所能达到的 C. O. P(性能系数)值的图 1 - 1。该图表明了热泵的 C. O. P 值为逆向卡诺机理论效率的 1/3 ~ 1/2。

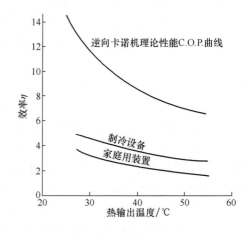

图 1 - 1 热泵性能系数

注:按哈尔登载热源温度为 4.4℃,蒸发温度为 -6.7℃ 测定数字绘制。

根据这些结果,他建议:应考虑可逆式热泵给建筑物供冷或供暖,并说明在游泳大厅用热泵回收能量具有特别的经济价值。Haldane 在 1930 年报道了他 1927 年安装在苏格兰的一台试验用热泵。用这台热泵给他的住宅供暖和给水加热,采用室外空气和管中的水作为热源,使用了一个低温热水散热器配热系统和一个电力驱动的制冷压缩机。冷冻介质为氨。由水力发电机组供电。这台热泵效果还是很好的。

最早的大规模热泵的应用是在南加利福尼亚爱迪生公司(Southern California Edison Company)的 Los Angeles 办公处。在那里,1930—1931 年间将制冷设备用于供暖,得到 1.45 ~ 1.98 的 C. O. P 值。然而一般认为在最适宜的操作条件下,C. O. P 值能达到 2.32。

20 世纪 30 年代的经济困难给欧洲的热泵发展以有力的刺激,到 1943 年大型热泵已很可观。当时《电气服务》杂志以"能源经济和热力学热泵"为题发表了一篇专门报告列举了热泵可能的应用包括有:在冷凝过程中利用蒸汽潜热的蒸发式热泵,工业废热回收即用于环流供暖,以空气或水为热源的热泵装置。报告还建议利用透平机废热,以蒸汽透平启动热泵。在当时包括液体浓缩在内的工艺过程中利用热泵被认为是很经济的。

在上述报告所描述的装置中有在 1937—1941 年间安装起来的苏黎世议会办公大楼(Zurich Council Hall),委员会办公大楼(Congress Hall)和游泳大厅(Swimming Hall)等热泵装置,也提到了安装在学校、医院、办公室和牛奶场的热泵装置。此外,Kemler 和 Oglesby 列举了在美国安装的 15 台商业用热泵,大部分是用水作为热源的,1948 年小型家庭用供热或供冷用可逆空调有了很大的发展。

1950 年前后在英、美就对使用地下盘管作为热源的家用热泵进行了研究。Baker 设计了一台配有防冻储槽的可逆热泵装置,Sumner 装置了一台以大地为热源的热泵,来给他的房间供暖。

Sumner 设计的向诺里奇(Norwich)一栋市政大楼供暖的试验机,是英国最早的大型热泵,1945 年投入运行,仅用了几年就被拆除了。计算得出的 C. O. P 值介于 3 ~ 4,整个采暖季节平均 C. O. P 值接近 4。

1951 年安装在伦敦泰晤士河岸的皇家庆典礼堂里的热泵装置,也是实验装置,是为礼堂冬季采暖,夏季降温设计的。该装置用泰晤士河的水作为热源,其压缩机为高速离心压缩机,是由改良的莫林(Merlin)飞机发动机驱动的空气增压器改制而成,工作介质为 R - 12. 这一系统由于设计余量太大,运行并不经济。

20 世纪 50 年代按商品要求生产了一些家庭用热泵,其中 1954 年制成的一种热泵——佛兰蒂"冷箱—加热器"(Ferran ti Fridge heater)通过吸收食品储藏室的热量,并用于加热水的家庭用装置,冬季的输入功率为 0.7kW,夏季的输入功率为 1.2kW。

前面提到美国热泵的发展,在此基础上到了 20 世纪 50 年代末至 70 年代美国人又做了许多工作,家用整体式热泵空调机有了批量生产。由于工程师廉价方便地把空调机安装到家庭或者小的商业用房间中,这样批量生产的第一年,工厂约存货 1000 台。1954 年增加 1 倍,1957 年增加了 10 倍,1963 年生产了 76000 台。多数装在南部地区,夏季降温,冬季取暖。热泵就能同锅炉供暖进行有效的竞争。20 世纪 60 年代美国电价降价,人们又转向直接用电取暖。但到了 1973 年能源危机,这又促使人们对热泵产生了强烈的兴趣,到 1976 年年底销量达到了 300000 台的高峰,到目前已成为每个家庭必不可少的装置。

家用热泵的开发和发展为工业热泵发展奠定了基础,并为逐步完善配套创造了条件,也就是说工业热泵的形成绝对离不开其前面家用热泵的发展,下面谈谈工业热泵的发展情况。

1.2　国外工业热泵的发展史[3-4]

工业用热泵的发展是在家用空调式热泵和制冷机发展的基础上而发展起来的。工业热泵同制冷机和家庭热泵的原理相同,只是运行的温度范围及达到的目的不同而已。从资料报道所知,工业热泵在 20 世纪 40 年代左右已有应用,如第二次世界大战中在部队的舰艇及海岛上,用热泵蒸发技术从海水中制备淡化水供士兵生活之用。这也促使热泵蒸发装置成百上千台制造了出来。日本人在 20 世纪 40 年代就采用此项技术,从海水中制备食盐,委内瑞拉的德加拉加斯和巴西的里约热内卢,1952 年用蒸汽压缩蒸发法进行盐的制备,在 20 世纪 50 年代化工工业中已有不少应用。美国和法国先后已在核工程中采用了热泵蒸发浓缩技术来处理核废水。在能源紧张的今天,能用热泵蒸发技术的各行各业都在积极采用它。

1.3　我国热泵的发展

我国家用热泵的研发机构,20 世纪六七十年代很少看到有报道的,就其从国外引进及扩大应用的历史也不是很久。80 年代使用空调机、电冰箱的家庭也并不多。从 2000 年前后发展到现在,空调、冰箱已成了家家户户必不可少的家用电器了。

我国工业用热泵的研究,制造和应用在 20 世纪五六十年代报道的不多。从 70 年代起一些高等院校、科研单位开始了这方面的探索性的研究工作,如天津大学做了这方面的实验工作并有论文发表。中国原子能科学研究院从 1975 年到 1979 年间,建成了一套热泵蒸发装置(机械蒸汽再压缩)。设计能力为每小时蒸发 250kg,但实验运行时达到 330kg。在 1980 年至 2003 年间,国内也有关于热泵蒸发方面的文章报道,但成功的整套装置及工艺流程的文章很少看到。据我们了解制约我国这项技术发展的主要原因是压缩蒸汽的压缩机没有厂家制造,这样的不锈钢设备更是空白。2003 年沈鼓集团公司为锦西天然气化工有限责任公司改造的每小时压缩 15t 水蒸气的蒸汽压缩机(产品代号:G11)研制完成,使离心式水蒸气压缩机完全国产化,填补了国内这项空白。从此,使我国的热泵蒸发装置逐步走向规模化的生产道路。沈鼓集团在 2012 年、2013 年又分别制造了同类型的每小时 8t,46t,36t 生产能力的压缩机。同时,长沙鼓风机厂有限责任公司也能生产罗茨式水蒸气压缩机。这就为我国发展该项技术扫除了障碍,目前化工、食品、制药、海水淡化等领域一些厂家已采用这样的技术在进行生产。今后,会有更广更快的发展,这必将为我国节能、环保和节约水资源做出大的贡献。

参 考 文 献

[1] [英]R.D.希普.张在明译.热泵[J].北京:化学工业出版社,1984,3 - 9.

[2] [英] D.A 雷伊,D.B.A 麦克米查尔,著.陈特銮,译.热泵的设计和应用[J].北京:国防工业出版社,1985,1 - 4.

[3] 山西省科学技术情报研究所.热泵汇编[C].太原:山西省科学技术情报研究所,1985,1 - 2.

[4] J.H.Mallinson. Chemical Process Applications for compression Evaporation[J]. Chem. Eng. , 1963.70 (18):75 - 82.

第 2 章　热泵的基本概念

水泵,我们经常提到,看到并也用到过它,所以大家都很熟悉。热泵,听起来似乎给人们带来点神秘的感觉。其实,要是了解了热泵是什么样的机械设备后,你就会知道它的功能,它是如何工作及其工作范围是什么。所以,通过以下各个片段对热泵加以描述,以便对它有所了解。

2.1　什么是热泵[1-2]

讨论热泵,了解热泵进而应用热泵,那么首先要知道什么是热泵。这对有些人来说可能是很简单的,但有些人对它并不十分了解。所以,本节作个粗略的解说,以便给想了解热泵的人有个初步认识。

概括地说,凡是能把低温处的热量抽取出来,让低温处达到制冷的目的;或者把低温处的热量抽取出来并把它送到用热的高温处成为有用的热能的机械设备,均可称为热泵。

众所周知,在自然界中,水会自发地从高处流向低处,高压气体会自发地向低压处扩散,热也能自发地从高温处传向低温处。但这些自发过程,绝对不可能自发地反向进行。要想实现这些过程的反向进行,一般都要借助于某种机械设备,消耗一定的能量来完成这样的工作。

人们要把低处的水送到高处,一般用电动机驱动机械泵(水泵)来完成,所以我们把这种机械泵叫作水泵。有些地方用小型空压机给车胎打气,人们把它称作气泵;那么要把低温处的热量送往高温处,生产上一般采用压缩机,所以我们习惯地把这种输送热量的压缩机称为热泵。

我们借助于热泵,就能广泛地利用低温热源来取得所需要的冷的条件和取得供暖条件或者是所需要的高温供热条件,以满足人们生活和生产的各种目的,如家用空调机和电冰箱,大型商业冷库,工业用的热泵蒸发单元以及物料的烘干等用途。

2.2　热机、热泵、制冷机的特征和区别[3]

为了进一步认识热泵,在这一节里把热机/热泵和制冷机的特征和它们的工作界限加以讨论,这将会对热泵有更深一步理解。为了便于理解和讨论,见其工作原理简图 2 - 1。

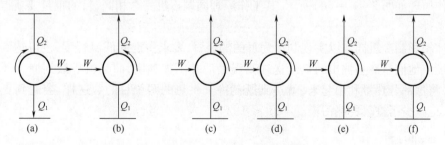

图 2 - 1　热机和热泵制热及制冷原理图

(a)热机　(b)热泵　(c)制冷机　(d)电冰箱　(e)空调降温　(f)空调供暖

5

2.2.1　热机

工作原理如图2-1中(a)所示,工业上一般常用的热机有两种:一种是蒸汽机,另一种是内燃机。蒸汽机是消耗常规燃料而产生高温,高压水蒸气来驱动专用机械装置(热机)对外做功。内燃机是消耗油气燃料在热机汽缸内产生高温高压混合气体使热机对外做功。

在正向循环热机运行的过程中,是从高温热源吸取热量Q_2,向低温热源放出热量Q_1,对外做功为W。在这一过程中,我们的着眼点是在消耗一定的热量,热机对外做功的量。当然,谁都知道做功越多,同时消耗的热量越少越好。

所以有

$$Q_2 - Q_1 = W \tag{2-1}$$

2.2.2　热泵

工作原理如图2-1中(b)所示,热泵的运行过程是热机正向运行的逆过程,即消耗外功W,把低温处的热量Q_1送往高温处使高温处获得热量Q_2,此处的热量Q_2包含了外功所转化成的热量在内,在热泵的运行过程中,我们的着眼点是放在消耗了一定量的外功,在高温处所获得热量有多少。所以Q_2一定会大于Q_1的。当然,在高处获得的热量越多,消耗的外功越少越好,说明热泵的效能越高。

所以有

$$Q_2 = Q_1 + W \tag{2-2}$$

2.2.3　制冷机

工作原理如图2-1中(c)所示,其工作原理和热泵工作原理相同,只不过最终目的及运行的温度范围不同。

制冷机的运行过程如同热泵一样,是热机正向运行的逆过程,也是消耗一定量的外功把低温处的热量Q_1抽取出来送往高温处,在高温处获得热量Q_2($=Q_1+W$),但这里的Q_2不加利用而是排放到环境中去了。在制冷机的运行过程中,我们的着眼点不在高温端获得热量的多少,而是在低温端的冷的程度,即在消耗一定的外功条件下,使低温处达到预期的冷的目的。也即从低温处抽取的热量越多越好,说明其效能越高。

2.2.4　电冰箱

工作原理如图2-1中(d)所示,其工作原理同制冷机完全相同,目的也是要获得所预期的冷的条件。

电冰箱和制冷机同属以实现制冷为目的的装置,要求一定的低温程度,也可达到冰点以下的温度。他们从冷室抽出的热量送往高温处后并不加利用,而是被扩散到周围环境里去了;如果将这部分热量利用起来,就达到既制冷又供热的两个目的。这样,会达到更加节能的效果,也减少了空气的热污染。

2.2.5　空调机

空调机原理如图2-1中(e)、(f)所示,和制冷机、电冰箱相同。它可在夏季用于室内降温[图 2 - 1 中的(e)],而在冬季向室内供暖[图 2 - 1 中的(f)]。当然,降温和供暖的温度使人感觉舒适为目的,所以空调机运行的温度范围不能太低又不能太高。如果,它在室内降温时向室外放热的条件及在向室内供暖时所形成的外界冷的条件都加以相互充分利用,会更加节能。目前,家庭用热泵(即空调机)是以室外空气作为热源,当然这种低温热源是多方面的。例如各种工业企业(发电厂、炼钢厂、铸造厂等)排放的废热,建筑物的废热,以及自然界的河水、海水、井水、地下水以及大地都可作为热源。如果整座大楼供暖,便可用地下温泉泉水做热源形成中央热泵空调机。尽管工业用热泵蒸发和空调机一般都可叫作热泵,但其运行的参数是完全不同的,所以它们的运行温度范围相差很大,因此两者不能相提并论。

2.3　热机和热泵效能的评价[4]

2.3.1　热机效率

从热机运行的原理简图 2 - 1 中可知,热机在运行系统中从高温热源吸取的热量 Q_2,其一部分用来对外做功 W 外,另一部分则为排放到低温热源的 Q_1。但排放到低温热源的热量 Q_1 在系统中是无用的,热机运行过程中目的是做功,在做功上耗用的热量越多,则做功越多,收效越大。所以,热机做功 W 耗用热量($W = Q_2 - Q_1$)占其从高温热源吸取的总热量的百分之几,这个百分数值越大即热量的利用率越高,一般称此百分数为热机的热效率。所以,热机运行的好与坏,就可用它的热效率来加以衡量。如果用符号 η 代表热机的热效率,则其数学式可写成:

$$\eta = W/Q_2 = (Q_2 - Q_1)/Q_2 = 1 - (Q_1/Q_2) \tag{2-3}$$

从上式可看出: $\eta < 1$,而且总是小于 1 的,因为在热机运行中必定要有一部分热量(Q_1)排入低温热源,所以热效率 η 达不到百分之百。

2.3.2　热泵的性能系数

热泵运行过程的方向和热机运行的方向正相反(热机的逆过程),所以热泵在运行时要消耗外功(W),而不是对外做功(W)。消耗一定量的外功,才能把低温处的热量 Q_1 送往高温处并成为有用的热能,在消耗一定外功的条件下,高温处获得的有用热量 $Q_2(=Q_1+W)$ 越多越好。换句话说,在高温处得到的有用热量 Q_2 越多,消耗的外功又越少则效能就越高,也即节能效果越好。所以在评价热泵效能的高与低时,采用高温处得到的有用热量 Q_2 同它所消耗的外功 W 的比值(Q_2/W)来评价,一般把 Q_2/W 的比值称为热泵的性能系数,在热泵技术的术语中常用符号 C.O.P 表示,用数学式表示如下:

$$C.O.P = Q_2/W = (W + Q_1)/W = 1 + (Q_1/W) \tag{2-4}$$

从上式可以看出　C.O.P > 1,无论 Q_1 值的大小,输入的功总是要转变为热,因此热泵的性能系数总是大于 1,所以热泵总是节能的。

式(2 - 4)中 Q_1/W 的比值,实际上就是下面要谈的制冷机的性能系数。

2.3.3　制冷机的性能系数

制冷机运行的目的是要获得一定程度的低温条件,这和热泵运行的目的正相反,热泵是要获得一定程度的高温条件为目的。所以制冷机的工作是在消耗一定量的外功 W,将需要低温处的热量 Q_1 抽走。当然消耗的外功越少抽走的热量越多则效果越好,那么评价制冷机工作的效果时,是用从低温处抽走的热量 Q_1 同它消耗的外功 W 的比值,即 Q_1/W 衡量的。在制冷专业的术语中把 Q_1/W 的比值称为制冷机的性能系数,常用符号 $C.O.P_{re}$ 来表示,用数学式表示如下:

$$C.O.P_{re} = Q_1/W \tag{2-5}$$

2.3.4 空调机和电冰箱效能的评价

在达到所需要的冷的或暖的目标时,消耗的电能越少越好。在此不加多的论述。

2.4 热泵的循环

热泵的工作过程不只是热泵(压缩机)装置本身,而是要有一套与其相匹配的设备,如蒸发器、冷凝器等串联在一起组成一个完整的系统,我们也叫它回路。这种回路一般又分为密闭式回路(闭式回路)和敞开式回路(开式回路)两种,如图2-2中(a)、(b)所示。工作介质(图中带有箭头的线段)在密闭回路中运行一圈,则为循环一次,在开式回路中工作介质从进入回路到排出回路也为循环一次。当然,要实现其生产运行目的,就必须连续不断的循环运行。

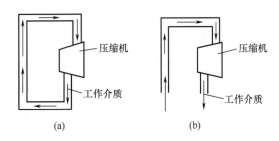

图 2-2　循环概念示意简图
(a)闭式循环　(b)开式循环

要达到供热或其他生产目的,在上述回路(系统)中还必须要有工作介质(即载热体)起桥梁作用,来转运热量。那么,工作介质由压缩机的驱动在闭式回路中运转一周或在开式回路中从进入回路到排出回路一次都是完成了一次循环,而供热或生产要求的不只是一次循环,是周而复始连续不断的循环,这就形成闭式循环或开式循环的循环回路。

2.4.1 开式热泵循环

在开式循环中,载热的工作介质就是送入系统的物料本身(水溶液),通过物料中溶剂水的变化(即物料中的水吸热变为蒸汽,蒸汽冷凝放出汽化潜热又凝结为水)来传递热量。同时蒸汽经压缩机压缩消耗的外功所转变成的热量,也补充进系统之中。就这样来实现热泵运行供热的目的。运行过程中要被处理的水溶液(其中溶剂水就是工作介质)连续不断地由外界送入系统,经热力循环后又连续不断排出系统之外,热力循环系统的首末两端并不是连接在一起形成密闭回路的,进出的物料都是敞开的,所以叫作开式循环。如图2-3所示。

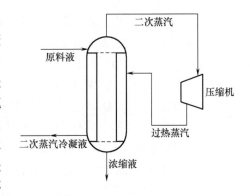

图 2-3　开式热泵循环示意图

开式热泵循环在工业上用的很多,如海水淡化、药物浓缩、制盐工业、食品工业、废水处理、核废水的净化等。这将在后面的章节中详细介绍。

2.4.2　闭式热泵循环

在闭式循环中,它的载热介质是在一个密闭的环路中运行,在一定时间内不会有新的介质加入也不会有介质从密闭环路中向外泄漏。当然在这个环路中串在一起的设备有压缩机、蒸发器、膨胀阀、冷凝器,如图 2-4 所示。

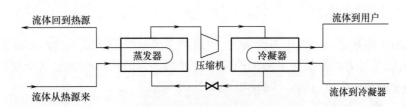

图 2-4　闭式热泵循环示意图

运行过程中密闭环路中的介质在蒸发器中吸收低温热源的热量而汽化(因为这种介质的沸点很低,容易汽化,如氟利昂),汽化了的介质蒸汽经压缩机压缩后去冷凝器放热而冷凝,经膨胀阀进一步降温,变为原状液态介质。再次重复前边的过程,周而复始地连续运行。蒸发端即吸热端有风扇不断向蒸发器管外送风供蒸发器吸热来保证蒸发器内介质的汽化。在冷凝端也有风扇连续不断的送风,将冷凝器放出的热量扩散到环境中去,使冷凝器内的蒸汽介质转变为液体回到蒸发器中再次循环。在此如果我们的目的是室内降温,就用蒸发器一端如图 2-5(a)所示,因为蒸发器将室内热量吸走而降温。如果目的是用来供暖,就用冷凝器一端如图 2-5(b)所示,因为冷凝器放出的热量便可用于取暖。由于介质在相变的吸热放热过程中是完全被封闭在密闭的环路中与外界不直接接触,所以叫作闭式循环。空调机、电冰箱都属这类闭式循环。

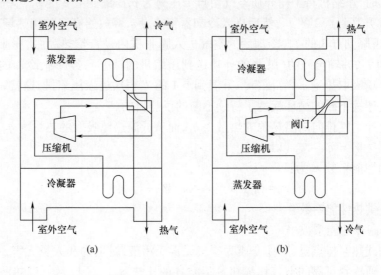

图 2-5　制冷和供暖循环示意图

(a)制冷循环图　(b)供暖循环图

2.5 热泵的类型及其特征

热泵供热,只有热泵(压缩机)本身是不能完成供热任务的,它必须要有一套巧妙设计与之相匹配的设备组成一个回路。由于在回路中所采用的设备种类不同,便构成了不同类型的热泵生产流程。一般有如下几种:①空气压缩式热泵;②蒸汽压缩式热泵;③蒸汽喷射式热泵;④吸收式热泵;⑤半导体式热泵。现分别介绍如下:

2.5.1 空气压缩式热泵

空气压缩式热泵是以空气作为介质,这种热泵主要是根据气体本身的温度随其压力的增高而升高,随其压力的降低而下降的原理来设计的。它的回路是由空气压缩机、冷凝器、膨胀机和热交换器所组成,其循环路径如下图 2 – 6 所示。

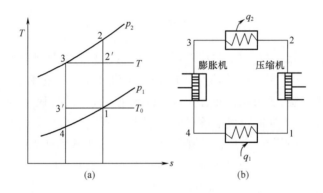

图 2 – 6 空气压缩式热泵循环示意图
(a)温—熵图 (b)循环示意图

热泵工作时,压缩机将工作介质空气由点 1 压力为 p_1 压缩到点 2 的 p_2,空气的温度相应的由点 1 的 T_1 升高到点 2 的 T_2,然后进入冷却器将热量 q_1 释放给高温的用热场所,而在恒压 (p_2) 下,温度下降到点 3 的 T_3,冷却后的空气进入膨胀机内进行绝热膨胀,膨胀后压力下降到点 4 的 p_1 和 T_4,并输出外功(膨胀的外功送到压缩机的轴上),经膨胀冷却的空气进入热交换器并从环境吸取热量 q_1,等压(p_1)升温到点 1 的 T_1 再次进入压缩机,这就完成了一次循环过程。如此连续不断的循环就达了持续不断的供热目的。

假设每公斤空气排向高温热源的热量为 q_1,而从低温热源吸取的热量为 q_2,则循环所消耗的净功 W 为:$W = q_1 - q_2 \; (\mathrm{kJ/kg})$。

则供热的性能系数 ε_h 为:

$$\varepsilon_h = (q_2 + W)/W = (q_2/W) + 1 = \varepsilon_f + 1 \qquad (2-6)$$

式中　ε_h——供热性能系数

　　　ε_f——制冷性能系数

空气压缩式热泵特点是,工作介质为空气无毒无污染,对生物和人类无害,易于取得,压缩机可采用普通成熟可靠的空气压缩机。但空气的比热容小,所以从低温热源吸取的热量少,因而一般用得不多。

2.5.2　蒸汽压缩式热泵

蒸汽压缩热泵是以系统中工作介质的物态变化,即汽化吸热冷凝放热的特性来实现供热的。它是由蒸发器,压缩机,冷凝器和节流阀以及系统中的工作介质所组成,其循环如图 2-7 所示,这种热泵是工业生产中用的较多的一种。

实际的蒸汽压缩式热泵循环,是以对蒸汽状态的工作介质进行压缩做功作为补偿,以干蒸汽压缩代替湿蒸汽压缩过程。在设备方面以简单的节流阀代替复杂的膨胀机,其原理见第 3 章。

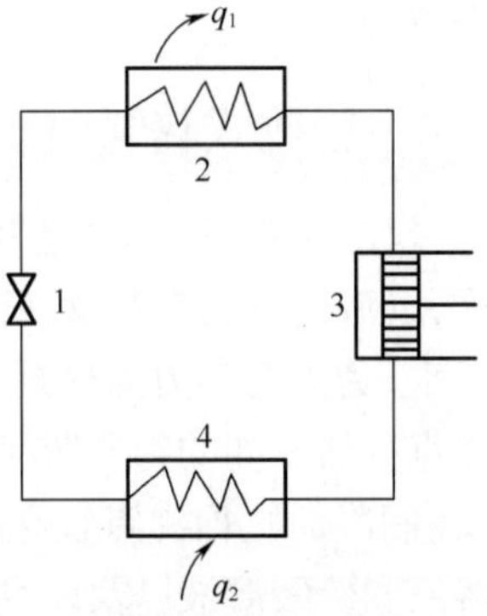

2.5.3　蒸汽喷射式热泵

蒸汽喷射式热泵和蒸汽压缩式热泵都属于以蒸汽为工作介质的压缩式热泵。但两者的运行方式是不同的;蒸汽喷射式热泵是以消耗高压蒸汽的热能,作为补偿来工作的,而机械蒸汽压缩式热泵则是以对工作介质做功,消耗外功为补偿来

图 2-7　蒸汽压缩式
热泵循环示意图
1—节流阀　2—冷却器
3—压缩机　4—蒸发器

工作的。喷射式热泵用喷射器达到对蒸汽的压缩,即从锅炉来的高压蒸汽进入喷射器的喷嘴,在排出高压蒸汽的同时从喉管吸入并载带低压低温蒸汽,使其压力温度升高。而蒸汽压缩式热泵则使用压缩机实现对蒸汽的压缩。

在喷射式热泵循环中,可用水、氨、氟利昂作为工作介质。但一般用水作为工作介质的较多,因为水的汽化潜热大、无毒,对生物和人类无危害,价格低廉又极易获得。化工生产上用的喷射式热泵,几乎都是用水作为工作介质的。

在实际的工业生产上所用的喷射式热泵有闭式循环[如图 2-8(a)所示]和开式循环[如图 2-8(b)所示]两种。由锅炉来的高压蒸汽同蒸发器出来的二次蒸汽在喷射器出口混合,一同在喷射器的扩压器中被压缩。然后,进入蒸发器的加热室中,在此释放出其潜热,使蒸发器内的溶液继续沸腾蒸发,蒸汽本身则被冷凝。冷凝液流入收集槽后再用泵送回锅炉房,这就形成闭式循环过程。如果冷凝液不送回锅炉房连续应用,而是作为蒸馏水或净化水排走,这便形成了开式循环过程。

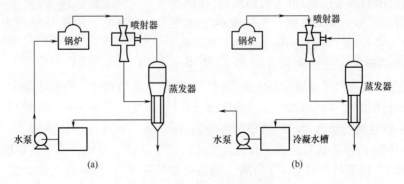

图 2-8　喷射式热泵循环示意图
(a)闭式循环　(b)开式循环

喷射式热泵的特点是不用压缩机而用简单的喷射器,不消耗机械能和电能,而消耗高压蒸汽的热能。但由于消耗高压蒸汽量大,其经济性差,所以在有充足废气可利用的场所,用起来较为合适。

2.5.4 吸收式热泵(化学热泵)

吸收式(化学)热泵是利用溶液的特性来完成工作循环和实现供热的。它和喷射式热泵一样,以消耗热能为补偿,所以是一种以废热热能(如工业废水的废热——冷凝水,冷却水或蒸煮水)为主要动力的热泵。它用的工作介质是一种二元溶液,这种溶液由两种相互溶解,而沸点截然不同的物质所组成。在这种情况下,溶液中沸点较低受热容易挥发的物质就是溶质(制冷剂),而沸点较高的就是溶剂(吸收剂)。这类热泵常用的溶液有以水为溶剂的氨水溶液和硫酸溶液以及以水为溶质的溴化锂溶液。二元溶液所以能制热就是利用溶质在溶液中,溶解度随温度的变化而改变的特性,即在一定的压力下温度越高溶解度越小,从而产生所需要的高压蒸汽;反之,温度越低溶解越大,易于被吸收溶解。其循环系统一般由发生器、冷凝器、调节阀、蒸发器和吸收器等组成。

这类热泵所需动力仅为机械压缩式热泵的5%～25%。已有用化学热泵将废热升温到165℃的成果。美国、欧洲、日本和前苏联已工业化。

美国 Rocket 研究公司开发了 44kW 硫酸式热泵,可将较高温位的热量供给工艺过程用热。这种工业化学热泵(ICHP)通过硫酸和水的反应,可将较冷端的热流引向较热的一端。当废热源为 54～121℃水时,则可取热 30%～50%,向过程提供 66～193℃温位的热量。另外使用其他热源(如 175℃烟气),热泵输出的热能可进一步提高,204℃硫酸和水组成循环回路的热泵系统如图 2-9 所示。

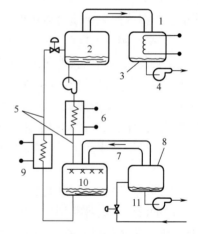

图 2-9 硫酸水循环回路的 ICHP 系统图

1、7—水蒸气 2—发生器 3—冷凝器
4—冷凝水 5—酸循环回路 6、9—酸换热器
8—蒸发器 10—吸收器 11—热水(废热)

酸循环回路:闭路循环回路的硫酸连续地在发生器和吸收器之间流动,借发生器保持在低压(3.4～10.3kPa)下,引入发生器的稀酸闪蒸成浓酸和水蒸气流。发生器压力由冷凝器中水温控制。发生器底部引出浓酸并泵送至 No.1 酸换热器,在此有占供入总废热的 30%～50% 热量用于加热工艺系统。浓酸进入吸收器。吸收器压力在 15～207kPa,由蒸发器(用热面供入废热的 50%～70%)发生水蒸气压力或直接注入低压高质量蒸汽来控制。来自蒸发器的水蒸气冷凝于酸中,使酸稀释。吸收的结果,使酸的稀释热和水的蒸发热放出,稀酸的温度提高 20～80℃。稀释过程继续进行,直到酸溶液达到与吸收器的压力相平衡的状态。

这套 ICHP 44kW 的试验装置采取组装形式以便于维修。结构材质包括玻璃、聚四氟乙烯、浇铸硅铁、陶瓷和特种合金。2 台酸换热器采取特殊设计,以解决工业装置在这种环境条件下工作时压力和温度的限制。

现在已完成使用 2 种不同废热源的 586kW 装置的初步设计,以每年生产 100 套装置为基准,这种 ICHP 的投资费估计为 183000 美元,节能取得效益可使设备偿还期(包括安装)在 2～3 年。其工作过程如溴化锂吸收式(化学)热泵的工作过程为例,如图 2-10 所示[6]。

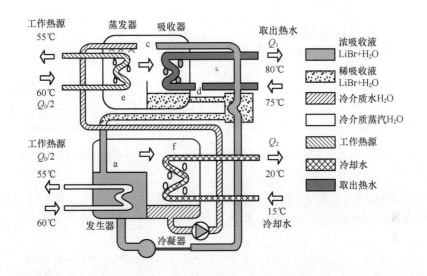

图 2-10　溴化锂吸收式热泵工作原理图

首先溴化锂稀溶液(a 点)流入发生器,由传热管内流过的余热水或余热蒸汽对其加热而产生冷介质蒸汽,因而吸收液的浓度提高,变成浓溶液,流入发生器中的吸收液储液器,然后再由泵送入吸收器。另一方面,所产生的冷介质蒸汽在冷凝器内由冷却水冷凝(f 点)成冷介质液后,由泵送入蒸发器。该冷介质液由喷洒装置喷洒到传热管上,被内流过的余热水或余热蒸汽加热蒸发后(e 点),再流回吸收器。

溴化锂浓溶液被送到吸收器内的喷洒装置中,由此喷洒到传热管上(c 点),吸收从蒸发器来的冷介质蒸汽,导致浓度下降,同时产生吸收热(d 点)。

利用此热量来加热传热管内流过的热水。

吸收式(化学)热泵的优点是:可以利用低温热源,如工厂的废汽和废热作热源,转动部件少,耗电量少,无噪声;但缺点是热效率低。

2.5.5　半导体热泵——帕尔特(Peltier)热泵

半导体热泵又称温差电热热泵或热电式热泵。下面简单介绍这种热泵的工作原理。

半导体热泵的工作原理如图 2-11 所示,把一个 P 型半导体元件和一个 N 型半导体元件用铜连接片焊接而成电偶对。当直流电流从 N 型半导体流向 P 型半导体时,接头 1、3 附近要产生电子、空穴对,使接头处的热力学能减少、温度降低,并从周围介质吸热,此端称为冷端。而在接头 2、4 处电流方向相反,电子、空穴对在接头附近复合,使接头处热力学能增加、温度升高,并且向周围介质放热,这个接头称为热端。如果将电流方向反过来。则冷端和热端将互换。

由于一个电偶对产生的电热效应小,所以实际中是将数十个电偶对串联起来,将冷端放在一起,热端也放在一起称为热电堆,如图 2-12 所示。这种热泵可能的应用是用于蒸发单元如图 2-13 所示。在节点之间除了不良的导热率外,重要的问题是在连接点间如何获得良好的导电率。

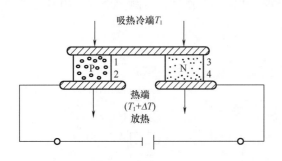

图 2-11 半导体热泵电偶对工作原理图[4,7]

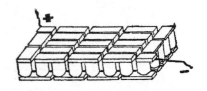

图 2-12 热电式热泵模堆

半导体热泵的特点是没有机械运转部件，无噪声、无振动、体积小、重量轻，因此在车、船、核潜艇、卫星站、飞机、地下建筑中得到广泛的应用。但由于半导体材料性能的局限性是耗电量大、造价高，使其应用受到一定的限制。

以上扼要地说明了几种热泵的工作运转过程，如果从热源把热泵加以分类则有以户外空气、水、地热能、土壤废热回收及太阳能等类型。按其介质在回路中循环的特点可分为闭式循环和开式循环两种。

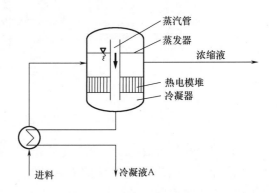

图 2-13 热电式热泵蒸发装置

从经验和实际的经济效果来看，目前机械蒸汽再压缩式热泵效率及经济效益高，适合工业生产应用。现在，在我国已应用于制药、食品、废水处理、海水淡化及化工等领域。

本章在介绍热泵基本概念过程中，引述了一些低温运行范围的空调机、电冰箱之类的热泵，但在以后的章节里主要讨论工业用的热泵蒸发技术，即现在热泵行业常用的机械蒸汽再压缩蒸发法。

参 考 文 献

[1] G. D Braham 等，著. 更生，译. 热泵[J]. 新能源，1981,3(1):8.11.

[2] 中内键二，佐藤信和. 王元凯，译. 余热回收的高校热泵[J]. 新能源，1982,4(7):1-2.

[3] 庞合鼎，王守谦，阎克智. 高效节能的热泵技术[J]. 北京：原子能出版社，1985.11-30.

[4] F. MOSER and H. SCHNITZER. 庞合鼎，王菊子，王守谦，译. 工业热泵[J]. 北京：中国轻工业出版社，1992,56-57.

[5] 利用化学热泵可使废热升级利用[J]. 化学界，1984,(8):319-320.

[6] 田宫靖. 吸收式热泵[J]. 新能源，1982,4(7):4-5.

[7] D. R . Heap. Heat Pumps[M]. London：E&F. N Spon LTd. , 1979.

第3章 热泵理论

在本章中,主要以热力学、工程热力学和传热学的理论论述为基础,用单级压缩式热泵来对工业常用的机械蒸汽再压缩热泵蒸发循环过程及热功能量交换工作原理进行分析和讨论。

3.1 热力学定律

热泵蒸发技术能神奇地节约大量的热能,同常规单效蒸发相比较可节能90%以上,并能节约大量水资源并且又很环保,为企业创造很好的经济效益,因而受到人们的重视和采用。

神奇的热泵蒸发技术实质上并不那么神奇。热泵技术的应用能节约大量热能,但它并不能创造出新的能量,而是严格遵守热力学定律所描述的规律的。

3.1.1 功和热力学能[1]

(1)热力学能 热力学能是物体内部所有分子做热运动的动能和分子之间相对位置而存在的势能的总和。热力学能类似重力做功与路径无关,仅由物体的初末位置决定,而热力学系统的绝热过程中外界对系统所做的功,也仅由初末状态决定,与具体做功过程和方法无关,我们认识到,任何一个热力学系统必定存在一个只依赖系统自身状态的物理量,这个物理量是系统的一种能量,叫热力学能。

(2)绝热过程 系统只由外界对它做功而与外界进行能量交换,它不从外界吸收热量,也不向外界放出热量,这样的过程叫作绝热过程。这种过程在实际生产中是不存在的,而只是为了研究热和功相互转换过程的方便而设定的一种理想状态。

(3)热力学能变化和做功的关系 系统由状态1在绝热过程中达到状态2时,热力学能的增加量为:$\Delta U = U_2 - U_1$,$\Delta U = W$。绝热过程中,热力学能的增加量等于外界对系统所做的功,当外界对系统做正功时系统热力学能增加,外界对系统做负功时,系统热力学能减少,并且热力学能变化的量等于外界所做的功。

(4)功和热力学能的区别 功是能量转化的度量,与热力学能的变化相关联,是过程量,而热力学能是状态量,只有在热力学能变化过程中才有功,物体热力学能大,并不意味着做功多,只有热力学能变化大,才有可能做功多。

(5)功与热力学能的详细解说 为更好地对功和热力学能相互转化进行了解,下面作进一步分析和解说。

①做功改变热力学能的过程是能量转化的过程:做功改变热力学能的过程,是将其他形式的能(如机械能)与热力学能相互转化的过程。做功使物体热力学能发生变化时,热力学能改变了多少,可用做功多少的数值来度量,外界对物体做多少功,物体的热力学能就增加了多少;物体对外界做了多少功,物体的热力学能就减少了多少,即:$\Delta U = W$。

15

②在绝热过程中,末态热力学能大于初态热力学能时,ΔU 为正,W 为正,即外界对系统做功。末态热力学能小于初态热力学能时,ΔU 为负,即系统对外做功。热力学能和其他形式的能量一样,是状态量,物体的状态一定时,它的热力学能也一定。这和讨论重力势能一样,我们能确定的只是热力学能的变化。

③汽(气)体的压缩和膨胀:压缩汽(气)体,外界对汽(气)体做了功,汽(气)体的热力学能增加,汽(气)体热力学能增加的量等于外界对汽(气)体所做的功;汽(气)体膨胀,是汽(气)体对外界做功,汽(气)体热力学能减少,汽(气)体热力学能减少的量等于汽(气)膨胀对外界所做的功。实质上,对汽(气)体我们还可从另一个方面来判断,那就是汽(气)体的体积。被研究或处理的汽(气)体的体积增大就一定对外做功,汽(气)体的体积减小就一定是外界对汽(气)体做功,功的计算式为:$W = \Delta U$。

3.1.2 热和热力学能

3.1.2.1 热传递

(1)热传递的方向性　高温物体总是自发地将热量传递给比它温度低的物体,或者热量自发地从同一个物体的高温部位传递到低温部位,这种改变热力学能的现象叫热传递。

(2)热传递的方式及必要条件　热传递方式有三种:热传导,热对流和热辐射。无论哪种方式进行传热,都必须要有温度差存在,所以温差是热传递的必要条件,也就是说一个系统与另一个系统或同一系统的不同部位之间有温差存在时才会有热传递发生。如果它们之间温度相同,就不会有热传递发生。

3.1.2.2 热和热力学能

热传递过程,实质是能量转移过程。

(1)单纯的传热过程　系统在单纯的传热过程中热力学能的增加量 ΔU,等于外界向系统传递的热量 Q,即 $\Delta U = Q$,这说明了单纯的传热使系统的热力学能发生变化,系统吸收了多少热量,系统的热力学能就增加了多少,系统放出了多少热量,则系统的热力学能就减少了多少。

(2)$\Delta U = W$　如前所述,做功使系统(物体)热力学能发生变化时,热力学能改变了多少,可用做功的数值来度量,即 $\Delta U = W$。

(3)热传递和做功均在绝热条件　如果热传递和做功均在绝热条件下,尽管改变热力学能的方式不同,但效果是相同的。如果系统的热力学能改变了 ΔU,这可能是外界对系统做了功,$\Delta U = W$;也可能外界向系统传递了热量,$\Delta U = Q$。

3.1.2.3 做功与传热在改变热力学能上的区别和联系

做功与传热在热力学能上的等效性见表 3 - 1 所示。

表 3 - 1　　　　　　　　　做功与传热在改变热力学能上的等效性

比较项目	做功	传热
热力学能变化	外界对系统(物体)做功,系统热力学能增加;系统(物体)对外做功,系统热力学能减少	系统(物体)吸收热量,热力学能增加,系统(物体)放出热量系统的热力学能减少

续表

比较项目	做功	传热
物理实质	其他形式的能与热力学能之间的转化	不同系统(物体)间或同一系统(物体)的不同部位间热力学能的转移
互相联系	做一定量的功或传递一定量的热量,在改变热力学能的效果上是相同的,也就是说在改变热力学能的结果上是同等的。无论是做功或传热的量是等效的	

3.1.2.4　几个物理量的比较

几个物理量的比较见表 3-2 所示。

表 3-2　　　　　　　　　　　　　几个物理量的比较

比较项目	区别	联系
热量和热力学能	热量是热过程中的物理量,热量对应状态变化的过程,而热力学能对应一个状态	状态确定,系统的热力学能也随之确定,要使系统的热力学能发生变化,可以遥过传热和做功两种方式来完成
热量和温度	热量是系统热力学能变化的量度,而温度是系统内部大量分子做无规则热运动激烈程度的标志。虽然传热的前提条件是两个系统间要有温度差,但是传递的是热量,不是温度	传热过程中放出热量的多少与温度差有一定的关系
热量和功	用做功来改变系统的热力学能,是系统内分子随整体的有序运动转化为另一系统的分子的无规则运动的过程,是机械能或其他形式的能和热力学能间的转化过程。用传热来改变系统的热力学能,是将分子的无规则运动从一个系统转移到另一个系统,这种转移就是系统间热力学能转换过程	热量和功都是系统热力学能变化的量度,都是过程量,一定量的热量还与一定量的功相当,热量可以通过系统转化为功,功也可以通过系统转化热量

3.1.2.5　热功当量

热功当量:$A = 4.2\text{J/cal}$,或 $A = 4.2\text{kJ/kcal}$。

对热功当量的理解:不能理解为 1cal 的热可以做功 4.2J 或 1cal 的热量等于 4.2J 的功。热功当量的前提是做功和热传递在改变热力学能上的等效性,因此,对于 $A = 4.2\text{J/cal}$ 应理解为"传递给系统(物体)1cal 的热量使系统(物体)热力学能的增加,与对系统(物体)做 4.2J 的功时使系统(物体)热力学能的增加,在效果上是相当的"。也就是说,使系统热力学能发生变化时,1cal 热量相当于(等效)4.2J 的功。

做功和热传递的等效性举例如图 3-1 中的图(a)和图(b)所示:在图(a)中若压缩汽缸中的气体,将活塞由 1 压缩到 2,外力 F 做功为 $W = 80\text{J}$,若此过程为绝热过程,则气体的热力学能的增量为 $\Delta U = W = 80\text{J}$。

在图(b)中用电热丝给气体加热,将 $Q = 80\text{J}$ 的热量传递给气体,若此过程为绝热过程,则气体热力学能的增量 $\Delta U = Q = 80\text{J}$。

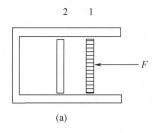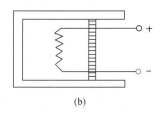

图3-1　做功和传热改变热力学能等效性示意图

（a）做功过程　（b）传热过程

3.1.3　热力学第一定律——能量守恒定律

3.1.3.1　热力学第一定律[2]

3.1.3.1.1　热力学第一定律研究的对象——热力学系统

一个热力学系统的热力学能的增量 ΔU 与外界向它传递的热量 Q，和外界对它所做的功 W 之间的定量关系。

3.1.3.1.2　热力学第一定律

（1）内容　一个热力学系统热力学能的增量等于外界向他传递的热量 Q 和外界对它所做的功 W 的总和。

（2）数学表达式　$\Delta U = Q + W$，该式也适用于物体对外做功和向外散热的情况。

3.1.3.1.3　数学式 $\Delta U = Q + W$ 中几个物理量的符号和规定

几个物理量符号规定见表3-3。

表3-3　　　　　　　　　　几个物理量的符号和规定

符号	W	Q	ΔU
+	外界对系统做功	系统吸收热量	热力学能增加
−	系统对外界做功	系统放出热量	热力学能减少

气体的压缩和膨胀过程以图3-2为例,对热力学第一定律作进一步的说明,假设在一个具有可移动活塞的汽缸内有 G kg 气体,当活塞从 A 移动到 B 时气体被压缩,此时外界对气体做功 W。如果过程为绝热过程,即汽缸这个热力系统和外界没有热交换（$Q=0$）,则压缩功转化为热能的形式储存于气体之中,使气体内部能量由 U_1 增加到 U_2,并以温度和压力升高的形式表现出来。这样,根据能量转换定律便可得出下面数学式：

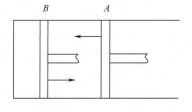

图3-2　气体压缩和
膨胀做功改变热力学能

$$W = U_2 - U_1 = \Delta U$$

该式表示外界对系统做功,则增加了系统的热力学能。

反过来,当气体膨胀时,活塞又按其原来的路线从 B 移动到 A,系统对外做功,显然系统

传给外界的机械能是由系统的热力学能转换而来使系统的热力学能由 U_2 减少到 U_1。可用数学式表示为:

$$-W = U_1 - U_2 = -\Delta U$$

该式表示系统热力学能的减少是用于对外界做功。

实际上,在生产过程中,生产系统不可能做到与外界绝热,而是与外界有热量交换的,如在化工设计中热衡算时,一般把损失到外界的热量按系统总用热量的5%计算。所以热力学第一定律的数学式表示为:

$$\Delta U = Q + W \tag{3-1}$$

若对无限小的过程变化来说,上式可以写成第一定律的微分形式,即:

$$dQ = dU + dW \tag{3-2}$$

3.1.3.1.4　热力学第一定律应用中的几种特殊情况

(1)绝热过程做功　在绝热过程中,$Q = 0$,$\Delta U = W$,外界对系统做的功等于系统热力学能增加的量。

(2)若过程不做功只传热　$W = 0$,$\Delta U = Q$,系统吸收的热量等于系统热力学能增加的量。

(3)若过程的始末状态系统的热力学能没有发生变化　$\Delta U = 0$,即 $W + Q = 0$,则有如下情况,$W = -Q$,外界对系统做的功等于系统放出的热量,或者 $Q = -W$,系统吸收的热量等于系统对外界所做的功。

3.1.3.2　能量守恒定律

人类长期的生产实践证明,自然界中不同形式能量之间在一定条件下存在着相互转化的关系,如摩擦生热是通过克服摩擦做功将机械能转化为热力学能,沸腾水壶中的水蒸气对壶盖做功,将壶盖顶起是热力学能转化为机械能,电能通过电热丝做功把电能转化为热力学能,这种转化是通过做功来完成的。

能量守恒定律:能量既不能凭空产生,也不能凭空消失,只能从一种形式转化为另一种形式,或从一个系统(物体)转移到另一个系统(物体),在转化或转移过程中能量的总量保持不变,这就是能量守恒定律。热泵则是其应用的实例之一。

3.1.3.3　永动机不可能制成

(1)第一类永动机　不消耗能量,能源源不断地对外做功的一种机器。人们常说:"坐等天上掉馅饼的事,是不可能的。"

(2)永动机启示我们　人类利用和改造自然时,必须遵循自然规律,能量守恒定律的发现,使人们进一步认识到任何一部机器只要对外做功,就一定要消耗能量,都只能使能量从一种形式转化为别的形式或者从一个系统(物体)转移到别的系统(物体),而不能凭空创造能量,不消耗能量,确能源源不断地对外做功的机器是不可能制成的。

3.1.4　热力学第二定律[2]

从人们的经验知道,河水向下游流去,山石由山上向山下滚落;但河水决不会由下游自发地向上游流去,山石也不会从山下自发地滚上山去。归纳自然界中,一切自发过程和现象都具有方向性,但自发过程的逆过程决不可能自发进行。

3.1.4.1　自然界中的自然过程都具有方向性

(1)热传导具有方向性　两个温度不同的物体相互接触时,热量会自发地从高温物体传给低温物体;而低温物体决不会自发地将热量传给高温物体。要想实现由低温物体向高温物体传递热量的过程,那就必须借助外界的帮助(如外界做功),因而产生其他影响或其他的变化。

(2)气体扩散具有方向性 两种不同气体相互接触时,各自可以自发地进入对方,最后成为均匀的混合气体。但这种均匀的混合气体决不可能会自发地分开成为原有的各自的单纯气体。再如一个密闭容器用挡板一分为二,一边有气体另一边为真空,当把挡板打开后气体向真空扩散,而相反的过程,即气体自发地回到自己的气室使真空室恢复原真空状态,这个逆过程是不可能实现的

(3)电冰箱的工作过程 热量从低温物体(箱内的食品)传到了高温物体(箱外的空气),但这不是自发过程,是通过第三者介入,即压缩机做功来完成的。这也是热泵应用的实例之一。

3.1.4.2 热力学第二定律的表述

(1)第一种表述 克劳休斯的表述:热量不能自发地从低温物体传向高温物体。要使热量从低温物体传向高温物体,必须有第三者的介入,即提供第三者的帮助,如做功,这显然不是自发的。

(2)第二种表述 一般地说机械能转化为热能是没有什么困难和限制的,如:摩擦可以把机械能全部转化为热能,反过来将热能全部转变为机械能就不可能,他不是自发过程,而受到一定条件限制,这说明热力学过程是有方向性的,自发过程的逆过程不可能自发进行。由卡诺循环可知,不可能把热全部变为功,在热力循环过程中,一部分热量没有被利用而排到冷源(低温热源)。如果没有冷源热机在循环过程中就不能连续地对外做功。如图3-3所示,汽锅中的介质由燃烧燃料(高温热源)得到热量 Q_1,而给于冷却水(低温热源)的热量为 Q_2,那么 $Q_1 - Q_2 = Q_0$,也即只有 Q_0 的热量对外做了功 W,如果没有低温热源蒸汽终究不能流动,过程也就不能进行。

因此,热力学第二定律的第二种表述为:

开尔文的说法:任何一种热机,必须有一个高温热源和一个低温热源,或者说单一热源的热机是永远制造不出来的,也即第二类永动机是永远制不成的。

由前面所述,已经告诉我们热过程总是自发地朝着一定的方向进行,即自发过程是不可逆的。但是只要具备一定条件,自发过程的逆过程是可以进行的。逆向卡诺循环指明,利用热泵可以将热量由低温物体传向高温物体作为有用的热能,但必须消耗一定的机械能做功来作为补偿,这种机械能自发地全部转变成热能,并连同工作介质从低温物体(低温热源)中所吸取的热量一并送到高温物体(高温热源),如图3-4所示。

要实现一个逆过程的条件是需要伴随一个自发过程作为补偿。因此,热力学第二定律的第二种表述,也可以说成:热量不可能自发地从低温物体传向高温物体,除非有补偿过程伴随。

综上所述,可知热力学第一定律反映了各种能量之间相互转换的关系;热力学第二定律反映了能量相互转换的条件,及热功转换的方向。这正是我们研究热泵技术所必要的理论基础。

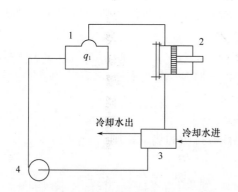 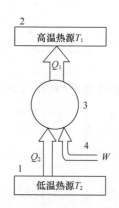

图 3 - 3　热力学第二定律的第一种说法图示　　　图 3 - 4　热力学第二定律的第二种说法图示
　　1—锅炉　2—压缩机　3—冷凝器　4—水泵　　　　1—低温热源　2—高温热源　3—热泵　4—输入外功 W

3.2　循环过程中热和功的相互转换

　　从前面各段的介绍,清楚地了解到热功转换循环过程可分为两种情况:即正向循环和逆向循环两种。在正向循环中,是使热能转变为机械功,凡是按正向循环工作的机器被称之为发动机,简称热机。而在逆向循环工作中,是要消耗机械功,来迫使热量从低温处传向高温处(从低温热源传向高温热源),这种机器早就被人们称之为制冷机。如人人皆知的家用电冰箱和夏季用的空调机,均属制冷机的范畴,其目的在于对冷端的要求。如果逆向循环的目的是消耗机械功向高温用热处(高温热源)供热,则这种机器就是前面所说的热泵。

3.2.1　热机、制冷机和热泵的热力循环过程

3.2.1.1　热机

　　工业上常用的热机一般有两种:一种是蒸汽机,另一种是内燃机,它们的工作特性如图3 -5所示。

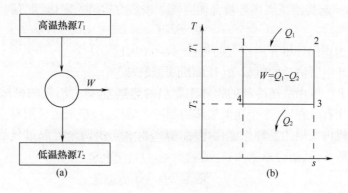

图 3 - 5　热机工作原理图
(a)热力循环示意图　(b)温—熵图

在正向循环中由高温热源吸取热量 Q_1，向低温热源放出热量 Q_2，则对外做功为 W。

一般用热效率来衡量一台热机工作的好坏，它是由热机对外所做的功的量和对应做功所消耗的热量的比值求得，即

$$\eta = W/Q_1 \tag{3-3}$$

式中　W——对外输出的功（即对外所做的功）

　　　Q_1——高温热源供给的热量

　　　η——热效率

根据热力学第二定律：$W = Q_1 - Q_2$（Q_2 是向低温热源排出的热量），则

$$\eta = W/Q_1 = (Q_1 - Q_2)/Q_1 = 1 - (Q_2/Q_1) \tag{3-4}$$

上述循环若为卡诺循环，则有

$$\eta_c = W/Q_1 = (Q_1 - Q_2)/Q_2 = (T_1 - T_2)/T_1 = 1 - (T_2/T_1) \tag{3-5}$$

若卡诺循环以"可逆"条件为根据，是一种理想条件，效率最高，但是热机效率都达不到这个要求，都小于理想条件下的卡诺效率（η_c）。那么它的实际意义只是作为实际热效率的对比标准，越接近卡诺循环效率的热机，其热效率就越高，反之就低。实际循环的热机做不到可逆状态，都是不可逆过程，所以是具有不可逆热损失的，其效率与相同外界条件下工作的理想卡诺循环的热机效率之比称为热力完善度。一般用 β 来表示，即

$$\beta = \eta_R/\eta_c \tag{3-6}$$

式中　η_R——实际循环的热机效率

　　　η_c——理想的卡诺循环热机效率

卡诺循环的研究指出，要完成一次卡诺循环必须要有高低温两个热源，两热源的温差越大，效率越高，则热量可利用价值就越大。

根据循环的方向不同，卡诺热机可以是热机（按正向循环），也可以是制冷机或是热泵（按逆向循环）。

3.2.1.2　制冷机

用于制冷的机器称为制冷机，制冷机的工作特性如图 3-6 所示。

设被冷却的物体的温度为 T_2，周围环境的温度为 T_1，在 T_2 和 T_1 的温度范围内，制冷机从被冷却的物体内取出热量 Q_2，并将它传递给周围环境介质空气中（废弃掉了），这就完成了一次逆向循环。在循环中所消耗的机械功等于 W，这部分功转变为热量后和从被冷却物体中取出的热量 Q_2 一起传了周围环境介质空气。按热力学第一定律，则有

$$Q_1 = Q_2 + W \tag{3-7}$$

式中　Q_1——传给周围环境介质空气的热量

　　　W——循环中所消耗的机械功（压缩机所做的功）

在制冷专业上一般用从被冷却的物体中取出的热量 Q_2 与所消耗的机械功 W 的比值来表示制冷机的工作有效程度，这个比值被称为制冷系数（ε_f），根据定义则有：$\varepsilon_f = Q_2/W$。

如果在制冷机内实现的是理想逆向卡诺循环，那么它由两个等温过程和两个绝热过程组成，如图 3-6 所示，其制冷系数为：

$$\varepsilon_f = Q_2/W = T_2/(T_1 - T_2) = \varepsilon_{cf} \tag{3-8}$$

式中　T_1——周围环境介质空气的温度

　　　T_2——被冷却物体的温度

ε_{cf}——理想卡诺制冷循环的制冷系数

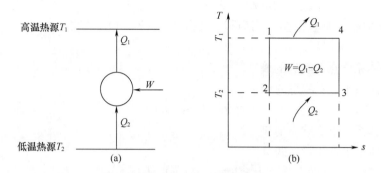

图 3 - 6 制冷机工作原理图

（a）过程示意图 （b）温—熵图

3.2.1.3 热泵

热泵的工作原理和人工制冷的原理是一样的,同属逆向卡诺循环,其热力循环过程特性如图 3 - 7 所示。

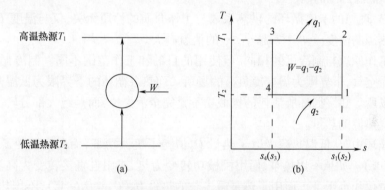

图 3 - 7 热泵工作原理图

（a）循环示意图 （b）温—熵图

根据热力学第一定律,设计热泵循环这一工作过程的目的是要消耗一定量的机械功,把低温热源中的热量送往高温热源加以利用。通常在把低温热源的热量 Q_2 送往高温热源这个过程要消耗一定量的机械功 W,而此过程使高温热源获得热量 Q_1,一般用高温热源所获得的热量 Q_1 对过程所消耗的功 W 的比值来评价热泵效能的好坏,这个比值称为供（制）热系数,通常用 ε_h 表示,根据定义,则有

$$\varepsilon_h = Q_1 / W \tag{3-9}$$

式中 Q_1——高温热源所获得的热量

W——所消耗的机械功

ε_h——供（制）热系数

根据热力学第一定律,热泵经历一次循环后,所达到的效果为:

$$Q_1 = Q_2 + W \tag{3-10}$$

式中 Q_2——从低温热源中吸取的热量

$$\varepsilon_h = Q_1/W = (Q_2 + W)/W = 1 + (Q_2/W) = (1 + \varepsilon_f) > 1 \qquad (3-11)$$

式中　ε_f——运行在热泵范围内的制冷系数

如果热泵循环为理想的逆向卡诺循环,根据图3-7中(b),则有

$$Q_2 = T_2(s_1 - s_4) \qquad (3-12)$$

式中　s_1——体系中点1状态的熵

s_4——体系中点4状态的熵

$$Q_1 = T_1(s_2 - s_3) \qquad (3-13)$$

式中　s_2——体系中点2状态的熵

s_3——体系中点3状态的熵

$$W = Q_1 - Q_2 = T_1(s_2 - s_3) - T_2(s_1 - s_4) \qquad (3-14)$$

那么逆向卡诺循环的供热系数(ε_{ch})为:

$$\varepsilon_{ch} = Q_1/(Q_1 - Q_2) = T_1(s_2 - s_3)/[T_1(s_2 - s_3) - T_2(s_1 - s_4)] \qquad (3-15)$$

因为,$s_1 = s_2$,$s_3 = s_4$,所以上式可写成为:

$$\varepsilon_{ch} = T_1/(T_1 - T_2) \qquad (3-16)$$

式中　T_1——高温热源的温度

T_2——低温热源的温度

可以看出,理想的卡诺循环的供热系数与工作介质的性质无关,仅与温度T_1和T_2有关。高低温两个热源的温度差$T_1 - T_2$越小,ε_{ch}的值就越大。

热泵的工作原理与制冷机的相同,但使用的目的和工作范围不同。制冷循环中的上界限为周围介质空气,下界限为需要冷负荷的场所。而热泵循环的下界限为低温热源,上界限是消耗用热场所。热泵循环所消耗的机械功不是完全消失掉,而是绝大部分转变为热能,增加了送向高温热源的热量。

在热泵循环中,从低温热源吸取了热量Q_2消耗了机械功W,而向高温热源输送了热量$Q_1(Q_1 = Q_2 + W)$。如果不用热泵,而用机械功转变为热,或用电直接转变为高温热源的热,则所得的热量仅相当于W。而用了热泵后多获的热量$Q_2(Q_2 = Q_1 - W)$,不用热泵就无法获得热量Q_2故使用热泵可以节省大量热能,也即节省了燃料。

热泵循环和热机循环正好相反,如下表3-4所示。

表3-4　　　　　　　　　　三种热力过程的比较[3]

热力机械名称	工作原理图	温—熵图	衡量指标	主要特性
热机			$\eta = \dfrac{W}{Q_1}$ $= \dfrac{1}{\varepsilon_h}$	1. 正向循环,热从高温热源流向低温热源 2. 在给定的高低温热源温度之间循环运行 3. 目的在于消耗一定的热量而对外做功
制冷机			$\varepsilon_f = \dfrac{Q_1}{W}$	1. 逆向循环,热从低温热源流向高温热源 2. 高温热源为周围环境介质,低温热源为冷库 3. 目的在于消耗外功,取出冷库的热量,使冷库达到所需要的低温

续表

热力机械名称	工作原理图	温—熵图	衡量指标	主要特性
热泵	$Q_1 \uparrow T_1$ $\circlearrowleft \rightarrow W$ $Q_2 \uparrow T_2$		$\varepsilon_h = \dfrac{Q_1}{W}$ $= 1 + \varepsilon_f$	1. 逆向循环,热从低温热源流向高温热源 2. 高温热源是需要热量的场所,低温热源为环境介质或低温余热 3. 目的在于消耗外功,获得一定的热量供高温热源即用热场所需

热泵是在消耗机械功条件下,将低温热源的热量,转移到高温热源变为有用的热能。而热机是将高温热源的热量的大部分用来对外做功,并把其余部分的热量传送到低温热源散失浪费掉了。很显然,热泵是把废热或者周围环境的热送向高温处(高温热源)变为有用的热;而热机则是把提供给它的热的一部分变为有用功,而另一部分则变为废热排给低温热源被散失掉了。

若热泵和热机具有两个相同的高低温热源温度,则热泵的供热系数 ε_h 和热机的热效率 η 之间的关系为:

(1)$\varepsilon_h = 1/\eta$　ε_h 总是大于 1 的,而 η 总是小于 1 的。若设定 Q_1 为高温热源的热量,Q_2 为排入低温热源的热量:

对热机来说其热效率为:$\eta = W/Q_1$[式(3-3)]

对热泵来说其供热系数为:$\varepsilon_h = Q_1/W$[式(3-9)]

从式(3-3)和式(3-9)可以看出:$\varepsilon_h = 1/\eta$。

(2)$\varepsilon_h = 1 + \varepsilon_f$($\varepsilon_f$ 为制冷系数)

因为

$$Q_1 = Q_2 + W$$
$$\varepsilon_h = Q_1/W = (Q_2 + W)/W = 1 + \varepsilon_f$$

由此可以看出热泵的转换系数的最小值是 $\varepsilon_h = 1$,在此极限情况下,$Q_2 = 0$,即没有从低温热源吸取热量(仅为压缩机所做的功转变的热量)。

3.2.2　热泵的热力循环系统

在前面章节中介绍了各种类型的热泵,但适合工业生产用的,主要有蒸汽喷射式热泵(热力压缩式热泵)和机械压缩式热泵两种。就其节能效果来说,机械压缩式热泵要比蒸汽喷射式热泵节能效果好得多。但喷射式热泵又有它独特的优点:运行起来没有转动部件,维修概率甚少。在此主要讨论机械压缩式热泵的循环过程,其次对喷射式热泵的热力过程略加讨论。

3.2.2.1　机械蒸汽压缩式热泵[4-5]

机械压缩式热泵主要依靠工作介质(工业上常用的为水蒸气)的物态变化,实现其吸热和放热来达到从低温热源吸取热量,向高温热源供热的目的。其循环系统通常由蒸发器、压缩机、冷凝器、膨胀机构和工作介质所组成。下面是理想系统的讨论和分析。

3.2.2.1.1　湿蒸汽的机械压缩过程

(1)用膨胀机的湿蒸汽压缩式卡诺理想热泵循环系统　理想条件下的机械蒸汽压缩式热泵循环是工作介质在饱和区域内实现的,而工作介质的压力是在膨胀机内降低的。在两相区域内等压线和等温线是相重合的,故理论上可能在 T_1 和 T_2 等于常数的温度范围内实现理想的逆向卡诺循环,这比其他任何循环更为有利。

如图 3−8(b)所示,湿蒸汽从蒸发压力为 p_2、T_2 的蒸发器的点 1 出来,进入压缩机,绝热压缩到冷凝压力为 p_1、T_1 的点 2,在此压力下工作介质在冷凝器内从干饱和蒸汽冷凝成液体,而同时放出热量 Q_1 并传给高温热源。然后,温度为 T_2 的液态工作介质进入膨胀机,在此膨胀并做膨胀功 W_E,其温度下降到与饱和压力 p_2 相对应的温度 T_2,膨胀终了时所形成的冷湿蒸汽和液体混合物从点 4 进入蒸发器,在蒸发器中湿蒸汽里含有的部分液体由于从低温热源来的热量 Q_2 的传入便蒸发变为蒸汽,成为比较干的湿蒸汽,再从蒸发器内的点 1 出来被压缩机吸入,这就完成一次循环,实际生产要连续进行,循环就得周而复始地不断运行。

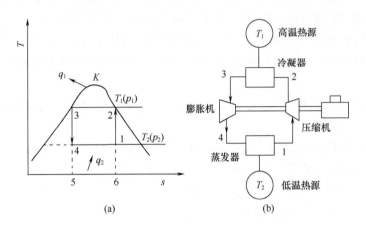

图 3−8　卡诺理论热泵(用膨胀机)

(a)温—熵图　(b)循环示意图

图 3−8 是在饱和区域内的热泵循环,从图 3−8(a)中的 T—s 线图上,可以看出,1—2 过程为压缩过程,点 1 相当于压缩机吸入处的蒸汽状态,点 2 相当于压缩机压缩到终了时的状态,2—3 过程为工作介质冷凝的过程,也即在等温 $T_1(p_1)$ 条件下向高温热源供热过程,3—4 是工作介质在膨胀机内的绝热膨胀过程,在此过程膨胀机做功 W_E 并加以回收,这样可以减少压缩机的功耗,而 4—1 是工作介质在蒸发器内蒸发过程,即从低温热源吸取热量的过程。如果参与传递热量的工作介质为 1kg,设 1kg 工作介质吸收和放出的热量用小写的 q 表示,则 1kg 液态工作介质从点 4 吸热汽化变化到点 1 时,从低温热源中吸取的热量为 q_2 后变成了汽态,在图 3−8(a)中 q_2 用面积 4—1—6—5—4 来表示,吸取热量 q_2 的汽态工作介质被压缩机吸入并压缩(1—2 过程),压缩过程中压缩机所消耗的机械功表示为 W_p,在图中用面积 1—2—3—4 来表示,而高温热源所获得的热量用 q_1 表示,则其面积表示为 2—3—5—6。

$$q_2 = 面积\ 4—1—6—5—4 = h_1 - h_4 = r(x_1 - x_4) \tag{3−17}$$

式中　q_2——从低温热源吸取的热量,kJ/kg

　　　r——工作介质的蒸发潜热,kJ/kg

　x_1 和 x_4——相当于工作介质在点 1 和点 4 处的蒸汽的干度,%

　h_1 和 h_4——相当于工作介质在点 1 和点 4 处的蒸汽的焓值,kJ/kg

　　压缩机所做的功:$W_p = 面积\ 1—2—3—4 = h_2 - h_1$,kJ/kg

膨胀机所做的功：$W_E = h_3 - h_4$，kJ/kg

卡诺热泵的供热系数为：

$$\varepsilon_h = (q_2 + W_P)/(W_P - W_E) = q_1/(W_P - W_E) = T_1/(T_1 - T_2) = \varepsilon_{ch} \qquad (3-18)$$

式中 ε_{ch}——卡诺热泵（理想）的热泵供热系数

由于这种理想循环是利用液态工质（如水）汽液两相变化的蒸发潜热，而不是气体（如空气）的显热；故同一台设备进行蒸汽循环时，所获的热量将大于气体循环所获得的热量。

（2）用节流阀代替膨胀机的蒸汽压缩热泵循环　在实际的热泵循环中，不采用上述结构复杂的膨胀机，而是用节流阀来代替它。这时工作介质的绝热膨胀过程就用节流过程（等焓过程）来代替了，在低温处吸收的热量用 q_2 表示，向高温热源提供的热量用 q_1。其过程如图 3-9 所示，它和图 3-8 的过程的差别只是用节流阀取代了膨胀机。

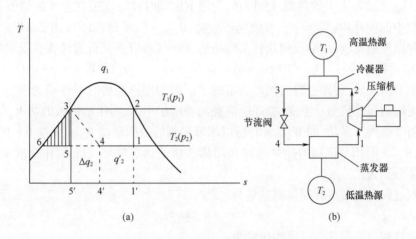

图 3-9　用节流阀的热泵循环图

(a)$T-s$（温—熵）图　(b)循环示意图

在压缩机内经绝热压缩的蒸汽，从图 3-9(b)中的点 2（压缩终点）进入冷凝器（相当于蒸发器加热室的管壳之间），工作介质蒸汽（如水蒸气）在此将其冷凝潜热传给了蒸发器加热室列管内的沸腾溶液，传给沸腾溶液的热量用 q_1 表示，由于 q_1 的传入使蒸发器内的溶液连续不断地沸腾蒸发（过程 4—1），而自身则冷凝成液体（过程 2—3）并经节流阀，在节流阀内液体的压力和温度下降到 p_2 和 T_2［图 3-9(a)中的过程 3—4］。在蒸发器内由于液体的蒸发而从低温热源中吸取热量 q_2，蒸发后的湿蒸汽被压缩机吸入，在压缩机内进行绝热压缩（过程 1—2），至此过程完成了一次循环。

工作介质经节流阀的节流膨胀是不可逆的，因此在图 3-9(a)中 3—4 线段用虚线表示。在分析该过程时，一般都把它看成是绝热过程，即当工质从高压状态的点 3 变成低压状态的点 4 时，既没有热量输入也没有热量输出，也就是说热量不增加也不减少，保持不变（即 $h_3 = h_4$）。

（3）用膨胀机和节流阀两种循环过程的比较　现在我们来比较，在相同温度 T_1 和 T_2 范围内，用膨胀机的逆向卡诺循环 1—2—3—5—1 和用节流阀的循环 1—2—3—4—1 的特点，见图 3—9(a)。从 $T-s$ 图中可以看出：

①用膨胀机的热泵循环

a. 1kg 工质从低温热源吸取的热量：$q_2 = h_1 - h_5 = q_2 + \Delta q$(kJ/kg)，$q_2$ 为 1kg 工质在过程

中从低温热源吸取的热量。相当于面积 1—5—5′—1′—1。

b. 用膨胀机时过程中的循环功用 W_c 来表示，

则有：

$$W_c = W_p - W_E \tag{3-19}$$

式中　W_c——循环过程的循环功

　　　W_p——循环过程中，压缩机所做的功（面积 1—2—3—5—1）

　　　W_E——循环过程中，膨胀机做的功（面积 3—5—6）

②用节流阀的热泵循环

a. 1kg 工质从低温热源吸取的热量用 q_2' 表示，则：$q_2' = h_1 - h_4 = q_2 - \Delta q_2 (\text{kJ/kg})$；其中 q_2' 为 1kg 工作介质在过程中从低温热源吸取的热量，相当于面积 1—4—4′—1′—1；h_1 为用节流阀时，1kg 工质在点 1 的焓值，kJ/kg；h_4 为用节流阀时，1kg 工质在点 4 的焓值，kJ/kg。

b. 过程中的循环功：$W_c' = W_p$；节流阀不做功：$W_{节流} = 0$；所以循环功：$W_c' = W_p$。

③两种循环的比较：用节流阀代替膨胀机后，1kg 工作介质从低温热源少吸取的热量为：

$$\Delta q_2 (\text{面积 } 4—5—5′—4′—4) = q_2 (\text{面积 } 1—5—5′—1′—1) - q_2' (\text{面积 } 1—4—4′—1′—1) \tag{3-20}$$

此外用节流阀后，循环过程的循环功增加了。因为用膨胀机时循环功为 $W_c = W_p - W_E$，而用了节流阀后压缩机做功不变，循环所消耗的功增加了，因为压缩机做的功 $W_p (W_p = h_2 - h_2)$ 不变，而节流阀不做功，即 $W_{节流} = 0$，所以用节流阀后的循环功 $W_c' = W_p - 0 = W_p$。

显然，$W_c' > W_c$ 用节流阀的热泵循环和用膨胀机的热泵循环，1kg 工作介质向高温热源提供的热量分别为：

节流阀过程向高温热源提供的热量为：

$$q_1' = q_2' + W_p (\text{kJ/kg})$$

膨胀机过程向高温热源提供的热量为：

$$q_1 = \Delta q_2 + q_2' + W_p - W_E = q_2 + W_C (\text{kJ/kg})$$

因为

$$q_2 = q_2' + \Delta q_2, W_c = W_p - W_E$$

所以

$$q_1 = q_2 + W_c$$

因为在两种循环系统中，仅有一点改变，就是膨胀机改为节流阀，而工作介质和高低温热源的温度 T_2 和 T_1 都是相同的，则用膨胀机的热泵循环过程向高温热源提供的热量应等于用节流阀的热泵循环过程向高温热源提供的热量。

即

$$q_1' = q_1$$
$$q_2' + \Delta q_2 + W_P - W_E = q_2' + W_P$$

则

$$\Delta q_2 = W_E$$

所以用节流阀代替膨胀机后，1kg 工作介质从低温热源吸取热量减少的量，相当于用节流阀代替膨胀机后压缩机多做的功，或者说 1kg 工质要向高温热源提供同样的热量，系统中的蒸汽压缩机必须多做附加功（相当于膨胀机所做的功），这个附加功转变成的热量正好相当于工质从低温热源少吸取的那部分热量，故高温热源获得的热量没有减少（这个附加功就补偿了工作介质从低温热源少吸取的那部分热量)。

在图 3 - 9 的(a)图 $T—s$ 中,用面积 1—2—3—5—1 表示用膨胀机循环时系统中蒸汽压缩机所做的功,面积 1—2—3—6—1 表示用节流阀循环时系统中蒸汽压缩机所做的功,这两块面积之差就是因没有用膨胀机而没有膨胀功可回收($W_E = 0$),这个功(用热量单位表示)在图上用垂直阴影线(面积 3—5—6—3)来表示。

因为节流前后的焓值不变,即:$h_3 = h_4$,所以面积 3—5—6—3 的热量值又等于面积 5—4—4′—5′—5 的热量值,也就是工作介质从低温热源中少吸取的那部分热量 Δq_2。

较热泵循环系统中用膨胀机循环和节流阀循环的供热系数可得:

用膨胀机时的供热系数

$$\varepsilon_{膨胀机} = q_1 / W_C$$

用节流阀时的供热系数

$$\varepsilon_{节流阀} = q_1{}' / W_C{}'$$

因为

$$q_1 = q_1{}', W_C{}' > W_C$$

所以

$$\varepsilon_{膨胀机} > \varepsilon_{节流阀}$$

尽管这样,实际生产中仍然用简单的节流法阀来代替复杂的膨胀机。

3.2.2.1.2　干饱和蒸汽压缩的卡诺理想热泵循环

实际的蒸汽压缩式热泵循环,不只是用节流阀代替了膨胀机,而且进入压缩机的蒸汽并非都是湿蒸汽。有些类型的压缩机(如离心式压缩机)要求进入压缩机的蒸汽,必须是干蒸汽,有时候为了进入压缩机的蒸汽不含雾滴甚至要求略有过热。这是因为湿蒸汽在实际生产循环过程中有不少不利于压缩机的因素,所以在生产上一般不采用湿蒸汽压缩过程。干蒸汽压缩的热力循环过程如图 3 - 10 所示[5 - 6]。

这里我们假设压缩机吸入的是干饱和蒸汽,而且压缩过程是等熵过程。在图 3 - 10 中,过程 1—2(在过热蒸汽区域内)表示出了干饱和蒸汽在压缩机中的压缩过程。

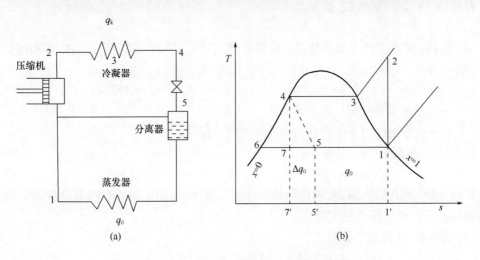

图 3 - 10　干饱和蒸汽压缩理论循环图
(a)循环示意图　(b)循环的 $T—s$ 图

现在我们根据热力学原理,应用 $T—s$ 图对热泵循环进行分析,图 3 – 10 表示出了压缩式热泵理论循环过程的示意图及 $T—s$ 图。

过程 2—3—4 表示工质(过热蒸汽)在冷凝器中冷却(2—3)及冷凝(3—4)过程。在这一过程中工质的压力保持不变,并且等于与冷凝温度 T 相对应的饱和蒸汽压力 p。

过程 4—5 表示节流过程,节流前后的焓值相等,即 $h_4 = h_5$,但其压力由 p_k 降到 p_0,而且进入两相区(节流时少部分液态工质闪蒸成饱和蒸汽)。这里在节流阀与蒸发器之间加装了一个气液分离器,它的用途是使节流后的湿蒸汽分成两部分,蒸汽在分离器的上部液体在分离器的下部去蒸发器蒸发,而蒸发所形成的蒸汽和节流所产生的蒸汽一起被压缩机吸入,这样就保证压缩机吸入的为干饱和蒸汽。由于节流过程为非可逆过程,故在 $T—s$ 图中用虚线来表示 4—5 过程。

过程 5—1 表示液态工质在蒸发器中的蒸发过程,在这一过程中工质的压力 p_0 和温度 T_0 保持不变。

根据图 3 – 10 我们可以计算单级压缩式热泵理论循环指标(供热系数或叫性能系数)。

设循环过程中的工质以 1kg 为基础:

(1)1kg 工质在蒸发器中蒸发时从低温热源吸取的热量为 q_0,在温—熵图中是用蒸发过程线下面的面积 1′—1—5—5′—1′ 来表示。而蒸发过程用线段 5—1 表示,这样则有:

$$q_0 = h_1 - h_5 = h_1 - h_4 \qquad (3 – 21)$$

或

$$q_0 = r_0(1 - x_5) \qquad (3 – 22)$$

式中　r_0——在蒸发温度 T_0 时,工质的汽化潜热,kJ/kg

　　　x_5——节流后湿蒸汽的干度

由式(3 – 22)可知,r_0 越大,x_5 越小,则在循环过程中 1kg 工质从低温热源中吸取的热量(q_0)就越多。

(2)压缩机每压缩 1kg 工质所要消耗的功用 AW_0 表示。因在节流过程中,工作介质对外不做功,所以循环功为压缩机所做的压缩功,压缩机等熵压缩时,压缩 1kg 工质所消的功可用过程的初、终状态的焓值之差来表示。

$$AW_0 = h_2 - h_1 \qquad (3 – 23)$$

(3)每 1kg 蒸汽工质向高温热源所提供的热量用 q_k 表示。它包括过热热量和潜热两个部分,即

$$q_k = c_p(T_2 - T_1) + r_k = (h_2 - h_3) + (h_3 - h_4) = h_2 - h_4 (\text{kJ/kg}) \qquad (3 – 24)$$

式中　c_p——蒸汽工质的定压比热容,kJ/(kg·℃)

　　　r_k——在冷凝压力下工质蒸汽的冷凝潜热,kJ/kg

根据能量守恒的关系,可得下式:

$$q_k = q_0 + AW_0 = (h_1 - h_4) + (h_2 - h_1) = h_2 - h_4 (\text{kJ/kg}) \qquad (3 – 25)$$

式(3 – 25)与式(3 – 24)所得结果是一样的。在 $T—s$ 图上向高温热源排放的总热量 q_k 使用面积 1′—2—3—4—7′—1′ 表示。

(4)供热系数(性能系数)

$$\varepsilon_0 = Q/AW = q_k/AW_0 = (h_2 - h_4)/(h_2 - h_1) \qquad (3 – 26)$$

在热泵循环中,液体工质不仅可以采用节流膨胀,而且也可利用膨胀机的绝热膨胀(等

熵过程)来实现。这在前面湿蒸汽压缩循环中已有讨论。

3.2.2.1.3 机械压缩式热泵循环过程中压—焓图的应用和分析

为了简便起见,通常用压—焓图(p—h)分析
机械蒸汽压缩式热泵循环过程(见图3-11)。

从图3-11可以看出工作介质的干饱和蒸汽
从点1进入压缩机,经绝热压缩到点2成为过热蒸
汽,从点2在等压条件下冷却到点3又成为干饱和
蒸汽,在点3和点4之间,继续在等温等压条件下
冷凝到无蒸汽为止(成了饱和液体)。这说明冷凝
器始终是要消除高温端的过热度,即2—3过程。
但是在实际生产中过热蒸汽进入蒸发器前,会采用
喷入二次蒸汽冷凝水来消除过热的方法。

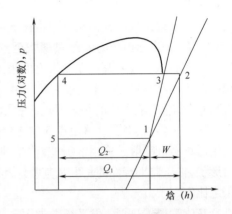

图3-11 理论的蒸汽压缩式
热泵循环压—焓图

在压—焓图中绝热膨胀过程用直线4—5来表
示。用压—焓图分析一个过程时,只需了解循环的
工作介质在压缩机进口和出口的状态,而其余的问
题都可用直线说明,这正是压—焓图的简便之处。

在点5到点1的蒸发过程是处在等压、等温条件下进行的,但循环介质往往是液态夹带
部分汽态从点5进入蒸发器,可是以蒸汽状态的那部分介质进入蒸发器是没有用的,所以应
在节流阀和蒸发器之间装设一台汽液分离器,如图3-10所示。

图3-10中的点1和点2之间表示干蒸汽的等熵压缩过程,实际上这是做不到的,所以
不可能达到卡诺循环效率,但从便于讨论和分析起见仍把它看作一个理想循环。

压—焓图的另一个优点是:由于水平轴是热焓,因此可以直接量取Q_1(向高温热源提供的
热量)、Q_2(从低温热源吸取的热量)和W值(压缩机所做的功)。$Q_1 = Q_2 + W$的简单关系可看
的更为清楚,更重要的是可从图上获得供热系数ε_h的感性认识。为了获得高的供热系数,要求
Q_1的值大,而W的值必须小,因此一看p—h图就能很快地评定出一个循环工作的好坏。

以上对热泵(或制冷)的热力循环过程的理论讨论,都是以闭路循环为基础,也就是说工
作介质在一个密闭环路中进行循环,通过专门设备的间壁吸热和放热的方式来达到制冷和
供热的目的。

3.2.2.2 喷射式热泵的热力循环过程[5]

(1)蒸汽喷射器的组成 蒸汽喷射器的组成如图3-12所示:

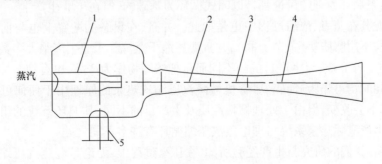

图3-12 蒸汽喷射器组成示意图

1—喷嘴 2—混合室 3—管 4—扩压器 5—吸入嘴

（2）蒸汽喷射式热泵的工作过程　　工作蒸汽由喷嘴喷出，压力能转变为速度能，以高速喷出蒸汽，在吸入室吸入二次蒸汽并相互混合，再以高速进入扩散器，速度能转变为压力能，由扩散器排出。

蒸汽喷射泵内的气体状态可由图 3-13 的 $h—s$ 线图表示，喷射前的工作蒸汽状态以点 1 表示，1—2 表示由压力 p_1 绝热膨胀至 p_2 的实际膨胀过程。

点 3 表示被吸入蒸汽在吸入室的吸入口的状态。假设工作蒸汽与被吸入蒸汽在等压下相互混合，在没有能量损失时为状态 4，实际混合时有能量损失（冲撞损失和流动摩擦损失），焓值增加，混合后的状态以点 5 表示。

在扩压器内，混合气体由点 5 状态绝热压缩至 p_3，压缩过程为 5—6。

影响蒸汽喷射式热泵"工作蒸汽量/吸入蒸汽量"的几个主要因素有：喷嘴的喉径和喷嘴的形状，扩压器平行部的长度及其收缩和扩展的角度，扩压其平行部的断面积与喷嘴喉部面积之比等。

蒸汽喷射式热泵蒸发系统图如图 3-14 所示，冷启动时从外界引入生蒸汽加热，此后二次蒸汽便可被利用。运行时还要抽出部分多余的二次蒸汽，可供其他方面使用，这部分抽出的蒸汽称为额外蒸汽。常用的喷射泵都是单级的，其压缩比一般都大于 1.8。

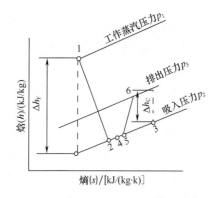

图 3-13　蒸汽喷射式热泵的工作性能图

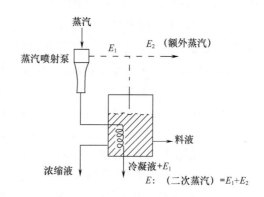

图 3-14　蒸汽喷射式热泵的工作过程图

3.3　工业生产用的热泵循环过程

前面对热泵循环原理的讨论都是以闭式循环为基础的，但在工业生产上，一般多采用开式热泵循环，尤其在蒸煮、浓缩过程中更是如此。并且，在设备的配置上也与前面闭式理论循环有所不同，不用膨胀机（或节流阀），并且要压缩干蒸汽。工业生产绝大多数是以溶液中的溶剂（水）做工作介质，以生产目的的不同而可把浓缩物作为产品，也有把蒸馏液用作产品的，当然两者同时均可作为产品。尽管机械蒸汽压缩式热泵的原理用于任何可以采用热泵的运行过程都不会改变，但由于处理物料性质及生产目的不同，其循环系统的组成是有差别的，并且工业生产实际热泵系统与理论蒸汽压缩循环有许多不同之处。

根据资料和我们的研究与生产经验所知，在压缩过程中，无论是湿蒸汽压缩还是干饱和蒸汽压缩，压缩后都会过热。对罗茨机来说，为了消除过热在压缩机进口或出口喷水均可，对机器无大影响,但容积效率有所减少。对离心压缩机来说,一定要确保干饱和蒸汽进压缩机(机器本身所要求),有时为了保险起见,希望进入压缩机之前的蒸汽略有过热(如前面章节提到过的)。

3.3.1 工业用机械蒸汽压缩式热泵特点

前面说过,实际生产系统中,并不用膨胀机(或节流阀),也不是等熵压缩,其特点如下:

(1)系统所处理的蒸汽量大。系统处理的蒸汽量小则每小时处理几吨到几十吨上下,大则每小时处理上百吨。生产能力越大则越加省能。

(2)供热温度高,压缩机出口的温度及压力就要求高。根据物料沸点、传热温差及蒸发器传热面积,设计出合理的出口温度和压力,一般 Δt 在 10℃ 左右,压力 p 在 0.2MPa 以下,0.15MPa 为最佳。

(3)多采用敞开式机械蒸汽压缩循环过程。在适宜的场合下,当然也可以采用蒸汽喷射式热泵。

(4)为了使系统启动运行,要有启动热源,正常运行后要有适当的热量补充以达到系统热量的平衡,因为系统有散热损失。

(5)处理对象多为水溶液,循环介质正是溶液中的溶剂(水)。

3.3.2 循环系统的热力分析

3.3.2.1 海水淡化生产循环过程的热力分析[7]

3.3.2.1.1 用压—焓图的热力分析

如图 3-15 所示,(a)表示生产过程流程图,在蒸发过程中把蒸发器中出来的二次蒸汽,经压缩机绝热压缩,使其温度、压力升高,增加热焓后再送回到蒸发器的加热室里当作加热蒸汽使用,使处理的料液继续沸腾蒸发,而其本身则被冷凝成与被压缩了的二次蒸汽同温同压下的凝结水。如生产过程为海水淡化、蒸馏水制备、废水处理,则这部分冷凝水分别为淡化水(饮用水)、蒸馏水(实验室用)、净化水(达标排放或做别用途)。这样二次蒸汽的潜热得到了充分的回收利用,从而节省大量的热能,提高了热利用率。这种蒸发法称为热泵蒸发法,也叫机械蒸汽压缩蒸发法或简称压汽式蒸发法。如果,将压缩了的二次蒸汽的凝结水用来预热进入系统的冷料液,充分利用凝结水的显热,其热效率会更高。

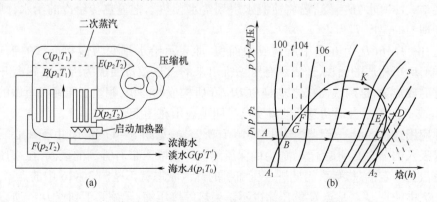

图 3-15 海水淡化用压缩式热泵循环过程热力分析图

(a)流程示意图 (b)压—焓图

图 3 - 15 中(b)图为生产过程用压—焓图的热力分析图,图上各点线面所代表的含意分析讨论如下:

曲线 A_1K——线上各点相当于各种压力下的饱和水;

曲线 A_2K——线上各点相当于各种压力下的饱和水蒸气;

点 K——临界点;

曲线 A_1KA_2 下的区域——饱和区,即汽液两相共存区;

曲线 A_1K 以左的区域——不饱和水区;

曲线 A_2K 以右的区域——过热蒸汽区;

t——等温线(在饱和区等温线和等压线是重合的);

s——等熵线;

$A(p_1,T_0)$——加压到 p_1 的任意温度 T_0 的水;

$B(p_1,T_1)$——蒸发室的饱和水;

$C(p_1,T_1)$——蒸发室的饱和水蒸气;

$D(p_2,T_2)$——压缩终了的过热蒸汽;

$E(p_2,T_2)$——加热室的饱和蒸汽;

$F(p_2,T_2)$——加热室的饱和水;

$G(p',T')$——经冷却的加热室饱和水。

其过程经历的顺序如下:

$$A(p_1 \text{、} T_0) \xrightarrow{\text{加热}} B(p_1 \text{、} T_1) \xrightarrow{\text{蒸发}} C(p_1 \text{、} T_1) \xrightarrow{\text{压缩}} D(p_2 \text{、} T_2) \xrightarrow{\text{冷却}} E(p_2 \text{、} T_2) \xrightarrow{\text{冷凝}} F(p_2 \text{、} T_2) \xrightarrow{\text{冷却}} G(p' \text{、} T')$$
$$\text{不饱和水} \qquad \text{饱和水} \qquad \text{饱和水} \qquad \text{过热蒸汽} \qquad \text{饱和蒸汽} \qquad \text{饱和水} \qquad \text{饱和水}$$

压—焓$(p\text{—}h)$图上 BC 相当于理论循环中工质在蒸发器里的蒸发过程,CD 相当于干压缩过程,DE 相当于过热蒸汽在冷凝器中的冷却过程,EF 相当于冷凝器中的冷凝过程,FB 相当于工质在膨胀阀中的膨胀过程。

3.3.2.1.2 用温—熵图及焓—熵图的热力分析

由温—熵线图 3 - 16 来看机械蒸汽压缩热泵的热力循环过程。蒸发器内的淡水由供给水温 $T_0(A$ 点$)$加热到 $T_1(A{\rightarrow}B)$,沸腾后即变为湿饱和蒸汽$(B{\rightarrow}C)$,若将此蒸汽从 p_1 绝热压缩(即等熵压缩)到 $P_2(C{\rightarrow}D)$,温度即变为 T_2。若送到加热室作加热蒸汽释放热量去加热蒸发器内的物料,首先使过热蒸汽降温放热变成干饱和蒸汽$(D{\rightarrow}E)$,在相当于 p_2 的温度 T_3 条件下凝结成冷凝水$(E{\rightarrow}F)$,若将冷凝水引到给水预热器把显热传给冷的给水,则自身将被冷却到理想的温度 T_0 为止$(F{\rightarrow}A)$。

因此,由 $A_1ABCD_1A_1$ 在图中所构成的面积,即表示给水到变为饱和蒸汽的吸热量,由 $D_1CDEFAA_1D_1$ 所构成的面积,即表示有压缩机出来的过热蒸汽便成为冷凝水到离开给水预热器为止的放热量,这两块面积之差即 $BCDEFB$ 所构成的面积,相当于压缩机所做的功。因此,$p_2{-}p_1$ 或 $T_3{-}T_1$ 越大而功越增的事实已显明地表示在图上。

实际应用过程的温—熵线图与图 3 - 16 有所差异,见图 3 - 17 所示,由于离心压缩机本身就要求吸入的蒸汽必须是干蒸汽,为确保压缩机不会吸入带有雾滴的蒸汽,往往使进入压缩机的蒸汽有一定的过热度,因此进入压缩机的蒸汽状态就不是图 3 - 16 中的点 C,而变成了图 3 - 17 中的点 C'。从点 C' 的压缩也不是绝热等熵压缩,压缩终了到点 D'。所以压缩过程为熵增加$(\Delta s = D' - C')$,等熵的理论耗功为 W,而实际过程耗功为 W',则可得等熵效率为

W/W',因而实际过程的供热系数比卡诺理想条件下的小。

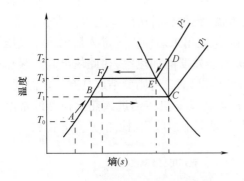

图 3 – 16　温—熵线图的蒸汽压缩图

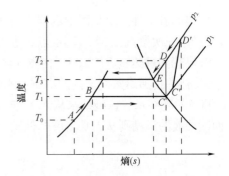

图 3 – 17　实际应用中的温—熵线图

再从焓—熵图(Mollier'S diagram)上看,曲线 2—2 表示干饱和蒸汽,曲线 1—1 表示即将沸腾的水线,p_2 和 p_1 表示恒压线(图 3 – 18)。

现将温度为 F 的料液在 p_1 线沸腾变为饱和蒸汽,压缩后在 p_2 放热,冷凝水在热交换器冷却到 F 时,1kg 水升温到沸点变为蒸汽(p_1)需要的热量为 $FB = A_1$(B 点的焓值 h_1)kJ,若将此蒸汽绝热压缩虽应达到 C,但在压缩机效率不高时及散热的原因,如不供应比理论值更多的热量,就达不到 p_2,即此压缩不是以 BC 而是以 BC' 来表示,1kg 干蒸汽从 B 被压缩到 C' 时,所具有的总热量为 $FC' = A_2$(C' 点的焓值 h_2),则 $FC' - BC = A_2 - A_1$,即为压缩机所提供的热量。每 1kg 蒸汽所必要的压缩功应为:

$$W = (A_2 - A_1)/860 = (h_2 - h_1)/860 = BC'/860 = BC/860\eta (\text{kW})$$

式中　η——压缩机的效率(压缩范围小时为 50% ~ 65%)

实际压缩循环过程焓—熵曲线分析如前面的图 3 – 19 所示,图中点 B 为二次蒸汽的饱和状态,点 C 为二次蒸汽理论等熵压缩终了的过热状态;点 C' 为二次蒸汽实际压缩终了的过热状态,点 G 为冷凝开始的蒸汽状态,则绝热压缩功为 $W_C - W_B$。

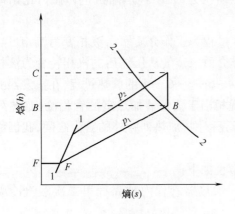

图 3 – 18　理论的焓—熵过程的分析

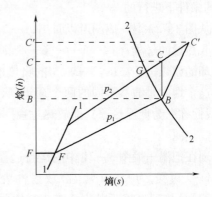

图 3 – 19　实际的焓—熵过程的热力分析

3.3.2.2 放射性废水处理用压缩式热泵蒸发循环过程的热力分析

（1）热泵蒸发法处理放射性废水的流程　其流程示意图如图3-20所示。现简单描述如下：常温的放射性废水从图中的点1进入热交换器，经预热后从点2进入蒸发器，在此沸腾蒸发产生二次蒸汽，二次蒸汽从点3进入除沫器，从此出来后由点4进入压缩机。经压缩升压，升温达到过热蒸汽的点5。由点5经点6进入蒸发器的加热室，在此放出其过热热量及汽化潜热并传递给蒸发器内的沸腾废水使其继续蒸发，而自身则凝结成具有一定温度（大于100℃）的凝结水。该凝结水从点7进入热交换器将其显热传给进入热交换器的常温废液，而凝结液的温度则从100多度降低到40℃以下，然后加以收集、检测，从点8排放。

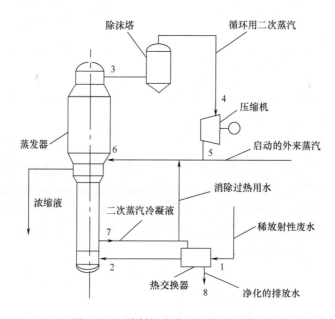

图3-20　放射性废水处理流程示意图

（2）热泵蒸发法处理放射性废水循环过程的热力分析　假设该压缩过程，压缩的是0.1MPa（绝对大气压，常压），100℃的水蒸气，压缩比为1:1.5（压缩机进口压力比出口压力）的条件下进行的。

从图3-21温—熵图可以看出，1—2—3—4过程为工作介质水由液相变为汽相再经压缩吸收热量的过程；而4—5—6—6'—7则为工作介质水蒸气从压缩后的汽相转变为液相再经冷却的放热过程。1—2—3—4的吸热过程和4—5—6—6'—7的放热过程，在蒸发器的加热室这个地方是截然不同的两个通道，吸热过程相当于蒸发器加热室的管程侧（加热列管内，我们称它为低温热源），而放热过程则相当于壳程侧（加热列管外的管壳之间，我们称它为高温热源）。

现在把温—熵图3-21中的运行过程分段解说如下：

1—2过程，为15℃（常温）放射性废水进入预热器管程内被壳程里二次蒸汽冷凝水（110℃）预热到98℃后从点2进入蒸发器。

2—3过程，为放射性废水在蒸发器加热室内的蒸发过程。蒸发是在恒温100℃，恒定压力0.1MPa（绝对大气压）下进行，产生的二次蒸汽由点3进入压缩机。

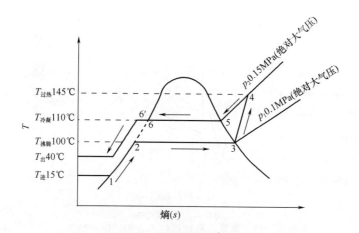

图3-21 热泵蒸发过程热力分析的温—熵图

3—4过程,为压缩机压缩二次蒸汽,使二次蒸汽升温升压的过程。由于此过程是在过热区域内运行,压缩终了达到点4的过热状态,点4的温度为145℃,压力为0.15MPa(绝对大气压)。

4—5过程,为消除过热的过程。在压缩机的出口到进蒸发器之间的管道上喷入110℃的二次蒸汽冷凝液来消除过热。喷入口到蒸发器这段管道应向蒸发器方向具有一定的倾斜度,以便喷水稍有过量时,可自动流入加热室。

5—6过程,为饱和蒸汽在蒸发器加热室壳程释放出汽化潜热传给管程沸腾废水的过程。该过程是在恒温110℃和恒压0.15MPa(绝对大气压力)下进行的。

6′—7过程,是在预热器进行的。常温(15℃)废水进入热交换器的管程被预到98℃左右,而进入热交换器的二次蒸汽冷凝水放出显热并传给管程内的废液后,温度便从110℃降到40℃以下的点7,然后收集排放。

再进一步从焓—熵图3-22中的曲线来加以分析,从图中很清楚地看到循环过程中各点的焓值和压力,这样计算起来就很方便。其过程如下:

1—2为预热过程,焓值为63kJ/kg(15℃)的放射性废水源水在预热器被预热到418kJ/kg(100℃)。从点2进入蒸发器。

2—3为蒸发过程,其废水的焓值由418kJ/kg蒸发变为干饱和蒸汽增加到2671kJ/kg,从点3进入压缩机。

3—4为压缩机的压缩过程,经过压缩工作介质蒸汽的焓值由2671kJ/kg增加到2771kJ/kg。

4—5为消除过热过程,在压缩机出口喷入二次蒸汽冷凝水使其过热降到点5的干饱和蒸汽状态,焓值由2771kJ/kg变为2695kJ/kg。

5—6为在蒸发器加热室壳程中冷凝过程(即放热过程),从4—5—6过程中放出的热量提供给2—3过程加热蒸发。焓值由点4的2771kJ/kg变为点6的460kJ/kg

6′—7过程,为二次蒸汽冷凝水释放其显热去加热1—2过程进来的冷的放射性废水,所以6′—7和1—2两过程是在预热器内进行热交换的过程,冷放射性废水从15℃被加热到100℃,其焓值相应地由63kJ/kg增加到418kJ/kg,而热的二次蒸汽冷凝水从110℃被冷却到40℃,其焓值也相应地从460kJ/kg降到167kJ/kg后作为净化水收集于排放槽中。

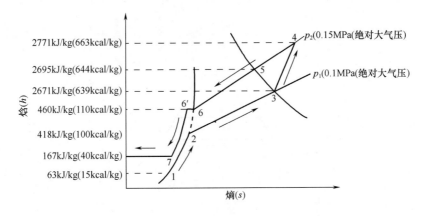

图 3 – 22　热泵蒸发过程热力分析的焓—熵图

对以上图 3 – 21 和图 3 – 22 两图必须加以说明的是：

①点 6′和点 6 本应是一个点，6′—7 曲线和 6—2—1 也应是重合的。

②为了便于理解，说明在预热器中二次蒸汽冷凝液走在壳程（6′—7）而进入系统的冷的放射性废水走在管程（2—1），所以把 6′—7 画成曲线 6—2—1 的平行线。

6′—7 为二次蒸汽冷凝水（110℃，p_2 = 0.15MPa）从 110℃降到 40℃，其焓值由 460kJ/kg 降到 167kJ/kg 后排入收集槽等待排放。

这种开式热泵蒸发循环中，在蒸发段液相和汽相走的是两个路径。热力分析图上有比较清楚的表述，是在湿蒸汽区内与横坐标平行的两条平行线。而在预热器这一段，在热力分析图上一般很少用曲线表现出来。这一段在热泵蒸发中也是很重要的，如果不能从冷凝液中回收废热，蒸发的效率就会从每 1.055kJ（1000Btu）产生 4.5 ~ 6.75kg 蒸发量而降低到 1.35 ~ 2.25kg[8]。

参 考 文 献

[1] 吴晓毅. 教材完全选读（高中物理选修 3 – 3）[M]. 南宁：接力出版社，2013，139 – 141.

[2] 沈维道，等. 工程热力学[M]. 北京：人民出版社，1976，32.

[3] 庞合鼎，王守谦，阎克智. 高效节能的热泵技术[M]. 北京：原子能出版社，1985，11 – 22.

[4] 河北水产学校. 制冷原理[M]. 北京：农业出版社，1982，77 – 79，100 – 109.

[5] 上海水产学院. 制冷技术[M]. 北京：农业出版社，1962.

[6] 《化学工程手册》编辑委员会. 化学工程手册，第九篇[M]. 北京：化学工业出版社，1985，74 – 75.

[7] 王俊鹤，等. 海水淡化[M]. 北京：科学出版社，1978，71 – 75.

[8] J. H. Mallinson. Chemical Process for CompressionEvapration[J]. Chem. Eng. ,1963,70(18)75 – 82.

第4章 热泵蒸发过程中的水和水蒸气

水,我们都很熟悉,每天都离不开水。在工业生产上如前所述的蒸发操作中,无论常规蒸发还是热泵蒸发过程都同水和水蒸气分不开。水从液态转变为汽态,再从汽态转变成液态也比较简单方便,无毒又容易获得,所以在许多场合都被采用,如将水蒸气用作热机的工作介质,热交换器的载热媒介质等。因此,水和水蒸气在生活及生产上占有很重要位置,特别是在本书所讨论的机械蒸汽压缩式热泵蒸发的操作过程中,都同水,水溶液和水蒸气密切相关,尤其是在热力学问题计算中经常要用到水蒸气的一些数据,尽管有关书籍都有专门论述,可以查找利用,但为了使在热泵蒸发生产岗位上的有关人员在计算中更加方便,所以有必要对其特性在本书中作为一章加以研究和讨论,并将有关数据图表附于书后。

4.1 水蒸气产生的过程[1-3]

一般条件下,在大气压力和室温时,水是处于液体状态的。水的蒸汽状态最适于热机使用。前面所说的蒸发过程也是与这个水蒸气载热介质密切相关的。为了利用水的蒸汽状态,就要获得水蒸气。这里,首先假定把1kg 水装入有运动活塞的汽缸中。我们将在位于汽缸上面的 p—v 图上记录出所有的状态变化见图4-1。

假定水的压力为 p_1,温度为0℃,现以水为不可压缩的条件作出发点来进行讨论,并取 $v_0' = 0.001 m^3/kg$,v_0' 为水在0℃和任意压力下的比体积。在 p—v 图上表示这个状态的点用 a 来表示。用外部热源来加热汽缸中的水,并保持汽缸中水的压力不变,也就是说使汽缸活塞所受外力保持不变。由于加热,汽缸内水的温度将上升,水的容积将增大。在某个温度时温

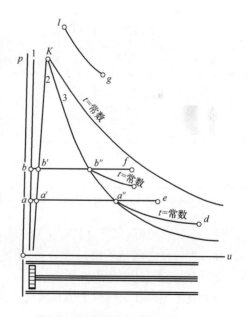

图4-1 蒸汽发生过程的 p—v 图

度会停止上升,从这一瞬间水将开始汽化变为蒸汽,由于水被继续加热,则水的量将逐渐减少,而蒸汽量逐渐增多,此时容积增加得很快。如果继续加热汽缸中的水会全部变成水蒸气,而蒸汽在此瞬间的温度与水开始汽化那一瞬间的温度相同。

水从开始汽化到全部转变为蒸汽的过程,在图4-1中用平行于坐标轴横轴的平行线表示。在此直线上,水的温度停止上升而开始汽化蒸发的那一瞬间的状态用 a' 来表示。当最后的一滴水消失了的时候,那一瞬间的蒸汽状态用 a'' 来表示。

在此两点 a' 和 a'' 之间工质水不只是单一的水存在而是由蒸汽和沸腾的水两相混合物构

成的。而且在一定温度下,蒸汽的容积为一定时,其质量便完全确定。假如在等温条件下使活塞向左移动以缩小容纳蒸汽的容积,则单位容积内的蒸汽质量并不增加,只是缩小了容积内的那部分蒸汽变成了液体,且其压力并不增加,在此状态下,蒸汽已使空间达到饱和,称为饱和蒸汽。反之,在等温下使活塞向右移动增加饱和蒸汽所占的容积时,则有部分水又变成蒸汽,因而蒸汽的压力并不减少,而是保持不变。

在 a' 与 a'' 两点之间任意状态下,其蒸汽与液态间的相互作用是:有多少个分子从液体中飞到蒸汽所占的空间里去,就会有同数目的分子同时由蒸汽空间转移到液体所占的空间里来。所以说,饱和蒸汽是处于它同发生蒸汽的液体相平衡的状态。

在 a'' 点,汽缸中的水全都变为蒸汽,这种蒸汽称为干饱和蒸汽或简称为干蒸汽。处在 a' 与 a'' 两点间的任何一个状态时,其状态都是由沸腾的水和干饱和蒸汽所组成,这两个部分不必有一表面将它们分开,而水可呈小的微粒分布到蒸汽所占的范围内。这样,沸腾水和干饱和蒸汽的混合物称之为湿饱和蒸汽或简称为湿蒸汽。

在湿蒸汽中干饱和蒸汽所占的质量百分率称之为干度,用字母 x 来表示;$(1-x)$ 为在 1kg 湿蒸汽中水所占的百分数;有时把这个百分数称为蒸汽的湿度。

从 a' 点开始到 a'' 点,是蒸汽的温度(水的蒸发温度)保持不变,等于在 a' 点的水的温度。此温度称为水的沸腾温度或叫饱和温度。水的沸腾温度与水所受的压力有关。压力越高,水开始沸腾的温度越高。例如下表 4 – 1 所列数据。

表 4 – 1   水的饱和温度随压力而变化

压力/(kgf/cm^2)(绝对大气压)	水的沸腾温度/℃
0.00623	0
1	99.1
50	262.7
100	309.5

注:$1kgf/cm^2 = 9.806 \times 10^4 Pa$,为方便阅读,本章后面正文均用 kgf/cm^2 为绝对大气压单位。

反之,每一个沸腾温度有其对应的一定压力,此压力称为饱和压力。因为饱和压力(p)和饱和温度(t_S)之间是单值函数关系,不能确定状态。所以为了确定一个状态,除了温度(t_S)或压力(p)外,还必须引入干度(x)。

用 v'' 表示蒸汽在 a'' 点的干饱和蒸汽的比体积。假如我们取 0℃ 的水并给它加压,从 p_1 开始压到 p_2、p_3 和 p_4 时,则水的容积和压力为 p_1 时的容积相同,也就是说 0℃ 的水无论压力有多大其容积不变,即始终保持为 $v_0' = 0.001 m^3/kg$。但是,当水被加热到一定温度开始沸腾蒸发产生蒸汽时,其容积会比上述情况大。水的最初状态用 b 表示,沸腾状态为 b',则点 b' 的位置在点 a' 稍靠右的等压线上。继续加热沸腾的水,湿蒸汽不断增加达到点 b'' 时,水全部变为蒸汽,即干饱和蒸汽。可知点 b'' 较点 a'' 靠左,因为蒸汽是可以压缩的,压力升高比体积减小。

从上述情况可以看出:0℃ 的水在每次升压的压力点都在与纵坐标轴平行的直线 1 上;水在沸腾状态时按压力增高的诸点向右倾斜并形成线 2;表示干饱和蒸汽状态按压力升高的诸点将向左倾斜,形成了线 3。在某一压力下,带有 "'" 各点连线 2 和带有 """ 各点的连线 3

最终将相交于 K 点。在这一点上水与饱和蒸汽具有完全相同的状态参数。这个点称为临界点。该点的所有参数称为临界参数,对于水来说其临界参数近似为:

压力 $p = 225.65\mathrm{kgf/cm^2}$(绝对大气压);温度 $t = 374.5℃$;比体积 $v = 0.0033\mathrm{m^3/kg}$。

在图 4-1 上的线 2 称为低界限线(下界限线)或叫液体界线,在此线上诸状态参数用标有"′"标志的符号来表示;线 3 称为高界限线(上界限线)或叫蒸汽界线,在此线上的诸状态参数用标有""标志的符号来表示。线 2 和线 3 相交后便将整个坐标图平面分成对应于水的不同状态的三个区域。这三个区域分别为:①在曲线 1 与 2 之间是水的区域;②在曲线 2 与 3 之间是湿饱和蒸汽的区域(是水和蒸汽两项共存的区域);③在曲线 3 以右的是过热蒸汽。

4.2　水蒸气状态参数的确定

水和水蒸气在热力循环过程中,根据生产的要求和需要会在过程中间的某一阶段,即某一状态进行专门处理,以达到获取某一产品的需求。在这个中间状态下水和水蒸气就具有这个状态的状态参数,所以任何状态都有其对应的状态参数。

4.2.1　水和水蒸气的比体积

4.2.1.1　水

如前所述,水可以看作是不可压缩的,所以水的比体积同压力无关,只同温度有关,即水的比体积会随温度的升高而增大,一般 0℃ 水的比体积用 v_0' 来表示。

例如:0℃ 的水的比体积(任何压力之下),$v_0' = 0.001\mathrm{m^3/kg}$;

100℃ 的水的比体积($1\mathrm{kgf/cm^2}$),$v' = 0.001043\mathrm{m^3/kg}$;

200℃ 的比体积($16\mathrm{kgf/cm^2}$),$v' = 0.001156\mathrm{m^3/kg}$。

4.2.1.2　干饱和蒸汽

干饱和蒸汽的比容可从书后的水蒸气表中查到。干饱和蒸汽是可以压缩的,其比体积随压力的升高而减小。在热力学或工程热力学的书中一般都用符号 v'' 来表示。

4.2.1.3　湿饱和蒸汽

湿饱和蒸汽的比体积取决于压力和温度,假如沸腾水的比体积为 v',则对某一中间点干度为 x 的湿饱和蒸汽的比体积 v 可用沸腾水与干饱和蒸汽二容积之和求得:

$$v = v''x + v'(1-x) \tag{4-1}$$

式中　$v''x$——1kg 湿饱和蒸汽中干饱和蒸汽所占的容积

$v'(1-x)$——1kg 湿饱和蒸汽中沸腾水(饱和水)所占的容积

在压力不高的情况下,沸腾水的比体积远小于蒸汽的比体积。如在 $1\mathrm{kgf/cm^2}$ 下,沸腾水的比体积只有干饱和蒸汽的 1/1700,而在工程上用的湿蒸汽,一般有较大的干度(0.9),所以公式(4-1)中的 $v'(1-x)$ 这一项可以略去不计,因而公式(4-1)可写成:

$$v \approx v''x \;(\mathrm{m^3/kg}) \tag{4-2}$$

4.2.1.4　过热蒸汽

通常在热工的计算中,过热状态蒸汽的计算并不很精确,所以一般用书后附录中附表 4(过热蒸汽表)来查各个参数 p、v、t、h、s 即可。

4.2.2 水和水蒸气的焓

4.2.2.1 什么叫焓[4]

首先给出一个概括的定义:焓是个复合的状态参数,是表征系统中所有的总能量,它是热力学能与压力热力学能之和。对 1kg 工质而言,焓可用符号 h 表示,单位是 kJ/kg。但是也有用 kcal/kg 的,特别是大比例的焓—熵(h—s)图中。kcal 和 kJ 的等值关系为:1kcal = 4.18kJ。即

$$h = U + Apv(\text{kJ/kg})$$

式中　U——热力学能,kJ/kg

　　　v——比体积,m³/kg

　　　P——压力,kgf/cm²

　　　A——功的热当量,$[A = 1/427 \times 4.18\text{kJ}/(\text{kg} \cdot \text{m})]$

4.2.2.2 从焓值公式推导中理解焓的意义

在热工计算上,为了简化和研究起见,还有一个状态参数,用下述方法求得。如果在热力变化过程中工作介质为 1kg,按热力学第一定律则有下列方程式:

$$q = U_2 - U_1 + AW \tag{4-3}$$

定压下热力变化过程中的功:$W = p(v_2 - v_1)$,则有下式:

$$q = U_2 - U_1 + Ap(v_2 - v_1) = (U_2 + Apv_2) - (U_1 + Apv_1)$$

如果令

$$U + Apv = h(\text{kJ/kg}) \tag{4-4}$$

那么

$$q_P = h_2 - h_1 \tag{4-5}$$

在热工的计算过程中,经常需要求出定压过程的热量。很显然的,如果最初与最终状态的 h 值为已知,则此热量即可求出。也就是说 h_2 和 h_1 的差值等于定压过程所求的热量。由此可以给焓在使用中定义为:焓(h)是个复合状态参数,是表征热力循环过程中某一状态下工质所含的总热量,它是热力学能与压力位能之和。由式(4-4)可以看出 h 是一个状态参数,因为式中的 U、p、v 都是状态参数。

那么,对焓的最简单地理解为:无论是水还是水蒸气(湿蒸汽或干蒸汽),只要过程中工质状态已定,工质在此状态下所具有的热量,这个热量就是所谓的焓。

定压过程条件下,工质汽(气)体所吸收的热量以下式计算:

$$q = c_p(t_2 - t_1)$$

式(4-5)可以写成:

$$q = h_2 - h_1 = c_p(t_2 - t_1) \tag{4-6}$$

定容过程条件下:

$$v_2 = v_1, v_2 - v_1 = 0, W = p(v_2 - v_1) = 0$$

则

$$U_2 - U_1 = c_v(t_2 - t_1)$$

由

$$h_2 - h_1 = c_p(t_2 - t_1), U_2 - U_1 = c_v(t_2 - t_1)$$

可知,定容过程气体吸热改变热力学能;定压过程气体吸收热改变焓值。

4.2.3　水和水蒸气的焓及热力学能

4.2.3.1　水

假设:温度 $t=0℃$,压力 $p=0.006228\mathrm{kgf/cm^2}$(绝对大气压)。此条件为计算焓值的起算点,即有:

$$h_0' = 0\mathrm{kJ/kg}$$

按定义:

$$h_0' = U_0' + Ap_0v_0'$$

则

$$U_0' = h_0' - Ap_0v_0'$$

$$U_0' = 0 - (1/427) \times 0.006228 \times 10^4$$

$$= (-1/427) \times 0.6228$$

$$= -0.0001458$$

$$\approx -0.00015(\mathrm{kJ/kg})$$

因为 0.00015 这个值太小,所以就认为水在 0℃ 及 $0.006228\mathrm{kgf/cm^2}$ 时的热力学能值为:

$$U_0' = 0\mathrm{kJ/kg}$$

在书后的附录中的附表 1、附表 2 和附表 4 中都列出了水及水蒸气的诸参数:v、h、s。

从过热蒸汽表 4 中可看得出水的焓值基本上不受压力影响。在一定温度下即使压力变得很大可焓值变化很小。所以在常用压力范围内,我们认为 0℃ 时水的焓值 $h_0'=0$。

水不可压缩性,0℃时,$v_0'=0.001\mathrm{m^3/kg}$,由于容积恒定,任何压力下容积差都等于 0,所以认为 0℃ 时水的热力学能 $U_0=0'$。

任何压力下,1kg 水从 0℃ 加热到沸腾时所需的热量,叫做液化热,用符号 λ' 表示,

由式(4-7)可求得液化热:

$$\lambda' = h' - h_0'$$

移项后得

$$h' = \lambda' + h_0' \tag{4-7}$$

式中,h' 为沸腾水的焓值,即 1kg 沸腾水所含有的热量。

因为　　　　　　　　　　$h_0'=0$,一般取零度水的焓值等于零,

所以　　　　　　　　　　　　　$h' = \lambda'$

在定压过程中,水所吸收的热量用下式计算:

$$\lambda' = c_\mathrm{p}(t-0)$$

当温度、压力不太高时,水的定压比热容 $c_\mathrm{p}=1\mathrm{kcal/(kg \cdot ℃)}$

所以

$$\lambda' = 1 \times t = t,$$

由于

$$h' = \lambda' 及 \lambda' = t,$$

所以

$$h' = \lambda' = t \tag{4-8}$$

但在高温,高压时水的比热容变化很大,不能用式(4-8),此时沸腾水的焓值用书后所附的水蒸气表查得。

4.2.3.2 饱和蒸汽

在一定压力下,加热1kg沸腾水使其转变为干饱和蒸汽所需要的热量叫作汽化热,一般用 r 来表示,由式(4-9)可求得汽化热为:

$$r = h'' - h'$$
$$h'' = h' + r \tag{4-9}$$

式中,h'' 为干饱和蒸汽的焓值(即1kg干饱和蒸汽含有的热量)。

如果湿饱和蒸汽的干度为 x,也就是说1kg湿饱和蒸汽中含有 x kg的干饱和蒸汽,$(1-x)$ kg沸腾的水。那么,设湿饱和蒸汽的焓用符号 h_x 来表示,很显然湿饱和蒸汽的焓值为:湿饱和蒸汽的焓 = 沸腾水的焓 + 蒸汽的焓,即

$$h_x = xh'' + (1-x)h' \tag{4-10}$$

$$h_x = xh'' + h' - xh' = h' + x(h'' - h') = h' + xr \tag{4-11}$$

沸腾水在转变为蒸汽的过程中,加入的热量是用来改变蒸汽的热力学能和做功。改变蒸汽热力学能的一部分热称为汽化内热,用 ρ 来表示,蒸汽膨胀做功所消耗的一部分热称为汽化外热,用 ψ 来表示。则有:

$$r = \rho + \psi \tag{4-12}$$

$$\psi = AW = (v'' - v')$$

所以有 $\quad r = \rho + Ap(v'' - v')$,各参数可从书后的水蒸气表中查得。

热力学能的变化 $\quad \rho = U'' - U' = r - Ap(v'' - v')$。

4.2.3.3 过热蒸汽

从式(4-5)可知,在定压下继续对干饱和蒸汽加热使其变为过热蒸汽,变成过热蒸汽所需要的热量用 q_p 来表示,则有:

$$q_p = h - h'' = c_p(t - t_s)$$

式中 h——过热蒸汽的焓值,kJ/kg

$\quad h''$——干饱和蒸汽的焓值,kJ/kg

$\quad T$——过热蒸汽的温度,℃

$\quad t_s$——干饱和蒸汽的温度,℃

$\quad c_p$——同一压力下,过热蒸汽的温度 t 和干饱和蒸汽温度 t_s 之间蒸汽的定压平均比热容,kJ/(kg·℃)

上式移项后则有

$$h = h'' + c_p(t - t_s) \tag{4-13}$$

在知道过热温度和压力的情况下,可从书后的过热蒸汽表(附表4)中查得过热热蒸汽的焓值 h 的数据,根据干饱和蒸汽的焓值 h'' 的数据,便可求得 q_p 值,必要时也可计算出 c_p。

在图4-2中显示出了水与水蒸气的焓值跟压力之间的关系及汽化热跟压力的关系。

图4-2水蒸气的主函数 $h'' = f(p)$,$h' = F(p)$,$r = \psi(p)$ $h = \varphi(p)$。

由图4-2及式(4-9)可知:

$$h'' = h' + r$$

举例 如饱和温度 $t = 90$℃,相应压力 $p = 0.7149$,$h'' = 90.04 + 545.2 = 2655.14$(kJ/kg)。

由式(4 - 7)知

$$h' = \lambda' + h_0$$

因而可得

$$h'' = h_0' + \lambda' + r$$

设 1kg 干饱和蒸汽所吸收的热量为:

$$\lambda'' = \lambda' + r(\lambda'' = 液体热 + 汽化热)$$

则得

$$h'' = \lambda'' + h_0', 因为 h' = 0,$$

所以

$$h'' = \lambda'' \tag{4 - 14}$$

由上式可以看出干饱和蒸汽的焓值(热含量)等于干饱和蒸汽所吸入的热量。这可由图 4 - 2 及式(4 - 7)、式(4 - 9)、式(4 - 13)可得出过热蒸汽焓值 h 的等式如下:

$$h = h_0' + \lambda' + r + c_p(t - t_s)$$

设 λ 为过热蒸汽吸入的热量,将其写成等式则得:

$\lambda = \lambda' + r + c_p(t - t_s)$,将 λ 代入上式后可得:

$h = \lambda + h_0'$,因为 $h_0 = 0$

所以

$$h = \lambda \tag{4 - 15}$$

由式(4 - 15)可以看出过热蒸汽的焓值等于过热蒸汽所吸入的热量。

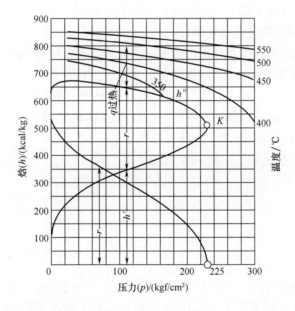

图 4 - 2　水蒸气的主函数 $h'' = f(p), h' = F(p), r = \psi(p) h = \phi(p)$

4.2.3.4　水和水蒸气的热力学能

由式(4 - 4),即:$h = U + Apv$,可以求得热力学能的关系式如下:

$$U = h - Apv \tag{4 - 16}$$

因为,h、p、v 为 1kg 水或水蒸气在同一状态下的参数,这些参数可从书后所附的水蒸气表中查得。现举例计算如下：

例题 1：按书后所附水蒸气表，取 1kg 水，其饱和温度 $t = 100℃$，压力 $p = 1.0332kgf/xm^2$（绝对大气压力）时，水的热力学能为：

$$U = 418.42 - 1/427 \times 1.0332 \times 0.0010435$$
$$= 418.42 - 0$$
$$= 418.42(kJ/kg)$$

例题 2：按例 1 的条件，取 1kg 干饱和蒸汽，求其热力学能（以水蒸气表的数据）。则热力学能为：

$$U = 2671.44 - 1/427 \times 1.0332 \times 1.673$$
$$= 2671.44 - 16.93$$
$$= 2654.51(kJ/kg)$$

4.3 水和水蒸气的熵

4.3.1 熵的概念

4.3.1.1 什么叫熵[4]

首先给出一个比较概括定义：熵是一个导出的状态参数，是表征工质状态变化时，其热量传递的程度。对 1kg 工质而言，用符号 s 表示，单位是 $kJ/(kg \cdot K)$。它是通过其他可以直接测量的数量间接计算出来的。

4.3.1.2 从理想气体的推导来认识熵

这里再从理想气体熵的推导和讨论中来对熵的具体意义作进一步的了解。从热机循环中，如卡诺循环，我们知道加入循环过程的整个热量 Q_1，只有其中的一部分，即 $(Q_1 - Q_2)$ 千焦的热量转变为有用功，而 Q_2kJ 的热量给吸热器（低热源）所吸收，变为没有用的热量。为了提高热效率，应当力求使无用的 Q_2 减少。所以求出 Q_2 的热量值是很重要的，知道了 Q_2，便可通过 $\eta = 1 - Q_2/Q_1$ 公式，才能了解热机的热效率。

首先看 Q_2 的数值取决什么因素，我们知道[3]：

$$\eta = 1 - Q_2/Q_1 或 \eta = 1 - T_2/T_1$$

因此有

$$Q_2/Q_1 = T_2/T_1$$

则得

$$Q_2 = Q_1/T_1 \times T_2$$

可见 Q_2 的数值决定于两个因素（两个因素相乘），即比值 Q_1/T_1 和温度 T_2，一般把这个温度可以看作不变的常数，则热量 Q_2 的损失关键性和重大的因素是，这个比值越大，Q_2 的损失就越大。

考虑到比值 Q/T 的重大作用，在热力学中引用了与此值有关的一个特别的物理量，即：Q/T 这个物理量，被叫作熵（正确的叫法为比熵，下同），用符号 s 表示。

从熵的关系式中，又可树立这样的概念，即：两个供热器供给同样的热机的热量而转变为机械功，其中 Q_1 值相同，然而 $T_1' > T_1''$（图 4 - 3）。

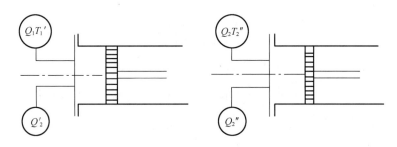

图 4 - 3　温度 T_1 不同,即熵不同,所以 Q_2 的损失也不同

结果具有温度 T_1' 的供热器供给的热量 Q_1,转变为有用功的热量多,因为 $T_1' > T_1''$,则 $Q_1'/T_1' < Q_1''/T_1'$,所以排给吸热器(冷源)的热量少,其值为 Q_2',因而热效率 η 高。那么具有 T_1'' 的供热器供给的热量 Q_1 转变为有用的功少,而损失的热量多,其值为 Q_2'',所以热效率 η 值低。

从熵的关系式中又可看出熵值的物理量,正如一切的状态参数(如压力,容积和热力学能等)一样,是由工作介质的状态而决定,因而过程中熵的变化与过程曲线的形状无关,而仅与工质的终态和初态有关。

如果把一个可逆状态的变化过程分成许多微小段,因为每一微段都是极小的,所以在每一微段中把温度 T 看作不变。对每一段而言,将加入的微小热量被加入时的绝对温度除之,可得出熵和热量及温度的关系式如下:

$$ds = dq/T(kJ/kg) \tag{4-17}$$

4.3.2　水和水蒸气的熵

如果我们将 1kg 的水加热到沸腾,并继续加热形成干饱和蒸汽再到过热蒸汽。其熵的计算如下:

用公式(4-17)

$$ds = dq/T(kJ/kg)$$

$$s = dq/T + 常数$$

式中　q——1kg 水或 1kg 水蒸气所吸收的热量,kJ/kg

　　　T——水或水蒸气在吸入热量时的绝对温度,K

如果要计算均匀系统的总熵,只要乘以系统中工作介质的总质量 G 即可:

$$s_{总} = G \times s$$

4.3.2.1　水的熵值

在热工计算中和焓值一样注意的是熵值的变化,而不是它的绝对值。

熵的起算点:水在 0℃,0.002668kgf/cm² (绝对大气压)的状态时,其熵 $s = 0.0$℃ 条件下的水,不论压力有多大熵值均为零。

当水吸取热量 dq 后,熵的变化为:

$$ds = dq/T$$

根据热力学第一定律:$dq = c_v dT + Apdv$,但水在 0℃ 的条件下,$Apdv = 0$。

所以

$$dq = c_v dT$$

则有

$$ds = c_v dT/T$$

当水从 $0℃$ 加热到温度为 $t℃$，即从 $273K$ 加热到 $273K + t℃$ 时，

熵值的变化：$s - s_0' = \int_{273}^{T} (cdT/T)$。水的比热容 $c = 1kcal/(kg \cdot ℃)$，$0℃$ 水的熵，$s_0' = 0$，

所以可知饱和水的熵 s' 为：

$$s = \int_{237}^{T} \frac{dT}{T} = \ln \frac{T}{237} = 2.3 \log \frac{T}{237} \tag{4-18}$$

在压力 p 及温度 t 时，水的熵值 s 可从书后所附的水蒸气表中查得。

4.3.2.2　饱和水蒸气的熵

1kg 沸腾的水转化为干饱和蒸汽时，需要吸取的热量为汽化热 r，整个汽化过程中温度保持恒定不变。根据等温过程 $T_1 = T_2$，$s_2 - s_1 = q/T$，便可得到下式：

$$q = T(s'' - s')$$

所以可知

$$r = T_S(s'' - s')$$

$$s'' = s' + (r/T_S) \tag{4-19}$$

由书后水蒸气表中可查得干饱和蒸汽的熵值 s''。

因为 1kg 干度为 x 的湿饱和蒸汽中含有：干饱和蒸汽 $x$kg，沸腾的水为 $(1-x)$kg。由此可知 1kg 湿饱和蒸汽的熵值 s_x 为：

$$s_x = xs'' + (1-x)s' \tag{4-20}$$

并得到

$$s_x = s' + x(s'' - s') = s' + xr/T \tag{4-21}$$

4.3.2.3　过热蒸汽的熵值

蒸汽在过程中，每个微小的加热过程所加入的热量为：

$$dq_p = c_p dT$$

从干饱和蒸汽加热到过热蒸汽，即由 s'' 加热到 s（过热蒸汽的熵），在这个过程中上述的变化为：

$$s - s' = \int_T^T \frac{dq}{T} = \int_T^T \frac{cdT}{T}$$

设温度 $T \sim T_s$，定压平均比热 c_p 为定值，于是得：

$$s - s'' = c_p \int_T^T \frac{dT}{T} = c_p \ln \frac{T}{T} = 2.3 c_p \log \frac{T}{T}$$

因此可得：

$$s = s'' + 2.3 c_p \log T/T \tag{4-22}$$

从水蒸气表中可以查得过热蒸汽的熵值 s。

4.3.3　干饱和蒸汽表及其应用的举例[5]

4.3.3.1　干饱和蒸汽表

在实际应用中，为了求得干蒸汽的参数 t_s、v''、h'' 等，我们利用专门表格来代替前面所述

的公式（在某些条件下为近似公式），在这些表格中列出了根据实验和理论研究所确定的现存的数据。这些专用表格一般都附在相关的书后，本书是附在附录里为附表 1、附表 2 及附表 4。

附表 1 是按温度排列的，第一列中列出了蒸汽的温度，其排列次序是从 0℃ 到 374℃；在其他各行列中列出了相当于各种温度的干蒸汽参数的数值。

附表 2 是按压力排列的，第一列中列出了蒸汽的压力，其排列次序是从 0.01kgf/cm² （绝对大气压）到 224kgf/cm²（绝对大气压），在其他各行列中则是与压力相对应的蒸汽的诸参数。

在这些表中，取水在 0℃ 时的熵值等于 0，焓值也等于 0。

但在某些条件下，当所求的参数值在这些表格内并没有列出来，而是处在表上某两个温度或压力之间时可用插算法求得，如下面例题 8 所示。

从这些表格可以看出，随着温度和压力的增高，液体的比体积 v' 在增大，但增大极微小，而干蒸汽的比体积 v'' 则在缩小。当温度为临界数值 $t_{临界} = 374.15℃$ 时，这两种比容的大小就一样了。假如把不同压力下的这两种比体积数值记在 p—v 坐标系统上，并通过各点作一条曲线，就可以得到如图 4-1 所示的线图。我们可以看出在现在的这些蒸汽表中，给出的水的焓值 h' 及干饱和蒸汽的焓值 h'' 来代替液体的热量 λ' 及干饱和蒸汽总热量 λ''。由此，我们就可把焓理解为工作介质在热力过程中某一确定状态下所含有的总热量。

在讨论焓值的数量随蒸汽压力（附表 2 中的数据）而改变的特征时，就发现到水蒸气所具有的特性。

正如我们所看到的，当压力为 0.01kgf/cm²（绝对大气压）时 $h'' = 2508.84$kJ/kg （600.2kcal/kg）。随着压力的增大，焓也增大，当压力由 30kgf/cm²（绝对大气）压到达 33kgf/cm²（绝对大气压）时，焓达到最大数值 $h'' = 2798.93$kJ/kg（669.6kcal/kg），然后焓便逐渐减少，直到压力为 224kgf/cm²（绝对大气压）时，焓为 2176.53kJ/kg（520.7kcal/kg）。由此可见，在压力为 100kgf/cm²（绝对大气压）时产生干饱和蒸汽所需要的热量就比在 10kgf/cm²（绝对大气压）下时来的少些。在第一种情况下 $h'' = 2724.11$kJ/kg（651.7kcal/kg），而在第二种情况下的 $h'' = 2272.56$kJ/kg（543.6kcal/kg）。同时，压力为 100kgf/cm²（绝对大气压）的蒸汽比压力为 10kgf/cm²（绝对大气压）的蒸汽能够做出更大的机械功。水蒸气的这种特性，就成为积极争取在工业和运输业中用高压蒸汽的理由之一。

4.3.3.2　饱和蒸汽表的应用举例

例题 3：转载蒸汽锅炉上的压力计指示的压力 12kgf/cm²（表大气压）。试问锅炉中蒸汽的温度是多少？

解：蒸汽在蒸汽锅炉中是和水接触的，所以只能是湿蒸汽；这种温度就是沸腾温度，即等于饱和温度 t_{S}。利用附录中附表 2 中所列的数据，可以求得。

$$p = p_{表} + 1 = 13\text{kgf/cm}^2（绝对大气压）以及 t_S = 190.71℃$$

例题 4：蒸汽压力为 $p = 20$kgf/cm²（绝对大气压）及温度为 $t = 250℃$。试确定蒸汽的状态。

解：按附录中附表 2 我们可以确定，干蒸汽在压力为 $p = 20$kgf/cm²（绝对大气压）时，应具有温度 $t_S = 211.38℃$；由于 $t > t_S$，所以所给蒸汽是过热蒸汽。

例题 5：若已知蒸汽的干度为 $x = 0.8$，而压力则按压力计所示为 $p_{表} = 9$kgf/cm²（表大气压),试求湿蒸汽的比体积。

解:$p_{绝对} = p_表 + 1 = 9 + 1 = 10$(kgf/cm², 绝对大气压)。按附表 2B 可求得, 当 $p_{绝对} = 10$kgf/cm²(绝对大气压)时, 干蒸汽比体积 $v'' = 01985$m³/kg; 因此, $v_x = xv'' = 0.8 \times 0.1985 = 0.1588$(m³/kg)。

例题6:设蒸汽的温位205℃以及比体积 $v = 0.1$m³/kg。试确定蒸汽的状态。

解:按照附表 2B 数据可求得, 当温度 $t_S = 205$℃时, 干蒸汽的比体积 $v'' = 0.1128$m³/kg。$v < v''$, 所以所给的蒸汽为湿蒸汽。

例题7:设有湿蒸汽具有压力 $p_{绝对} = 15$kgf/cm²(绝对大气压)以及 $x = 0.9$。试求这蒸汽的比体积, 焓和熵值。

解:当干蒸汽压力为 $p_{绝对} = 15$kgf/cm²(绝对大气压)时, 按附表 2B 可求得:

$$v'' = 0.1346 \text{m}^3/\text{kg}, T_s = 197.4℃$$

因此

$$v_x = xv'' = 0.9 \times 0.1346 = 0.1211 (\text{m}^3/\text{kg})$$

从附表 2B 可以查得 $p_{绝对} = 15$kgf/cm²(绝对大气压)时, $h' = 838.93$kJ/kg(200.7kcal/kg),

则

$$r = 1953.98 \text{kJ/kg}(467.5 \text{kcal/kg})$$

其次我们可得

$$h_x = h' + xr = 838.93 + 0.9 \times 1953.98 = 2597.51 (\text{kJ/kg})$$

湿蒸汽的熵值:

$$s_x = s' + xr/T_s$$

按附表 2B 可查得在 15kgf/cm²(绝对大气压)条件下的 $s' = 2.3023$kJ/(kg·℃)[0.5508kcal/(kg·℃)]。

因此

$$s_x = 2.3023 + 0.9 \times 1953.98/(273 + 197.4) = 2.3023 + 3.7385$$
$$= 6.0408 \text{kJ/(kg·℃)} [1.4452 \text{kcal/(kg·℃)}]$$

例题8:试求压力为 $p_{绝对} = 12.515$kgf/cm²(绝对大气压)的干蒸汽的焓值。

解:利用附表 2B。在附表 2B 所列的数据中只列出了 12kgf/cm²(绝对大气压)及 13kgf/cm²(绝对大气压)时的数据, 求并没有列出 12.5kgf/cm²(绝对大气压)条件时 h'' 的数据。因此需要用插算法来求得 h'' 的值, 这就是压力 12kgf/cm²(绝对大气压)和 13kgf/cm²(绝对大气压)时两者间 h'' 的平均值。在 12kgf/cm²(绝对大气压)时 $h'' = 2788.00$kJ/kg(665.9kcal/kg), 13kgf/cm²(绝对大气压)时 $h'' = 2790.92$kJ/kg(666.6kcal/kg), 因此, 12.5kgf/cm²(绝对大气压)时的焓值为 $h'' = 2789.44$kJ/kg(667.33kcal/kg)。

例题9:试计算压力为 15.5kgf/cm²(绝对大气压)湿度为 0.03 的 10kg 湿饱和蒸汽所占的容积是多少?

解:由附录中的附表 1 或附表 2B 查找到 16kgf/cm²(绝对大气压)和 15kgf/cm²(绝对大气压)条件下干饱和蒸汽的比体积分别为:

$$v_{16}'' = 0.1261 \text{m}^3/\text{kg}, v_{15}'' = 0.1342 \text{m}^3/\text{kg}$$

用插算法求 15.5kgf/cm²(绝对大气压)下干饱和蒸汽的比体积为:

$$v'' = 0.1302\,\mathrm{m^3/kg}$$

由此可以计算出 $15.5\mathrm{kgf/cm^2}$(绝对大气压)时湿饱和蒸汽具有的体积中,干饱和蒸汽所占有的那部分体积数 v_{xg} 为:$v_{xg} = xv''$,因为已知湿度为 0.03,所以有等式:

$$1 - x = 0.03$$

因而则有干度:

$$x = 1 - 0.03 = 0.97$$

所以

$$v_{xg}'' = 0.97 \times 0.1302 = 0.1263\,(\mathrm{m^3/kg})$$

应为 $15.5\mathrm{kgf/cm^2}$(绝对大气压)时饱和水的比体积 v_{XS},可用 $16\mathrm{kgf/cm^2}$(绝对大气压)和 $15\mathrm{kgf/cm^2}$(绝对大气压)时的比体积(由附表 1 或附表 2B 查得)的平均数计算出近似值再乘以湿度 0.03 为:

$$v_{xs} = (0.0011524 + 0.0011572)/2 \times 0.03 = 0.0000346 \approx 0$$

我们知道:湿蒸汽比体积的组成是其干饱和蒸汽所占的容积和饱和水(沸腾水)所占的容积的和。所以 $15.5\mathrm{kgf/cm^2}$(绝对大气压)时湿蒸汽的比体积 v_x 应为:

$$v_x = 0.1263 + 0 = 0.1263\,(\mathrm{m^3/kg})$$

那么,$10\mathrm{kg}$ 湿饱和蒸汽的所占的容积便可求得如下:

$$v_x = 10 \times 0.1263 = 1.263\,(\mathrm{m^3})$$

例题 10:在给水预热器中,应该给蒸汽锅炉产生 $2\mathrm{t}$ 由冷水和辅机排出废气相混合而预热的给水。试计算出为此需要消耗废气 $D\mathrm{kg}$ 及冷水 $G\mathrm{kg}$ 的数值是多少。假设废气压力为 $1.3\mathrm{kgf/cm^2}$(绝对大气压),并且它的湿度为 10%;水的起始温度为 $18\,℃$,而混合之后的温度应等于 $80\,℃$。

解:已知条件为:$G + D = 2\mathrm{t}$;$p = 1.3\mathrm{kgf/cm^2}$(绝对大气压);$(1 - x) = 0.1$;$t_1 = 18\,℃$;$t_{混合} = 80\,℃$。

求:G 和 D。

由于混合前蒸汽和水所含有的热量应等于它们混合物的热量,因此可列出热量平衡方程。水在混合前所含有的热量等于 $Gt_1\mathrm{kJ}$,蒸汽中所含的热量等于 Gh_x,则汽水混合物中所含的热量为 $(G + D)t_{混合}\mathrm{kJ}$。

因此

$$Gt_1 + Dh_X = (G + D)t_{混合}$$

但是

$$G = 2000 - D$$

所以

$$(2000 - D)t_1 + Dh_X = 2000t_{混合}$$

由这个方程得:

$$D = 2000(t_{混合} - t_1)/(t_x - t_1)$$

利用附表 2B 可求得:

$$h_X = h' + xr = 446.1 + 0.9 \times 2235.9 = 2457.42\,(\mathrm{kJ/kg})(587.9\mathrm{kcal/kg})$$

这时

$$D = 2000(80 - 18)/(2457.42 - 18) = 50.8\,(\mathrm{kg})$$

以及

$$G = 2000 - D = 2000 - 50.8 = 1949.2(\text{kg})$$

例题 11：试求：①$v = 0.18\text{m}^3/\text{kg}$；②$v = 0.23\text{m}^3/\text{kg}$；③$t = 260℃$；④$t = 160℃$，而压力都为 $10\text{kgf}/\text{cm}^2$（绝对大气压）时的蒸汽状态。

解：根据饱和蒸汽表附表 1 或附表 2B 查得在 $10\text{kgf}/\text{cm}^2$（绝对大气压）时：

$v'' = 0.1980\text{m}^3/\text{kg}$，饱和温度 $t_S = 179.04℃$。

①因为 $v' < v < v''$，即 $0.001 < 0.18 < 0.1980$，可知是处在湿饱和蒸汽区。

②因为 $v > v''$，即 $0.23 > 0.1980$，可知是处在过热蒸汽区。

③因为 $t > t_s$，即 $260℃ > 179.04℃$，可知是处在过热蒸汽区。

④因为 $t < t_s$，即 $160℃ < 179.04℃$，可知是处在沸腾点以下的水区。

例题 12：试决定蒸汽所处在什么样的状态，是湿蒸汽，干饱和蒸汽还是过热蒸汽？设已知条件为：①$p = 8\text{kgf}/\text{cm}^2$（绝对大气压）及 $v = 0.22\text{m}^3/\text{kg}$；②$p = 6\text{kgf}/\text{cm}^2$（绝对大气压）及 $t = 190℃$ 以及 ③$p = 10\text{kgf}/\text{cm}^2$（绝对大气压）及 $t = 179℃$。

解：①因为当相应于压力 $p = 8\text{kgf}/\text{cm}^2$（绝对大气压）时，干饱和蒸汽的比体积 $v'' = 0.2454\text{m}^3/\text{kg}$，显然，$v'' = 0.2454\text{m}^3/\text{kg} > v = 0.22\text{m}^3/\text{kg}$（题设条件），所以 $v = 0.22\text{m}^3/\text{kg}$ 和压力 $p = 8\text{kgf}/\text{cm}^2$（绝对大气压）时的蒸汽是处在湿蒸汽状态下，其干度可用公式 $v_x = xv''$ 用近似法求得

$$x = v_x/v'' = 0.22/0.2454 = 0.8965$$

②相应于压力 $p = 6\text{kgf}/\text{cm}^2$（绝对大气压）时的饱和蒸汽温度为 $t_s = 158℃$，而在题设中给的蒸汽温度则为 $t = 190℃$ 显然，$190℃ > 158℃$（即题设给的温度大于蒸汽的饱和温度），所以，蒸汽处于过热状态。其过热度为 $190℃ - 158℃ = 32℃$

③因为相应于压力 $p = 10\text{kgf}/\text{cm}^2$（绝对大气压）时的饱和蒸汽温度 $t_s = 179℃$。题设给的温度为 $179℃$ 正好等于 $10\text{kgf}/\text{cm}^2$（绝对大气压）下的饱和蒸汽温度 $179℃$，所以，蒸汽是饱和蒸汽。

例题 13：试计算压力为 $15.5\text{kgf}/\text{cm}^2$（绝对大气压），湿度为 0.03 的 10kg 湿饱和蒸汽所占的容积是多少？

解：由水蒸气（附表 1 或附表 2B）查得 $16\text{kgf}/\text{cm}^2$（绝对大气压）和 $15\text{kgf}/\text{cm}^2$（绝对大气压）条件下的干饱和蒸汽的比体积分别为：

$$v_{16}'' = 0.1264\text{m}^3/\text{kg}, v_{15}'' = 0.1346\text{m}^3/\text{kg}$$

用插算法求 $15.5\text{kgf}/\text{cm}^2$（绝对大气压）的干饱和蒸汽的比体积：

$$v_{15.5}'' = 0.1264 + (0.1346 - 0.1264)/2 = 0.1305(\text{m}^3/\text{kg})$$

由此可以计算出 $15.5\text{kgf}/\text{cm}^2$（绝对大气压）时湿饱和蒸汽体积中干饱和蒸汽所占有的那部分体积数 v_{xg} 为：

$$v_{xg} = xv''$$

因为湿度一直为 0.03，所以

$$1 - x = 0.03$$

则干度为

$$x = 1 - 0.03 = 0.97$$

因此

$$v_{xg}'' = 0.97 \times 0.1305 = 0.1266(\mathrm{m^3/kg})$$

15.5kgf/cm^2(绝对大气压)时饱和水的比体积,可用 15kgf/cm^2(绝对大气压)和 16kgf/cm^2(绝对大气压)下的比体积的平均值计算出其近似数(本书附表中未列出),再乘以湿度 0.03 即可求得。现给出 15kgf/cm^2(绝对大气压)和 16kgf/cm^2(绝对大气压)下饱和水的比体积分别为:$v_{15}' = 0.0011524\mathrm{m^3/kg}$,$v_{16}' = 0.0011572\mathrm{m^3/kg}$。

再乘以湿度 0.03 为:

$$v_{xs} = \left[(0.0011524 + 0.0011572)/2\right] \times 0.03 = 0.0000393 \approx 0$$

因为 15.5kgf/cm^2(绝对大气压)时湿蒸汽的比体积为干饱和蒸汽所占有的容积与饱和水(沸腾水)所占有的容积之和。所以 15.5kgf/cm^2(绝对大气压)时湿蒸汽的比体积应为:

$$v_x = 0.1266 + 0 = 0.1266(\mathrm{m^3/kg})$$

由此可以求得 10kg 蒸汽所占的体积为:

$$v_x = 10 \times 0.1266 = 1.266(\mathrm{m^3})$$

例题 14:1t 水,温度为 0℃ 在 4kgf/cm^2(绝对大气压)下定压加热使成为湿度为 0.05 的湿饱和蒸汽,计算加热所用的热量。

解:根据式(4 - 5)可知:$q = h_X - h_0'$,因为 $h_0' = 0$

所以

$$q = h_X$$

根据式(4 - 11)则有下式:

$$h_X = h' + rx$$

由附表 1 或附表 2B 查得在 4kgf/cm^2(绝对大气压)时:

$$h' = 601.64\mathrm{kJ/kg}(143.9\mathrm{kcal/kg}), r = 2139.87\mathrm{kJ/kg}(511.93\mathrm{kcal/kg})$$

因为

$$1 - x = 0.05$$

所以

$$x = 0.95$$

因而

$$q = h_X = 143.9 + 0.95 \times 2139.87 = 2634.56\mathrm{kJ/kg}(630.28\mathrm{kcal/kg})$$

所以加热 1t 水的总热量:

$$Q = G \times q = 1000 \times 628.4 = 628400(\mathrm{kcal})(2626712\mathrm{kJ})$$

例题 15:试求 8kgf/cm^2(绝对大气压),200℃ 蒸汽比体积和焓值。

解:根据饱和蒸汽表附表 1 或附表 2B 可知,在 8kgf/cm^2(绝对大气压)时:$t_S = 169.61℃ < 200℃$,可知题给条件的蒸汽是在过热蒸汽区。

所以根据过热蒸汽附表 4 查得:

$$v'' = 0.3306\mathrm{m^3/kg}, h = 3051.8\mathrm{kJ/kg}$$

例题 16:试求 10kgf/cm^2(绝对大气压)及 100kgf/cm^2(绝对大气压)时沸腾水的熵。

解:由饱和蒸汽附表 1 或附表 2B 可查得:

$$s_{10}' = 2.1268\mathrm{kJ/(kg \cdot ℃)}, s_{100}' = 3.3410\mathrm{kJ/(kg \cdot ℃)}$$

例题 17:试计算 40kgf/cm^2(绝对大气压),干度为 0.9 时湿饱和蒸汽的熵。

解:由饱和蒸汽表 1 或表 2B 查得:

$$s' = 2.7814 \text{kJ}/(\text{kg} \cdot \text{℃}), s'' = 6.0681 \text{kJ}/(\text{kg} \cdot \text{℃})$$

根据式(4-19)可得：

$$s_{\text{X}} = xs'' + (1-x)s' = 0.9 \times 6.0681 + (1-0.9) \times 2.7814$$
$$= 5.7394 [\text{kJ}/(\text{kg} \cdot \text{℃})]$$

4.3.4 过热蒸汽表及其应用举例

4.3.4.1 过热蒸汽表

过热蒸汽表是由前苏联专家实验研究编制的。按照这个表,可以在给定压力和温度之下,求得过热蒸汽的比体积,焓及熵。

在本书末尾的附录中,附有过热蒸汽表(看附表4)。在第一列中列出了随温度增长次序而排列的过热蒸汽的温度。在其余各列中列出了在不同的过热蒸汽压力下对应于每一温度的 v、h 以及 s 的数值。因此,这表就可以直接地或用插算法求得所要求得的过热蒸汽各参数值,而无须进行计算了。现在我们来研究利用这个表的几种情况,举例如下。

4.3.4.2 过热蒸汽表的应用举例

例题18:试求100kgf/cm²(绝对大气压)460℃条件下过热蒸汽的熵和热力学能。

解:由附录中过热蒸汽附表4可以查得:

熵 $s = 6.4556 \text{kJ}/(\text{kg} \cdot \text{℃})[1.5444 \text{kcal}/(\text{kg} \cdot \text{℃})]$, $h = 3263.91 \text{kJ}/\text{kg}(780.6 \text{kcal}/\text{kg})$, $v = 0.0310 \text{m}^3/\text{kg}$。

根据公式 $U = h - Apv$ 来求热力学能 U:

$$U = h - Apv = 3262.91 - 1/427 \times 100 \times 10^4 \times 0.0310$$
$$= 3263.91 - 72.60 = 3191.3 (\text{kJ}/\text{kg})(763.5 \text{kcal}/\text{kg})$$

例题19:试求蒸汽在压力为18kgf/cm²(绝对大气压)及温度为400℃时的焓,比体积以及熵。

解:18kgf/cm²(绝对大气压)所对应的饱和温度为206.4℃;临界温度为373.6℃。显然所给的温度400℃高于饱和温度,甚至还高于临界温度,则所给的蒸汽显然是过热蒸汽。当蒸汽的压力为8kgf/cm²(绝对大气压),温度为400℃时,即可根据过热蒸汽附表4求得下列各值:$h = 3240.34 \text{kJ}/\text{kg}(775.2 \text{kcal}/\text{kg})$;$v = 0.3918 \text{m}^3/\text{kg}$;$s = 7.565 \text{kJ}/(\text{kg} \cdot \text{℃})[1.8099 \text{kJ}/(\text{kg} \cdot \text{℃})]$。

假使在求得这些数值时不用过热蒸汽表,那就要用近似方程来计算 h 和 s,其方程如下:

$$h = h'' + c_{\text{p}}(t - t_{\text{S}})$$
$$s = 2.3 \lg T_s/273 + 2.3 c_p \lg T/T_s$$

例题20:在不变压力15kgf/cm²(绝对大气压)下,试求温度为50℃的1000kg水,应加入多少热量 Q,才能使它转变成为温度为350℃的过热蒸汽。

解:所需热量可用公式 $Q = qG$ 来求出,式中 q 为1kg水变为过热蒸汽所需热量。假设温度为度为0℃时,则显然 $q = h''$,但是所给的水已经加热到50℃,所以 $q = h'' - 50$。

由此可知,首先应求得在给定条件下过热蒸汽的焓值。按附表4我们求出压力14kgf/cm²(绝对大气压)及16kgf/cm²(绝对大气压)及其相对应温度340℃及360℃的两个焓值的算术平均值:14kgf/cm²(绝对大气压),340℃及16kgf/cm²(绝对大气压),360℃时蒸汽的焓值分别为:3120kJ/kg(746.4kcal/kg)和3160kJ/kg(756kcal/kg)。

$$h = (3120 + 3160)/2 = 3140 \text{kJ/kg}(751.2 \text{kcal/kg})$$

例题 21：如果过热器中（或锅炉中）蒸汽压力等于 12kgf/cm²（绝对大气压），进入到过热器中时干度 $x = 0.9$，而 $t = 320℃$，锅炉每小时产生蒸汽 2.5t。试求在每小时内应加入到蒸汽过热器中的热量 Q。

解：先写出方程：$Q = (h - h_x)D$。式中 $(h - h_x)$ 差值就是过热器中所耗费的热量。从附表 4 中，我们可查找到：$h = 3081.1 \text{kJ/kg}(737.1 \text{kcal/kg})$；$h_x$ 可由下式求得：

$h_x = h' + xr(\text{kJ/kg})$。从附表 B2 查找出，在 $p = 12 \text{kgf/cm}^2$（绝对大气压）时，$h' = 794.65 \text{kJ/kg}(189.3 \text{kcal/kg})$ 以及 $r = 1574.64 \text{kJ/kg}(376.1 \text{kcal/kg})$。

由此可得，$h_x = 794.65 + 0.9 \times 1574.64 = 794.65 + 1417.19 = 2211.84(\text{kJ/kg})(529.15 \text{kcal/kg})$。

这时 $q = 3081.1 - 2211.84 = 869.26(\text{kJ/kg})(207.96 \text{kcal/kg})$。蒸汽过热器中所耗费的热量为：

$$Q = (h - h_x)D = 869.26 \times 2500 = 2173150 \text{kJ/h}(519892 \text{kcal/h})$$

4.4　水蒸气的 T—s 图及 h—s 图

4.4.1　水蒸气产生过程的 T—s（温—熵）图

4.4.1.1　水蒸气产生过程用温熵来表示

为了在温—熵坐标系中表现水的气化过程，必须利用参数 s（熵）和 T（温度）来表示的这种过程关系。当绘制汽化第一个阶段的温熵图时，把 1kg0℃ 的水加热到沸点 t_s，可利用方程：

$$s = 2.3 \lg T/273,\text{其中 } T \leq T_s, s \leq s'$$

假设 T 等于 273K（即 0℃），则由方程中可知，$s = 0$，因而，确定水的这个状态的点应位于纵坐标轴上。用 A 来表示这个点（图 4 - 4）。如果把水加热到温度 T_1 时则熵也增大到 s_1，

此时水的状态将由点 1 来表示。如果再将水加热，则它的温度又将升高到 T_2、T_3 等，一直到温度为 T_s，这时水就开始沸腾。而水的熵也随时在增大，设它们的数值相应为 s_2、s_3 以及最后为 s'（当温度等于 T_s 时）。在上述各温度及熵的数值下的蒸汽状态在图上用 2、3 等各点来表示，直到点 B。如果通过所有各点做出一条光滑的曲线，那么这条曲线便是在图形上标上表示出水从 0℃ 加热到 T_s 时熵变化的特性。

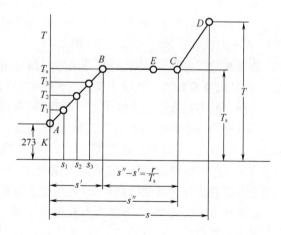

图 4 - 4　定压汽化过程在温—熵坐标上的图形

当继续加热时，水便开始转变为蒸汽，熵也继续增长，但温度却不改变，所以在汽化这一

阶段中,过程的线段用平行于横坐标轴的直线 BC 来表示。点 C 是表示全部水都转变成蒸汽时状态(干蒸汽状态)。在汽化过程中也就是由点 B 到点 C 的过程中,熵的变化可按下列方程计算:

$$s'' - s' = r/T_s$$

再继续加热,蒸汽便转入到过热区域,这时蒸汽的熵及温度都在增长。汽化过程线段用 CD 表示,其值可按下列方程求得:

$$s - s'' = 2.3c_p \lg T/T_s$$

因此,产生过热蒸汽的全部过程用折线 $ABCD$ 来表示。

蒸汽在点 C 时的熵值可按方程 $s'' = s' + r/T_s$ 来计算。

在图中,熵的变化是有线段 s' 和 BC 的总和来表示。

因此,

$$s'' = s' + BC$$
$$即 BC = r/T_s \qquad\qquad (4-23)$$

如果汽化并没有达到终点,也就是停止在某一点上 E,这一点便可决定干度为 x 的湿蒸汽状态,那么上的变化可以按下列方程来计算:

$$s_x = s' + xr/T_s$$

在图中

$$s_X = s' + BE$$

即

$$BE = xr/T_s$$

把这方程以方程(4-23)来除,即得,

$$BE/BC = (xr/T_s)/(r/T_s)$$

因此,BE/BC 的比值就等于蒸汽的干度。如果提高水的压力,要从这水产生过热蒸汽,很明显,在相当于点 B 的温度时水还没有达到沸腾;为了要使水沸腾起来,就需要把水加热到更高的温度,这时熵也随着增加。沸腾开始的时刻由点 B' 来表示,点 B' 是位在 AB 的延长线上,而干蒸汽状态用点 C' 来表示(图4-5)。

如果水的压力降低,那么沸腾开始的时刻可用任一点 B_1 来表示,此点 B_1 也是位在 AB 曲线上,但是比点 B 低些。在这个压力下,干蒸汽状态用点 C_1 来表示。

选择一些不同数值的水的压力,我们就可得到一系列相当于水开始沸腾时的点:B_1、B_2、B_3,等等;及另一系列相当于干蒸汽状态时的点:C_1、C_2、C_3,等等。若通过这些点作光滑曲线,那么在图中就得到两条曲线 AK 和 DK:其中第一条曲线是划分出(沸腾的)液体和湿饱和蒸汽区域的液体曲线,而第二条曲线则是划分出湿蒸汽和过热蒸汽区域的干饱和曲线。在图上可以看到这两条曲线是相交的,其交点就是临界点 K。

如果在 BC、B_1C_1、B_2C_2 等各线上取相当于某一数值的干度点 E、E_1、E_2、E_3 等,并经过这些点做出光滑曲线,则可得到所谓定干度线(或叫作定蒸汽含量线)KE_4。

在图上可以做出一些在不同干度数值下的这种线;那么我们就得到同是会合在临界点上的一系列曲线。

在温—熵图中有过程线,横坐标轴线以及过程线两端纵坐标线所围成的面积,可决定加入到过程中的热量。我们在汽化过程中也采用温—熵图的这个特性,并用 $Aabc$ 线来表示气化过程(图 4 - 6)。

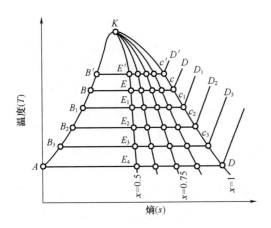

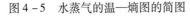

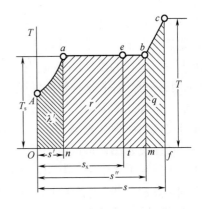

图 4 - 5　水蒸气的温—熵图的简图　　　图 4 - 6　在温—熵坐标上汽化过程中热量的图形

这时,沸腾水转变为蒸汽的过程由 ab 线来表示。按照所说特性,矩形面积 $abmn$ 应当是决定汽化热 r,实际上在这一段过程的终点——点 b 时,蒸汽转变成为干蒸汽,这时焓值可按下列方程求得:

$$s'' - s' = r/T_s$$

由上式得

$$r = T_s(s'' - s')$$

在图 4 - 6 中,温度 T_s 的数值是由线段 an 来决定的,也就是由矩形 $abmn$ 的高度来决定的;而 $(s'' - s')$ 则由线段 nm 来决定,其值等于矩形底边的长。

在汽化的另一个阶段中,面积 $OAan$ 决定了热量 λ',这就是 0℃ 是的水($s = 0, h_0' = 0$)使它到达沸腾时所需加入的热量,而面积 $mbcf$ 决定了在过热中所加入的热量。

显然,面积 $OAan$ 和面积 $anbm$ 的总和就代表干蒸汽的总热能数量 λ''。

如果这两个面积再加上面积 $mbcf$,我们就得到过热蒸汽总热能数量 λ 的图形。对于湿蒸汽来说,我们如果用 e 来表示它的状态,则其热能 λ_x 将等于面积 $OAan$ 和面积 $naet$ 的和。由点 c 向点 A 逆向进行的过程中,熵就会减少,因而热能是从工质中放出的,这时,以上所示的面积将代表放出的热能。

4.4.1.2　水蒸气温—熵图中各面积用焓值表示的意义

如果按焓的特性公式,$q_p = h_2 - h_1$,对一定压力用热量(λ)的说法或者用焓(h)的说法则可把温熵坐标图上的面积用焓值(h)来表示,可写成:

面积:$oAano = h' - h_0' = h' - 0 = h'$($h_0'$ 为水的初态的焓值);

面积:$oAabmo = h'' - h_0' = h'' - 0 = h''$;

面积:$nabmn = h'' - h' = r$;

面积:$oAabcfo = h - h_0' = h - 0 = h$($h$ 为蒸汽过热状态的焓值);

面积:$mbcfm = c_{mp}(t - t_h)$(c_{mp} 为过热蒸汽定压平均比热容,t 为过热蒸汽的过热温度,t_S 为过热压力下的饱和温度)。

在这里,凡是液体的最初状态,其焓值 h 和熵值 s 都等于 0。

4.4.2 水蒸气的 h—s 图(焓—熵图)

在有关于热量的各种研究时,温—熵图对热力过程中热量的分布以面积的形式非常明显直观地显示出来。但是在计算中,这种线图就有它不方便之处,因为要测量线图的面积,才能求出参与过程的热量。当过程线为曲线时,测量就有一定困难。因此在热力工程计算中,常采用另一种线图,这种线图沿纵坐标的数值代表焓(即热量),而沿横坐标的数值代表熵。当要从这种线图上求出焓的数值以及热量的数值时,只需量出纵坐标轴上对应线段的长度或直接读出所列数据就行了。当然这比测量面积要简单得多。这种线图叫作焓熵图(h—s 图)或是莫尔图(Mollier)。

在这种线图中通常也绘制由和温熵图中同样的曲线,这些曲线就是液体曲线(下界限线)、干饱和蒸汽曲线(上界限线)、定压线[从 001kgf/cm² (绝对大气压)起到 300kgf/cm² (绝对大气压)为止]和干度线(x 线)。此外,定温线在温熵图上为水平线,而在焓熵图上则为一条曲线。

在这种坐标系统中,液体曲线是按许多坐标为 h' 和 s' 的数值的点而做成的。这些数值都可以从干饱和蒸汽表中查到。从一系列的压力查得的 h' 和 s' 数值便可得出许多点 b、b'、b''、b''' 等等,直到点 b'' (图 4–7),经过这些点便可做出液体曲线(下界限线)。用同样的方法从干饱和蒸汽表中查得 h'' 和 s'' 各值,并由此做出坐标为 h'' 和 s'' 的干饱和蒸汽曲线。用这种方法求得了 c、c'、c''、c'''…c'' 各点的位置,连接这些点即可得到干饱和曲线(即上界限线)。

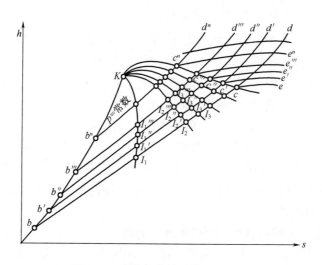

图 4–7 水蒸气的焓—熵(h—s)图

因为点 b 和点 c ;点 b' 和点 c' ;点 b'' 和点 c'' 等都分别属于同一个压力,所以可以把它们看作是处在饱和区域内定压线两端的点。这些定压线上的中间各点可以由下列方程求得:

$$h_X = h' + rx, \quad s_x = 2.3 \lg T_s/273 + rx/T_s$$

因此,对每一条定压线可以得到许多中间点 $x_1 x_2 x_3$; $x_1' x_2' x_3'$; $x_1'' x_2'' x_3''$ 等各点。经过这些点做出 $bx_1 x_2 x_3 c$; $bx_1' x_2' x_3' c'$ 等等各线,便得到定压线,这些定压线将为一条直线。再经过一些相同蒸汽含量的点做光滑曲线,我们又可得到相同干度的线 Kx_1 、 Kx_2 、 Kx_3 等各线。我们知道,由于在饱和区域内,压力不变时蒸汽温度都相同,由此可知,bx_1x_2c;$b'x_1'x_2'c'$;$b''x_1''x_2''$ c'' 等各线为不变的压力线(定压线)同时也为不变温度的线(定温线)。这两种线只有在饱和区域内是重合的。当进入到过热区域中,它们便分开了:在这个区域内的定压线表现成为饱和区域中的定压—定温线的沿长曲线(cd、$c'd'$、$c''d''$ 等曲线);而定温线在过热区域内便开始离开干蒸汽线而趋于平坦(ce、$c'e'$、$c''e''$ 等曲线),这些曲线可从前述方程求出。

在实用上,通常碰不到很湿的蒸汽,这种蒸汽的区域处在焓—熵图的下部分。所以为了实际的用途,只用到焓熵图的右上部分,这就有可能用较大的比例尺来绘制线图,用起来更加方便。一般在这样的线图中横坐标轴上列出了由 1.3 单位熵开始的熵的数值,而纵坐标轴上则是从 1881kJ/kg(450kcal/kg)开始的焓的数值。绘制线图示的比例尺是:

焓 4.1kJ/kg(1kcal/kg)——相当于 1mm,以及 0.1 单位熵——相当于 50mm。

4.4.3 水和水蒸气的 h—s 图

在热功计算应用中的举例如下:

例题 22:已知蒸汽的状态为:$p = 10kgf/cm^2$(绝对大气压),干度 $x = 0.94$。求其余各参数。

解:利用 h—s 图,求出表示已知状态的点 A(图 4 – 8)。将该点向横坐标轴投影得出熵值 $s = 6.3118kcal/(kg \cdot ℃)$,向纵坐标轴投影得出焓值 $h = 2650.1kJ/kg$。

为了决定蒸汽的温度,我们可求出蒸汽在已知压力下的饱和温度,为此,我们找等压线 $10kgf/cm^2$(绝对大气压)与高界线的交点。这一点是 B 点;180℃ 等温线正好通过此点;此温度即为蒸汽在 B 点的温度;在饱和蒸汽区域内,此等压线上所有各点,包括 A 点在内的蒸汽温度皆与 B 点蒸汽的温度相同。

由公式我们求出比体积的数值为:

$$v = v''x = 0.1980 \times 0.94 = 0.186 (m^3/kg)$$

这里 v'' 是由饱和蒸汽表上查得的。

由公式求得热力学能的数值为:

$$U = h - Apv = 634 - 1/427 \times 10 \times 10^4 \times 0.186 = 590.41kcal/kg(2467.9kJ/kg)$$

例题 23:试求 $10kgf/cm^2$(绝对大气压),干饱和蒸汽的参数。

解:已知上极限曲线是用来表示干饱和蒸汽状态各点的连线。因此它与 $10kgf/cm^2$(绝对大气压)的定压线的交点 B 就代表了已知干饱和蒸汽状态(图 4 – 8)。利用 h—s 图可直接查得蒸汽的各项参数:$h = 2775.52kJ/kg(664kcal/kg)$,$s = 6.6044kJ/(kg \cdot ℃)[1.58kcal/(kg \cdot ℃)]$,$v = 0.19m^3/kg$,$t = 180℃$。

由式(4 – 16)可求出蒸汽的热力学能:

$$U = h - Apv = 664 - 10 \times 0.19$$
$$= 620(kcal/kg)(2591.6kJ/kg)$$

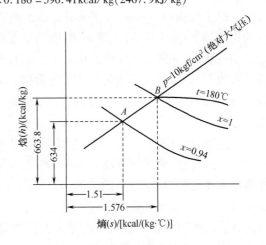

图 4 – 8 利用 h—s 图求湿蒸汽的诸参数
（例题 22 用图）

例题 24：试求 20kgf/cm² (绝对大气压)，340℃ 的蒸汽的参数。

解：用 h—s 图找到代表这个状态的 A 点（图 4-9），因此可以查得蒸汽的各项参数为：$s=6.88kJ/(kg \cdot ℃)$ [$1.6459kcal/(kg \cdot ℃)$]，$h=3106kJ/kg(473.1kcal/kg)$，$v=0.136m^3/kg$。

由式(4-16)可求得蒸汽的热力学能：

$$U = h - Apv = 3106 - 1/427 \times 10 \times 0.136$$
$$= 3074(kJ/kg)(735.4kcal/kg)$$

例题 25：承上题，试确定蒸汽所处的状态。

解：根据 h—s 图查得点 B 的位置处在上界限线的上方（图 4-9），因此，可知它为过热蒸汽。

例题 26：承上题，试求蒸汽的过热度。

解：为了求过热度，由 h—s 图找到对应于已知压力 20kgf/cm²(绝对大气压)的饱干饱和蒸汽状态

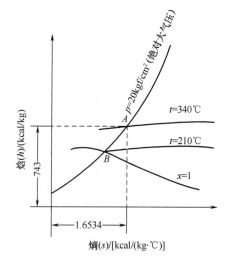

图 4-9　利用 h—s 图求蒸汽各参数
（例题 24 用图）

的 A 点（图 4-9），通过点 A 的等温线的温度为 211℃，就是说在 20kgf/cm²(绝对大气压)时，干饱和蒸汽的温度为 211℃。因此，可知过热蒸汽的过热度为：

$$\Delta t = t - t_s = 340℃ - 211℃ = 129℃$$

4.5　水蒸气 h—s 图中各曲线的解说和应用[5]

4.5.1　曲线的解说

在前面的章节中说过，在绝热过程中，即气(汽)体与外界没有热的交换时，气体的状态参数内，参数"熵"保持不变。另一方面，若加热气(汽)体，则熵增加，如果气(汽)体放出热量，则气体的熵减少。

在热工计算中利用 h—s 图来计算熵的数值，特别是对水蒸气的计算是很方便的。h—s 图的构成如下：和构成 p—v 图一样，取两条互相垂直的坐标轴，沿横轴即水平线上，按比例做出熵的数值，如图 4-10 中的 0，1.5，1.6，1.7，1.8，1.9[单位为 kcal/(kg·℃)]，而沿纵轴即垂直线上，设置蒸汽含热量 h(焓)的数值，如图 4-10 中的 475，500 到 850(单位为 kcal/kg)。p—v 图中每一点表示汽体的状态，即每点向横轴和纵轴作垂线可得到汽体的比体积与压力之值。

在这里也同样；h—s 图中的任何点，可表示焓与熵的数值。值得我们注意的，主要为焓的数值。因为，焓值是在纵轴上，h—s 图（图 4-10）中的点 A 蒸汽的焓值，可由 A 点向纵坐标轴作垂线交于 B 点，此点的焓值(775kcal/kg)即为 A 点的焓值；蒸汽的熵值标注在横坐标轴上，由 A 点向横坐标轴作垂线与横坐标轴交于 C 点，则 C 点的熵值[1.55kcal/(kg·℃)]即为 A 点的熵值。在计算时需用完全大比例尺的水蒸气 h—s 图，相应的焓，熵数值记于图的左边或右边(大比例尺的图附在书后)。图 4-10 仅为 h—s 图的一部分，因此它的纵轴与横轴的交点处的焓值不是 0，而是 475kcal/kg。

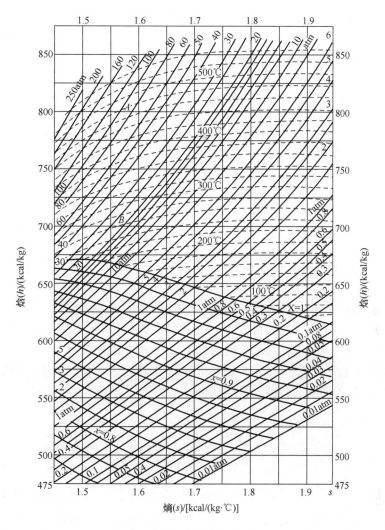

图 4 - 10　放大的 h—s 图

$1atm = 1kgf/cm^2 = 0.1MPa$

上面所谈的 h—s 图示稠密的互相交叉的线网;每一条线表示汽体变化的一个过程。现在研究 h—s 图中每一条线的含意。

首先取图中从左下角向右上方延伸的一族图线,这是等压线,即每条线表示等压时汽体状态的变化过程。每条等压线的压力在图中靠近等压线上都有注明。图 4 - 11 单独的表示 $10kgf/cm^2$(绝对大气压)的等压线,即同一线上的 A、B、C 各点表示蒸汽的绝对压力 $p = 10kgf/cm^2$(绝对大气压),但每点的含热量是不同的。

再讨论图 4 - 10 的中部从左至右很粗的一条曲线,在这曲线的右边附近注明有:$x = 1$。图 4 - 12 单独表示了 h—s 图上的这条曲线,曲线上的每一点表示干饱和蒸汽的状态。这条曲线叫作"上界限曲线"。上面说过,将干饱和蒸汽加热,则成为过热蒸汽,由此可知 h—s 图中在上界限曲线以上的各点,表示过热蒸汽;在上界限曲线以下的各点,表示水尚未全部转化为蒸汽的状态,即表示湿饱和蒸汽的状态。

h—s 图中上界限曲线的上部温度相等诸曲线——等温线,从右向左延伸,每条等温线相

61

应的温度,已于曲线附近注明。下面 h—s 图的简图(4 – 13)表示这些注明温度的等温线。

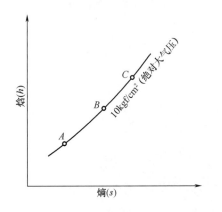

图 4 – 11　10kgf/cm² (绝对大气压)的等压线

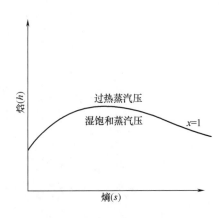

图 4 – 12　h—s 图中的上界限曲线图

在上界限曲线的下部,湿饱和蒸汽区域内,有一族从左至右的曲线。在简图(图 4 – 13)上表示这种曲线的一部分。这族曲线表示干度相同的蒸汽,干度的数值在这些曲线的右边注明。这样,若取 A、B、C 各点,则每点表示干度 $x = 0.95$ 相同的蒸汽。

如图中没有 x 值相应的曲线,但根据邻近的曲线,也很容易加以判断。例如曲线之间的 K 点,可以根据附近的曲线,便判断为 $x = 0.93$。

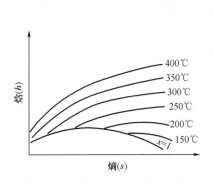

图 4 – 13　h—s 图中的等温线

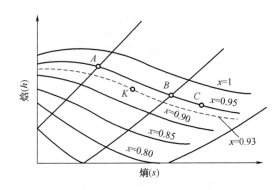

图 4 – 14　h—s 图中的等干度曲线

图中属于饱和蒸汽的下半部,没有单独的等温线,等温线与等压线相重合在一起。前面曾说过,不同压力下的饱和蒸汽各有一定的温度,因此,若压力不变,饱和蒸汽状态的变化过程中温度也不便。所以要求得 h—s 图中饱和蒸汽范围内的任意点,例如 A 点(图 4 – 15),蒸汽的温度,可沿等压线向上延长至饱和曲线,读出等温线的温度。这一点的温度即是整个等压线的温度。例如等压线 $p = 1$kgf/cm² (绝对大气压),求得温度 t 为 100℃

h—s 图中有绝热线,表示蒸汽状态没有热量交换的变化过程。前面曾说过,绝热过程中参数熵保持不变,因此 h—s 图中表示任意点 A(图 4 – 16)开始的绝热过程,应经这点作与纵轴平行的垂直线。这样在垂直线上各点的值都相同,过程从 A 点向上至 C 点表示绝热的压缩过程,而从 A 点向下至 B 点表示绝热的膨胀过程,前一过程,压力逐渐上升,后一过程,压力则逐渐下降。

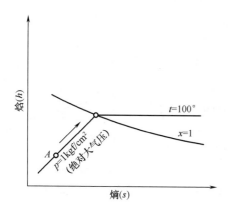

图 4 - 15　按图 h—s 图决定湿蒸汽的温度图

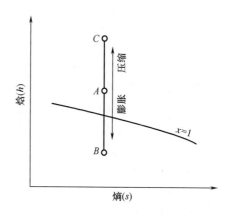

图 4 - 16　h—s 图中的绝热过程图

绝热过程在热工计算中应用很广,这种过程在 h—s 图中很容易表示(为直线),用它来计算熵的数值极为方便。

现在可根据 h—s 图决定蒸汽的含热量(焓),设蒸汽的特性为:压力 $p = 30\text{kgf/cm}^2$(绝对大气压),温度 $t = 300℃$;求得在 h—s 图表示这一状态的点。很明显,这应在 30kgf/cm^2(绝对大气压)的等压线与 $300℃$ 等温线的交点上(图 4 - 17)。A 点在干饱和蒸汽的曲线以上,因此这种蒸汽属于过热蒸汽状态。为决定蒸汽的含热量(焓),应从这个点作平行于横轴的直线于与纵轴垂直相交,即作虚线 AB,由此即知与 B 点相应的含热量。那么,按 h—s 图可决定与 B 点相应的含热量为:$h = 715\text{kcal/kg}$。

继续讨论湿饱和蒸汽的参数。设蒸汽参数为:$p = 20\text{kgf/cm}^2$(绝对大气压),$x = 0.9$,求其含热量。在图上找到表示这种蒸汽状态的点为等压线 $p = 20$ 绝对大气压,$x = 0.9$ 线的交点。在图上即为 A 点(图 4 - 18)这点就表示这种蒸汽的状态,同时在 20kgf/cm^2(绝对大气压)的等压线上与干度 $x = 0.9$ 的曲线上,于是由这向纵坐标作垂直虚线 AB,可求得蒸汽的焓热量,这里的蒸汽含热量为 $h = 623\text{kcal/kg}$。

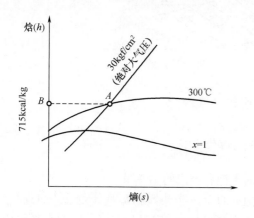

图 4 - 17　按 h—s 图决定过热蒸汽的参数

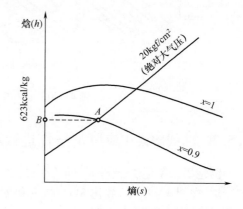

图 4 - 18　h—s 图中湿蒸汽状态参数的计算

有时可能已知参数之值在 $h—s$ 图上没有表示出来。如已知压力为 $23kgf/cm^2$（绝对大气压），在 $h—s$ 图上没这种等压线，于是可由邻近的等压线 $20kgf/cm^2$（绝对大气压）及 $25kgf/cm^2$（绝对大气压）之间作相应的想象的等压线。再如已知蒸汽的温度为 $345℃$，在 $h—s$ 图中也没有同样的温度，则可从等温线 $340℃$ 与 $350℃$ 之间作想象的等温线。例如已知蒸汽状态 $p = 32kgf/cm^2$（绝对大气压）及 $t = 325℃$，则在 $h—s$ 图上作 $30kgf/cm^2$（绝对大气压）及 $35kgf/cm^2$（绝对大气压）与等温线 $320℃$ 及 $330℃$ 等压线之间，在图 4–19 上为 A 点。

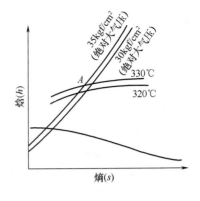

图 4–19　$h—s$ 图中无已知参数曲线
求蒸汽状态位置的确定

在 $h—s$ 图中除了上述各曲线外，还有三族曲线：一族叫等容线（等比容线），一般在大比例的 $h—s$ 图中常用红线和红的数字标出。这族曲线类似于等压线从图的左下方向右上方倾斜，它向上倾斜的程度比等压线来得快，所以同等压线相交叉。曲线如图 4–20 中的红线所示，该图是大比例图的 1 个部分。另外两族不是曲线而是直线，一族是平行于横坐标轴而垂直于纵坐标轴的直线叫等焓线，再一族是垂直于横坐标轴而平行于纵坐标轴的直线叫等熵线。这两条直线如图 4–21 所示。

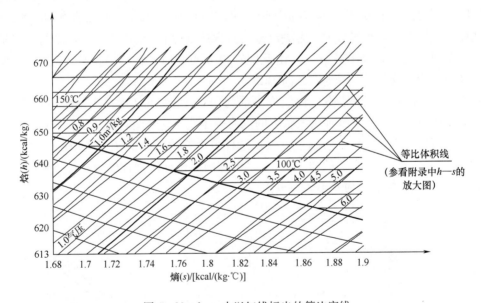

图 4–20　$h—s$ 中以红线标出的等比容线

4.5.2　曲线解说中应用 $h—s$ 图进行热力计算的举例

例题 27：求压力 $p = 8kgf/cm^2$（绝对大气压）的干饱和蒸汽的焓热量。

解：在图 4–22 上，找出 $8kgf/cm^2$（绝对大气压）的等压线和饱和蒸汽线的交点 A，向左沿着虚线的水平线到总坐标上的 B 点。用尺量 B 距离坐标尺 2717kJ（650kcal）的水平线为若干厘米,按比例尺折算成为 45.98kJ(11kcal)。因此,蒸汽所有的焓热量为:2717 + 45.98 = 2762.98kJ(661kcal)。

例题 28:求压力 $p = 30$kgf/cm^2(绝对大气压),温度 $t = 450$℃ 的过热蒸汽的含热量为若干。

解:在图 4 - 22 上,找出 30kgf/cm^2(绝对大气压)的等压线和 450℃ 的等温线的交点 C 来,按照例题 18 的办法,可在纵坐标轴上求出蒸汽的含热量,$h = 3335.6$kJ/kg(797.99kcal/kg)。

例题 29:求蒸汽从压力 $p_0 = 16$kgf/cm^2(绝对大气压)和温度 $t = 300$℃ 的蒸汽膨胀到压力

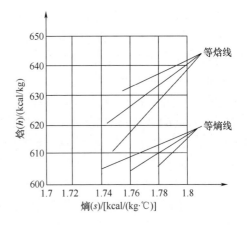

图 4 - 21 h—s 图中的等焓和等熵线图

$p_1 = 0.2$kgf/cm^2(绝对大气压)。膨胀按绝热过程进行,求在膨胀终了时,蒸汽的干度,含热量和整个膨胀过程消耗的热量。

解:在图 4 - 22 上,找到从 16kgf/cm^2(绝对大气压)的等压线和 300℃ 的等温线的交点 D 起,画垂直线到 0.2 的等压线上的 E 点。按照上述办法在纵坐标求得蒸汽的焓热量 $h_1 = 2265.56$kJ/kg(542kcal/kg),它的干度可以根据 E 点在 $x = 0.9$ 和 $x = 0.8$ 两条曲线之间的位置,确定出 $x = 0.86$。

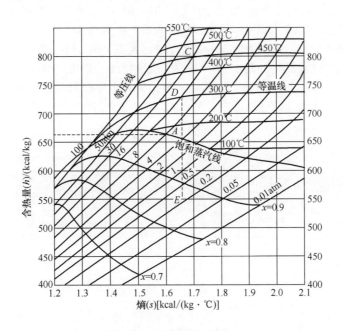

图 4 - 22 例题 30 参考图

按照例题 19 的办法求出蒸汽在开始的压力和温度时含热量 $h_0 = 3030.5$kJ/kg(725kcal/kg)。因此膨胀过程消耗的热量为:$h = h_0 - h_1 = 3030.5 - 2265.56 = 764.94$kJ/kg(183kcal/kg)。

例题 30:锅炉给水加热器中进入的饱和蒸汽为 $p = 3$kgf/cm^2(绝对大气压)及 $x = 0.98$;蒸汽将热量传递给水,水从给水加热器出来的压力不变,而温度上升到 $t = 80$℃。已知进入给水加热器的蒸汽为 2000kg/h,计算蒸汽传递给水的热量。

解:给水加热器中蒸汽加热时压力不变。等压过程中,蒸汽传递的热量等于含热量的差。因此 1kg 蒸汽传递给水的热量,等于蒸汽当 $p = 3kgf/cm^2$(绝对大气压)及 $x = 0.98$ 与水当 $t = 80℃$ 的含热量之差。

按 $h—s$ 图查得当蒸汽 $p = 3kgf/cm^2$(绝对大气压)及 $x = 0.98$ 时的含热量 $h_1 = 2675.2kJ/kg(640kcal/kg)$;当水 $t = 80℃$ 时含热量 $h_2 = 334.4kJ/kg(80kcal/kg)$。

由此 1kg 蒸汽传递给水的热量为:$Q_P = h_1 - h_2 = 2675.2 - 334.4 = 2340.8(kJ/kg)$ $(560kcal/kg)$。

2000kg/h 蒸汽传递给水的全部热量为:$Q = 2000 × 2340.8 = 4681600(kJ/h)$。

水蒸气的 $h—s$ 图(焓—熵图)在热力工程计算中是很有用的,使我们在热工计算中更加简便,减少了用公式计算的烦琐过程,从而省时省力。

但是对不少初入热力工程的人来说,往往一看到布满密密麻麻曲线和直线的 $h—s$ 图,不知从何入手来利用它。其实不然,一旦了解和掌握了它,用起来既简单又方便。通过本章对水和水蒸气的特性,汽相和液相在受热和受压热或冷却降压的力过程中的相互转换以及对焓 - 熵图的拆解的讨论,也许会对初入这个领域的有关人员有所帮助。

参 考 文 献

[1] С. Я. Корницкий,等. 李佑华,译. 普通热工学,第一册[M]. 北京:高等教育出版社,1957,85 - 100.
[2] 王振时. 热力学及传热原理[M]. 北京:国防工业出版社,1957,113 - 120.
[3] 集美水产专科学校. 工程热力学[M]. 北京:农业出版社,1961,118 - 121,173 - 190.
[4] 厦门水产学院制冷教研室. 制冷技术问答[M]. 北京:农业出版社,1981.
[5] В. А. 库左夫列夫. 田记熊等译. 工程热力学[M]. 北京:人民教育出版社,1961.
[6] 沈阳电力技工学校. 热工学理论基础[M]. 北京:电力工业出版社,1956,72 - 80.

第5章　热泵工艺参数及设备匹配的实验验证

20世纪50年代,甚至再早一点,国外已把高效节能热泵技术用于制盐工业及放射性废水处理等工业领域。70年代机械蒸汽再压缩热泵的工业应用在我们国家仍属空白。为了获得工业热泵运行数据和运行可靠性,原子能研究所(即现在的中国原子能科学研究院)1975年年底由301研究室水处理组的研究人员开始筹划构思,设计一套机械蒸汽再压缩热泵蒸发装置,这套装置除罗茨式水蒸气压缩机委托上海真空泵厂帮助研制(在国内属首创第一台)和板式换热器的板片外购之外,均由自己设计,自己加工,一直到了1977年,安装了一套蒸发能力为300kg/h的机械蒸汽再压缩热泵蒸发装置(设计能力为250kg/h,实际运行最高达到330kg/h),这也属我国第一套自己研发的机械蒸汽再压缩蒸发装置。

利用这套装置于1978年至1979年年底进行了多次放射性废水模拟料液的蒸发净化试验。于1981年至1982年又与轻工业部造纸研究所进行了造纸木浆、草浆黑液蒸发浓缩试验;并对亚硫酸玉米浸泡液进行了蒸发浓缩处理试验;以及后来又进行了一些无机盐化工产品的生产等实验,均获得满意的结果。

采用机械蒸汽再压缩热泵蒸发技术,就我们来讲着眼点在于节能、环保、节水。原有的放射性废水处理工艺属于常规单效蒸发,是苏联20世纪50年代设计的三段工艺流程,即化学沉降—蒸发—离子交换。其中蒸发单元的操作要耗费锅炉房来的大量蒸汽以及冷却系统大量冷却水,这显然要有配套的供蒸汽的锅炉房以及冷却塔和水泵房这些设施。为了使这一单元的操作能够节能、节水,因而对压缩式热泵蒸发这一工艺过程进行了一系列试验研究和工艺参数的验证工作。

这套系统于1983年1月23日至25日,由核工业部科技核电局和轻工业部科学研究院组织召开了由部、局、研究设计院所、高等院校、生产厂家和企业等24个部门和单位共65人参加的鉴定会,并通过了鉴定。于1985年获国家科技进步三等奖。

5.1　放射性废水模拟料液的实验

对模拟放射性废液组成成分的料液进行了充分的实验,其结果达到了预想的效果,工艺参数符合国外资料所报道的情况。实验情况如下。

5.1.1　实验流程和设备

实验流程[1-2]如图5-1所示。从图中可以看出,待处理的放射性模拟料液是借助于供料泵2从供料槽1向系统输送的。放射性模拟料液经第一预热器3(板式),被压缩了的二次蒸汽冷凝液预热到80℃以上后,流经磁过滤器4和永磁软水器5在此去掉铁磁性杂质磁化钙、镁离子,使其失去结垢的性能。然后进入第二预热器6用蒸发器加热室7.1、7.2中排出的不凝性气体及其所夹带的少量蒸汽将其进一步预热到95℃左右,最后进入蒸发器7沸腾蒸发。

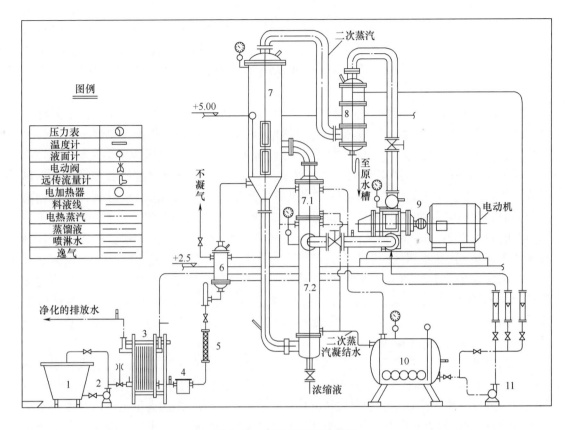

图5-1 实验的工艺流程图

1—料液槽 2—料液泵 3—第一预热器 4—磁过滤器 5—永磁软水器 6—第二预热器 7—蒸发器分离室
7.1—蒸发器上加热室 7.2—蒸发器下加热室 8—乳化塔 9—蒸汽压缩机 10—电加热水箱 11—热水泵

蒸发器7中所产生的二次蒸汽,先通过乳化塔10,除去其所夹带的雾滴之后进入蒸汽压缩机11(罗茨式)进行压缩。经升压升温后再作为蒸发器的加热蒸汽送到蒸发器的加热室8、9壳程里,去加热管程里的废液使之继续沸腾蒸发而其本身释放汽化潜热后凝结为110℃的凝结水。加热室壳程中不凝性气体经第二预热器6,排入过滤系统。部分蒸汽则凝结成水。

蒸发器加热室7.1、7.2和第二预热器的二次蒸汽凝结水靠自身重力流入电热水箱10。10中的热水用热水泵11将其大部分送入第一预热器3中,去预热送进来的常温模拟料液,而其本身则被冷却到35～40℃后作为净化水到排放站。另一小部分水通过泵11送到压缩机出口或者进口去消除压缩蒸汽的过热,还有小部分送到乳化塔顶部作喷淋水用。

在蒸发器内被浓缩了的溶液,从蒸发器加热室的底部定时间断排出,收集到浓缩液罐中,然后送去水泥固化线进行水泥固化处理。

5.1.2 主要设备及其作用

主要设备及其作用见表5-1。

表 5-1　　　　　　　　　　　　　　　　主要设备一览表

设备名称			型号	主要尺寸与参数	材料
蒸发器	蒸发室		外加热虹吸式	$D=550\text{mm},H=2800\text{mm},\delta=3\text{mm}$	不锈钢
	净化装置	下层丝网		丝网为 100×40 型,$H=100\text{mm},D=550\text{mm}$	不锈钢
		上层除沫器		外形尺寸:$400\times200\times100$,共有 $\phi26\times69$ 孔 填料:100×40 型不锈钢丝加尼龙丝交织网 过滤面积:$A=0.0366\text{m}^2$,汽速 $v=3.4\text{m/s}$	不锈钢
	上加热室			尺寸:$\phi350\times500\times3$ 列管 $\phi25\times2.5$,共 85 根,$A\approx2.5\text{m}^2$	不锈钢
	下加热室			尺寸:$\phi350\times2000\times3$ 列管 $\phi25\times2.5$ 共 85 根,$A\approx10\text{m}^2$	不锈钢
	循环管			$\phi108\times4,L\approx2500\text{mm}$	不锈钢
乳化塔			圆柱型	$D=350\text{mm},H=1400\text{mm},\delta=3\text{mm}$ 填料:拉西环 $\phi10\times10\times1.5,H=500\text{mm}$ 金属丝网 $100\times40,D=350\text{mm},H=100\text{mm}$	碳钢
电加热水槽			卧式	尺寸:$\phi800\times900$,容积 $V\approx0.6\text{m}^3$,电热元件 $6\text{kW}\times5$ 组	不锈钢
板式预热器			SY2—P	共 60 片平直波纹板组成,$A\approx6\text{m}^2$	不锈钢
逸气热交换器			列管式	$D=240\text{mm},H=1050\text{mm},\delta=2\text{mm}$ $\phi25\times8$ 共 37 管,$L=800\text{mm},A\approx2\text{m}^2$	不锈钢
罗茨式蒸汽压缩机			SG—7/1	$Q=250\sim300\text{kg}$ 蒸汽/h,$(7\sim10\text{m}^3/\text{min})$ 入口蒸汽:常压$(0.1\text{MPa}),t_1=100℃$ 出口蒸汽:1(表压),$t_2=120℃$ 压缩比:1:2,电机:Z_2—81 型;30kW 8 字型渐开线转子 $D=240\text{mm};L=220\text{mm}$ 间隙:径向:$0.12\sim0.18\text{mm}$ 　　　轴向:$0.24\sim0.27\text{mm}$ 转数:1500r/min 左右	铸铁及碳钢

5.1.2.1　主要设备作用的描述

(1)第一预热器:这里采用的是板片式换热器,用来对冷料液在进入蒸发器前的第一次预热。热源是来自电热水箱中的二次蒸汽凝结水(110℃),它把冷料液预热到80℃以上后,自身便从110℃被冷却到 35~40℃。

(2)第二预热器:这里采用竖式列管换热器,用来对被预热到80℃左右的料液进一步预热到95℃。预热热源是蒸发器加热室壳程所排放的不凝性气体及其所夹带的少量蒸汽,它去加热了料液后排入过滤系统,少量的蒸汽凝结成水流入电热水箱。

(3)蒸发器:这里采用的是外加热自然循环式蒸发器。加热室内列管之间(壳程)走蒸汽,列管内走料液,浓缩液从加热室底部排出。

(4)乳化塔:他的下部装有不锈钢拉西环并浸没在凝液中,上部有一道不锈钢金属丝网,二次蒸汽经过此塔除掉所夹带的雾滴,得到了进一步的净化,又形成了干蒸汽送入压缩机

（如果是离心机一定要求干蒸汽）。

（5）蒸汽压缩机：本系统用的是罗茨式水蒸气压缩机。用它来提高二次蒸汽的压力和温度，使其能成为加热蒸汽压入蒸发器的加热室。设计压缩比为 2:1[2]，当时为了便于调速，采用了直流电动机并用可控硅调速器来调节压缩机的转速。

（6）电加热水箱：箱中配有 5 组电热元件共 30kW 的电加热器。本设备是用作整个系统冷启动时的启动锅炉，运行正常时 30kW 功率关掉处于待机状态，只有几个千瓦的功率用来补偿系统的热损失，这样使系统处于热平衡状态便可连续循环运行。除此，该设备还起收集二次蒸汽凝结水以便用泵送到第一预热器去预热冷料液之用。

5.1.2.2 主要设备规格及尺寸

主要规格及尺寸见表 5-1。

5.1.3 试验与结果

5.1.3.1 不同浓缩度、不同蒸发速率与耗热量的关系

试验中所采用的模拟料液成分见表 5-2，蒸发器是在连续进料，浓缩液的浓度不断提高的条件下运行的。当浓缩液的浓度达到预定要求时，一次排空蒸发器内的全部浓缩物。

表 5-2　　　　　　　　　　　　　模拟料液成分

成分	含量/(mg/kg)	备注
洗衣粉	2	
草酸	2	
柠檬酸	1	
$Na_3PO_4 \cdot 12H_2O$	320	以 PO_4^{3-} 计为 80ppm 左右
$FeSO_4 \cdot 7H_2O$	99	以 Fe^{2+} 计为 40ppm 左右
$KMnO_4$	5	
$NaNO_3$	3300,10000	第一次用 0.33%；第二、三次用 1%（质量百分数）
NaOH		调 pH = 9~10

在不同浓缩液浓度下测量热耗量 Q_p 及不同蒸发速率与耗热量之间的关系。计算公式如下：

$$W = (P_1 + P_2)/q_m$$
$$Q_p = P860(860 = 3600 \div 4.18)$$

式中　Q_p——蒸发 1t 料液所消耗的热量，kcal/t

P_1——压缩机所消耗的功率，kW

P_2——电加热的补偿功率，kW

q_m——每小时的蒸发量，kg/h

Q_c——普通单效蒸发法每蒸 1t 水所需的热量，kcal/t

（Q_c 理论值 = 640 × 1000 = 640000kcal/t）

W——机械压缩蒸发法蒸 1t 水的耗电量,kW·h

$$\eta = Q_c/Q_P$$

式中　η——相当效应数

(1)第一次试验的操作条件

料液沉降时间:4~8h;　　　　　　　　　　平均进料速率:277kg/h;

压缩机转速:1200~1300r/min;　　　　　蒸发室汽相压力:1kg/cm²(绝对大气压);

蒸发室汽相温度:100℃;　　　　　　　　蒸发室液相温度:102℃;

压缩机进口压力:1kg/cm²(绝对大气压);　压缩机进口温度:100℃(二次蒸汽的温度);

压缩机出口压力:1.5kg/cm²(绝对大气压);　压缩机出口温度:145℃(过热温度)。

试验结果见表 5-3 及图 5-2 和图 5-3。

表 5-3　　　　　　　　　　　　　　　　第一次试验结果

浓缩液浓度/%	蒸发量/(kg/h)	压缩机消耗功率 P_1/kW	补偿功率 P_2/kW	P_1+P_2/kW	处理1t物料耗功 W/kW·h	处理1t物料的耗热量 Q_P/kcal	相当效应数 η	相当一般蒸发法的耗热量/%
2.6	280	10.7	10.3	21.0	75.0	64500	8.4	11.9
5.3	300	10.3	10.7	21.0	70.0	60200	9.0	11.0
8.0	279	12.0	7.7	19.7	70.6	60716	8.9	11.2
10.0	257	13.0	6.0	19.0	73.9	63554	8.5	11.7
13.0	269	12.4	6.9	19.30	71.70	61662	8.8	11.40
平均	277	11.7	8.3	20.0	72.24	62126	8.7	11.44

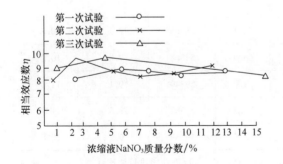

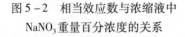

图 5-2　相当效应数与浓缩液中
NaNO₃重量百分浓度的关系

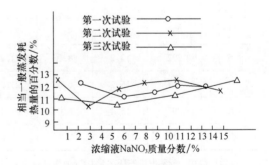

图 5-3　相当常规单效蒸发法耗热量的百分数与
浓缩液中 NaNO₃重量百分浓度的关系

(2)第二次试验的操作条件　和第一次条件相同,试验结果见表 5-4 及图 5-3 和
图 5-4。

表 5-4　　　　　　　　　　　　　　第二次试验结果

浓缩液浓度/%	蒸发量/(kg/h)	压缩机消耗功率 P_1/kW	补偿功率 P_2/kW	P_1+P_2/kW	处理1t物料耗功 W/kW·h	处理1t物料的耗热量 Q_P/kcal	相当效应数 η	相当一般蒸发法的耗热量/%
1.0	267	11.4	8.5	19.9	74.5	64070	8.4	11.9
2.5	305	12.8	7.1	19.9	65.2	56072	9.6	10.4
5.0	269	13.2	5.8	19.0	70.6	60716	8.9	11.2
7.5	250	12.3	6.0	18.3	73.2	62952	8.6	11.7
10.0	265	13.6	6.0	19.6	73.9	63554	8.5	11.8
13.0	304	15.4	6.0	21.4	70.3	60458	8.9	11.2
平均	276.6	13.1	6.6	19.7	71.28	61303	8.8	11.30

(3)第三次的试验操作条件

料液的沉淀时间:同第一、第二次;　　　压缩机转速:1400~1500r/min;

蒸发室温度压力:同第一、第二次;　　　压缩机进口压力温度:同第一,第二次;

平均进料速率:315kg/h;　　　　　　　压缩机出口压力:1.5~1.6kg/cm²;

试验结果见表 5-5 及图 5-2 和图 5-3。

表 5-5　　　　　　　　　　　　　　第三次试验结果

浓缩液浓度/%	蒸发量/(kg/h)	压缩机消耗功率 P_1/kW	补偿功率 P_2/kW	P_1+P_2/kW	每处理1t物料耗功 W/kW·h	每处理1t物料的耗热量 Q_P/kcal	相当效应数* η	相当一般蒸发法的耗热量/%
1	330	13.2	9.3	22.5	68.1	58566	9.2	10.8
5	332	13.2	8.0	21.2	63.8	54868	9.8	10.2
10	307	15.2	6.0	21.2	69.0	59340	9.1	11.0
15	290	15.4	6.0	21.4	73.7	63382	8.5	11.7
平均	315	14.3	7.3	21.6	68.6	59039	9.2	10.8

*效应数和一般蒸发法的耗热量均按理想状况下理论所需的热量计算,实际蒸发耗热量要比计算数据大10%~12%。因此本装置耗热量相当一般蒸发实际热耗量的9.8%~10%,相对应的蒸发效数为十效。

每次试验所达到的相当效应数及相当一般常规单效蒸发法耗热量的百分数均可从图 5-2和图 5-3 中看出。

对于同一台设备,压缩机的转速不同即生产量不同时所消耗的电功也有所变化,其变化见表 5-6 及图 5-4。

表 5 - 6　　　　　　　　　　　　　压缩机转速不同消耗电功的影响

蒸发量/ (kg/h)	压缩机 消耗功率 P_1/kW	补偿功率 P_2/kW	总功率 $P_1 + P_2$/ kW	每处理 1t 物料 耗的电能 W/ kW·h	每处理 1t 物料 的耗热量 Q_P/ kcal	相当效 应数 η	相当一般 蒸发法的 耗热量/%
240	14.1	6.0	20.10	83.75	72025	7.5	13.3
250	12.6	6.1	18.70	74.80	64328	8.4	11.9
257	13.1	6.1	19.20	74.70	64242	8.4	11.9
267	11.4	8.6	20.00	74.90	64414	8.4	11.9
279	12.3	7.7	20.00	71.68	61645	8.8	11.4
300	10.3	10.7	21.00	70.00	60200	9.0	11.1
304	15.4	6.0	21.40	70.39	60535	8.9	11.2
307	15.2	6.0	21.20	69.05	59383	9.1	11.6
330	13.2	9.3	22.50	68.18	58635	9.2	10.9

从表 5 - 6 和图 5 - 4 中可以看出,同一台机械蒸汽压缩蒸发装置,转速高即生产量大时其耗能要比生产量小时有所减少。可以认定机械蒸汽再压缩蒸发装置,生产规模越大,节能效果越显著。

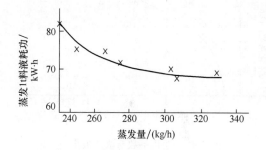

图 5 - 4　蒸发每吨料液所好用的
电能与蒸发量的关系

5.1.3.2　不同浓度与净化系数的关系

试验中用模拟料液(成分同表 5 - 2)进行蒸发,当浓缩液中 $NaNO_3$ 的含量达到 1%(质量分数)时,改用无 $NaNO_3$ 的料液供料,以保持蒸发器内 $NaNO_3$ 浓度稳定在 1% 的条件下不变,运行平稳后取样 3 ~ 5 次。接着以同样的方式连续循环运行操作,分别以蒸发器内浓缩液中 $NaNO_3$ 浓度为 2.5%、5%、7.5%、10%、12.5%、15% 的条件下稳定运行后取样品;使用 DWS—5 型 PNa 计测定样品中的 Na^+ 浓度,并计算净化系数。

计算公式如下:

$$D.F = \rho_2 / \rho_1$$

式中　D.F——净化系数;

　　　ρ_2——原液中钠离子浓度

　　　ρ_1——净化水中(即二次蒸汽冷凝液)的钠离子浓度

实验结果参见表 5 - 7 及图 5 - 5 和图 5 - 6,我们从中可以看出净化系数随着蒸发器内浓缩液中 $NaNO_3$ 含量增高而增大。蒸发出的净化水中钠离子的含量确无大的变化,始终保持在 0.025mg/L 左右。

表 5 – 7　　　　　　　　　　　　不同浓缩液浓度与净化系数的关系

浓缩液中硝酸钠含量 $w/\%$	浓缩液中钠离子浓度 ρ_0 /(mg/kg)	蒸发出水中钠离子浓度 ρ_1/(mg/kg)						平均值/(mg/kg)	净化系数 (D·F)
		单次分析结果/(mg/kg)							
1.0	2705	0.0245	0.0155	0.0190	0.0245	0.0148		0.0196	1.38×10^5
2.5	6764	0.0180	0.0120	0.0150				0.0150	4.50×10^5
5.0	13525	0.0295	0.0245	0.0230	0.0200	0.0134	0.0142	0.0207	6.53×10^5
7.5	20287	0.0250	0.0275	0.0245	0.0218	0. 0170		0.0232	8.74×10^5
10.0	27050	0.0337	0.0265	0.0228	0.0300	0.0275	0.0300	0.0284	9.52×10^5
12.5	33812	0.0245	0.0200	0.0230				0.0225	1.51×10^6
15.0	40575	0.0240	0.0245					0.0243	1.67×10^6

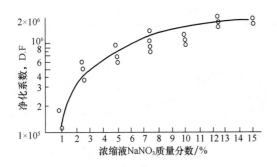

图 5 – 5　净化系数与浓缩液中
NaNO₃ 浓度的关系

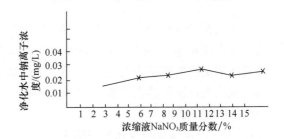

图 5 – 6　净化水中钠离子浓度与
浓缩液中 NaNO₃ 浓度的关系

5.1.4　结论与讨论

（1）实验表明由于充分回收了二次蒸汽的潜热及其凝结水中的显热,从而达到节约热能的目的。利用本装置处理 1t 料液仅耗电 68kW·h,折合为热能仅为普通蒸发法耗能的 10%,即相当于普通蒸发法的 10 效效应数,和国外同类设备水平相当。

（2）净化系数在 $1.38 \times 10^5 \sim 1.67 \times 10^6$。

（3）实验采用连续进料,到预定浓度是一次排空的运行操作方式。本实验的最终浓度为 15%,但仍可提高。

（4）从资料和试验均可看出,生产规模越大,则越节能。

（5）本装置省去了普通蒸发法所用的锅炉房,冷却塔和水泵房等设施。可独立启动,独立运行。

（6）在能源紧张的今天,应大力推广这项技术。

5.2 造纸黑液的浓缩处理试验

1981 年至 1982 年同轻工业部造纸研究所一起进行了造纸木浆、草浆黑液蒸发浓缩试验工作。所采用的造纸黑液由北京造纸研究所提供其特性见表 5-8,试验装置采用放射性模拟料液试验用的装置,并稍有改进,即在第二预热器不凝气排出口处,又增加了一台水冷器,用来冷凝收集不凝性气体中所夹带的具有剧臭的有机物质。其流程如图 5-7 所示。

5.2.1 造纸黑液蒸发浓缩处理流程

造纸黑液蒸发浓缩处理流程如图 5-7 所示。

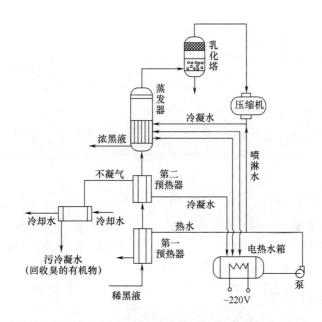

图 5-7 造纸黑液蒸发浓缩处理流程

该流程和图 5-1 的放射性废水处理流程基本相同,不同之处是在第二预热器的不凝性气体排出口增加了一台水冷却器,目的是用来冷凝不凝性气体中所夹带的具有剧臭有机物,并加以回收利用,这样使排出的气体得到了净化。

表 5-8   造纸厂黑液原始数据

名称及来源 特性	木浆黑液		碱性亚钠草浆黑液	
	北京造纸厂提供		宣化造纸厂提供	
	稀黑液	浓黑液	稀黑液	浓黑液
波美度/°Bé 20℃	10.53	29.7	8.1	27.7
固形物(T·S)/%	15.5	46.1	10.7	40.1
pH	12.1	12.2	7.9	9.81

续表

特性 \ 名称及来源		木浆黑液		碱性亚钠草浆黑液	
		北京造纸厂提供		宣化造纸厂提供	
		稀黑液	浓黑液	稀黑液	浓黑液
不同温度下的黏度/mPa·s	90℃	0.70	8.6	0.80	6.5
	85℃	0.80	9.4	0.84	6.7
	80℃	0.82	10.7	0.9	7.0
	75℃	0.88	11.2	0.92	7.5
	70℃	0.92	13.9	0.92	8.5
	65℃	1.02	16.4	0.95	9.5
	60℃	1.14	18.3	1.00	10.2
	55℃	1.28	20.7	1.15	10.8
	50℃	1.38	22.5	1.28	11.8
	45℃	1.52	26.0	1.32	14.8
	40℃	1.68	32.0	1.46	17.5
	35℃	1.84	44.2	1.55	20.7
	30℃	1.98	57.8	1.74	24.0

5.2.2 操作条件

进料浓度:15.6%或11.4%(质量分数); 进料速率:230kg/h;

压缩机转速:1002r/min; 压缩机进口压力:1kg/cm²(绝对压力);

压缩机出口压力:1.5~2kg/cm²(绝对压力)。

5.2.3 蒸发器运行方式

稀黑液连续不断的送入蒸发器中进行蒸发浓缩,浓缩了的黑液按规定浓度(或量)连续地从蒸发器加热室底部排出。

5.2.4 净化效果[2]

黑液中大部分带有巨臭易挥发的有机物质都随同不凝性气体通过第二换热器后进入水冷器,在此被冷凝并加以收集。从所测定的结果可以看出,不凝性气体的数量仅占二次蒸汽量的6%,但却去除了 BOD_5 总量的56%,使蒸发器及第二预热器出来的二次蒸汽冷凝水中的 BOD_5 降至152mg/L。这样冷凝水就不需再深度处理便可返回直接使用。收集的剧臭有机物可送至燃烧炉内烧掉,既消除了污染油又回收了热能。

5.2.5 耗能及节能效果

热泵蒸发法处理造纸黑液的效果,同常规四效蒸发器相比较可节约能量的情况,可参见表5-9和表5-10。对硬杂木浆可节约热能47%,对亚钠草浆可节约热能约61%。

表 5 – 9　　　　　　　　　　热泵蒸发法处理造纸黑液的耗能情况

实测及计算项目	物料	硬杂木浆黑液	碱性亚钠草浆黑液	实测及计算项目	物料	硬杂木浆黑液	碱性亚钠草浆黑液
1	进料量/(kg/h)	241.1	264.20	7	压缩机效率/%	28.0	29.20
2	进料浓度(T·S)/%	15.6	11.40	8	压缩机有效功率消耗/kW	3.58	4.62
3	排料浓度(T·S)/%	44.7	37.70	9	补偿功率/kW	2.1	1.53
4	蒸发量/(kg/h)	140.0	180.60	10	普通蒸发法耗热量/(kcal/t)	538.5×10^3	353×10^3
5	排料量/(kg/h)	101.0	83.60	11	热泵蒸发法耗电量/(kW·h/t)	106.4	96.1
6	压缩机消耗功率/kW	12.8	15.83				

表 5 – 10　　　　　　　　　　热泵蒸发器与多效蒸发器耗能的对比

测定及计算项目	蒸发装置类别	四效蒸发器	热泵蒸发器 硬杂木浆	热泵蒸发器 碱性亚钠草浆
进料浓度/排料浓度/°Bé 20℃		—/27	10.7/29.3	8.2/25.5
蒸发量(kg/h)			140	180.6
电热补偿	汽温/℃		117.1	121.5
	功率/kW		8.7	4.67
压缩机	进/出口温度/℃		107.7/114.5	105.8/121.5
	消耗功率/kW		12.8	15.83
	转速/(r/min)		1000	1000—1060
单耗（对每吨蒸发量）	汽耗/kg	405	82.7	34.4
	电耗/kW·h	3.75	100	94.3
	水耗/t	8.09	0	0
折合为耗热量	汽耗/(kcal/t)	259200	53442	22188
	电耗/(kcal/t)	3225	86000	80916
总耗热量/(kcal/t)		262425	139442	103104
相当四效蒸发器的耗热量/%		100	53	39
同四效比节能/%		0	47	61

5.3　无机盐类的制备[3]

在完成放射性废水模拟料液及造纸黑液的蒸发试验之后,一些厂家要求用我们的实验装置为他们做真实物料提取实验以获得节约热能的真实效果,例如做了亚硫酸钠(Na_2SO_3)的回收、氯化钡($BaCl_2$)与氯化钙($CaCl_2$)制备等实验工作。

5.3.1　从废液中回收亚硫酸钠的实验

在天津市卫津化工厂的要求下,于 1983 年 7 月至 8 月为天津市卫津化工厂进行了回收亚硫酸钠的试验,含亚硫酸钠的原液由厂家提供。

5.3.1.1 试验流程

试验流程和放射性料液的试验流程基本相同,不同部分只是把蒸发器加热室的外循环管由垂直型改成倾斜型。因为在试验中发现浓缩液中盐分的固型物,易于积存在循环管下部的直角部位到进加热室底部的这一连接管道上,所以把它改正斜管,改后状态如下图5-8所示:

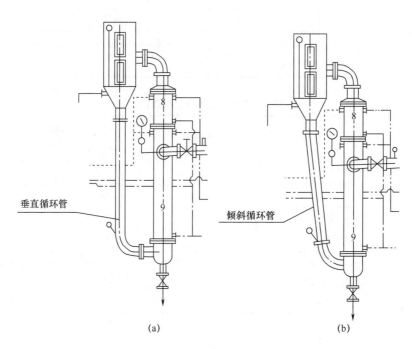

(a)   (b)

图5-8 蒸发器加热室外循环管变化后的流程图
(a)垂直循环管 (b)倾斜循环管

5.3.1.2 试验操作条件

进料浓度:21.5%(亚硫酸钠质量分数);   进料速率:220~240kg/h;
压缩机转速:1000~1100r/min;   压缩机进口压力:1kg/cm²(绝对压力);
压缩机出口压力:1.5~1.6kg/cm²(绝对压力)。

5.3.1.3 蒸发器运行方式

连续进料,间歇排出亚硫酸钠结晶体。在蒸发器内由于不断蒸浓,亚硫酸钠结晶不断形成并下沉到加热室底部锥体集盐器中,然后定时排出并进行过滤,滤后的溶液再返回蒸发器中,或另行单独蒸煮,可根据具体情况而定,滤后的产品送去干燥。节能效果见表5-11。

表5-11   热泵蒸发同现行常规蒸发相比的节能情况

进料浓度/%	蒸发量/(kg/h)	干产品量/(kg/h)	压缩机耗功率P_1/kW	电补偿功率P_2/kW	总耗功率P_1+P_2/kW	生产1t产品耗功W/kW·h	生产1t产品的耗热量Q_p/kJ	相当效应数η	相当一般蒸发法的耗热量/%	节能/%
21	170	55	11.6	12	23.6	429.1	1544760	6.1	16.39	83.61

续表

进料浓度/%	蒸发量/(kg/h)	干产品量/(kg/h)	压缩机耗功率 P_1/kW	电补偿功率 P_2/kW	总耗功率 P_1+P_2/kW	生产1t产品耗功 W/kW·h	生产1t产品的耗热量 Q_p/kJ	相当效应数 η	相当一般蒸发法的耗热量/%	节能/%
21.5	170	55	12.7	11	23.7	431	1551600	6.0	16.66	83.34
21.6	170	55	12.3	12	24.3	442	1591200	5.9	16.95	83.05
22	170	55	13	12	25	452	1627200	5.8	17.29	82.71

表中：$W = (P_1 + P_2)/q_m \times 1000$，$Q_p = W \times 3.6 \times 10^3 \text{kJ}$

$\quad Q_p$——生产1t亚硫酸钠所需的热量，kJ

$\quad P_1$——压缩机所消耗的功率，kW

$\quad P_2$——电加热补偿功率，kW

$\quad W$——生产1t亚硫酸钠的耗电量，kW·h

$\quad q_m$——每小时亚硫酸钠的产量，kg/h

$\quad Q_c$——卫津化工厂目前所用的常规蒸发法每生产1t亚硫酸钠消耗的热量（即生产1t亚硫酸钠实际要消耗4t蒸汽和110kW·h），kJ/t；

$\eta = Q_c/Q_p$——相当效应数。

Q_c 的理论值为：

$$4000 \times 2257 + 110 \times 3.6 \times 10^3 = 9424 \times 10^3 (\text{kJ/t})$$

5.3.2　氯化钡的生产实验

在唐山第一染化厂的要求下于1984年3月至4月为唐山第一染化厂做了氯化钡产品制备的可行性实验，实验完成后的最产品（$BaCl_2$）销售给北京经济学院起重工具厂。

5.3.2.1　料液的配制

（1）配制料液用的氯化钡由唐山染化一厂提供的每袋25kg特级产品，其质量符合国家GB 1617—79标准，即：

氯化钡（$BaCl_2 \cdot H_2O$）含量≥98%；氯化钙含量≤0.1%；硫化物含量≤0.005%；铁含量≤0.001%；水不溶物含量≤0.10%。

（2）配制方法。把上述标准的氯化钡产品200kg放入溶解槽中，再加入800kg水，用压缩空气搅拌，使其全部溶解并对配好的无色透明溶液进行测定。

波美度：21°Bé（21℃）（约等于20%质量分数）；

相对密度：1.16；

pH：7。

5.3.2.2　实验流程

同亚硫酸钠试验流程如图5-8。

5.3.2.3　实验运行过程简述

将配制好的料液泵入蒸发器内约200L，由电加热水箱产生的蒸汽来加热。当200L料液的温度达到70~80℃时，便可启动压缩机，在较慢速度下（300~500r/min）运转，以促进蒸发器内料液循环。随着料液温度的升高，慢慢加快压缩机的转速，同时减少电加热水箱中电热元件的加热功率。当料液温度达到 $100 \sim 102℃$ 时,压缩机可调到 $1000r/min$,这时即可认为进入正常运行状态。运行中要连续向蒸发器中供料以保持蒸发器液位恒定。在蒸发器内溶液浓度达到 45% 盐量时,就会有结晶体析出,此时应定时定量排出结晶产物,经过滤氯化钡晶体送去干燥,滤液返回蒸发器。

5.3.2.4 控制条件

(1)在蒸发运行过程中,严格控制进料量,使蒸发器内的液位始终保持恒定。

(2)注意调节电加热水箱排出水的流量,以保持电加热水箱的液位恒定。

(3)控制进料速率和浓度以及压缩机转速:

进料浓度:21.5%(质量分数);   压缩机进口压力:$1kg/cm^2$(绝对压力);

进料速率:$220 \sim 240kg/h$;   压缩机出口压力:$1.52 \sim 1.62kg/cm^2$。

压缩机转速:$1000 \sim 1100r/min$;

5.3.2.5 热泵蒸发法制备氯化钡的耗能情况

见表 5 - 12,是其同常规单效相比较的节能效果。

对比的常规单效蒸发器是唐山第一染化厂正在生产运行蒸发装置,运行中二次蒸汽直接排到外部环境,这既浪费了热量又造成环境的热污染。常规单效蒸发法每生产 1t 氯化钡,要消耗 5t 加热蒸汽。

表 5 - 12   热泵蒸发法同现行蒸发法相比较的节能情况表

进料浓度/%	进料量/(kg/h)	蒸发量/(kg/h)	压缩机耗功率 P_1/kW	电补偿功率 P_2/kW	总耗功率 P_1+P_2/kW	生产 1t 产品耗功 W/kW·h	生产 1t 产品耗热量 Q_p/kJ	相当效应数 η	相当一般蒸发法的耗热量/%	节能/%
20	290	363	6.88	18	24.88	270.4	973440	9.3	10.7	89.3
20	220	210	11.2	15	26.2	499.1	1796760	5	20	80
20	246	224	12.6	6	18.6	332.1	1195560	7.6	13	87
20	218	138	12.6	6	18.6	539.1	1940760	4.7	21	79
20	262	228	12.6	6	18.6	326.3	1174320	7.7	13	87
20	190	204	15.0	0	15.0	294.1	1058760	8.5	12	88
20	174	224	10.6	15	25.6	457.1	1645560	5.5	18	82
20	244	226	12.0	12	24.0	424.8	1529280	5.9	17	83
20	324	244	10.9	12	22.9	375.4	1351475	6.7	14.9	85.1
20	266	204	11.2	6	17.2	337.1	1214280	7.4	14	86
20	326	216	11.8	6	17.8	329.6	1186560	7.6	13	87
20	190	158	16.5	3	19.5	493.6	1776960	5.1	20	80

有关耗能的计算如下:

(1)用热泵蒸发法生产 1t 氯化钡产品的耗能计算,实验过程中从料液里每蒸发 1t 水要消耗的电能为:

$$\frac{11.99 + 8.75}{220.3} \times 1000 = 93.7kW \cdot h/t$$

用热泵蒸发法从料液中每蒸出 4t 水,才能制备 1t 氯化钡产品。所以生产 1t 氯化钡产品的耗能为:

$$93.7 \times 4 = 374.8 kW \cdot h/t$$

折合成热量为:$374.8 \times 3600 = 1349280 (kJ/t)(1kW \cdot h = 3600kJ)$。

(2)唐山第一染化厂用的常规单效蒸发法每生产 1t 氯化钡产品,要消耗 5t 加热蒸汽,按此其耗热量为:

1kg 蒸汽的汽化热为:$640 kcal \times 4.18 = 2675.2(kJ/kg)$;

5t 加热蒸汽总热量为:$2675.2 \times 5000 = 13376000(kJ)$。

(3)制备氯化钡的热泵蒸发同常规单效蒸发耗能的比较:

$$\frac{1349280}{13376000} = 0.10 = 10\%$$

即在生产 1t 氯化钡产品的过程中,热泵蒸发法的耗能仅为常规蒸发法的 10%,也就是说可节约 90% 的能量。

5.3.3　氯化钙溶液的蒸发浓缩实验

于 1984 年 7 月 16 日到 20 日为天津碱厂做了氯化钙溶液的浓缩试验。

5.3.3.1　试验目的

(1)探讨用机械蒸汽再压缩式热泵蒸发法浓缩氯化钙的可行性;

(2)测定其耗能情况;

(3)同常规单效蒸发相比较,作出节能的评价。

5.3.3.2　实验用料液的配制

(1)要求:碱厂的要求如表 5 - 13。

(2)配制:碱厂提供的原料的百分组成如表 5 - 14。

表 5 - 13　　起始和完成液的浓度

物性 溶液	波美度/ °Bé	氯化钙 含量/(g/L)	氯化钠 含量/(g/L)
起始溶液	14	95	40
完成液	25		

表 5 - 14　　原料液的百分组成

百分组成 物料	氯化钙含量/%	氯化钠含量/%
氯化钙	70	3
氯化钠		99

(3)配制料液的数量:$2m^3$;

(4)配制原料液中各成分的量:

氯化钙(原料):$95kg \times 2/0.7 = 271kg$(每袋 95kg 共用 2 袋),称取 270kg;

氯化钠(原料):$40kg \times 2/0.99 = 80.808kg$(每袋 40kg 共用 2 袋),并且氯化钙原料中含有氯化钠的量为:$270kg \times 0.03 = 8.1kg$,所以称取氯化钠:$80.808 - 8.1 = 72.708(kg)$,实际称取 72kg。

(5)溶解配制:先将 270kg 固体氯化钙和 72kg 固体氯化钠加入到 $2m^3$ 的溶解槽中,然后加水,用压缩空气搅拌使水位达到预定高度后,停止加水并继续搅拌到固体物全部溶解为止。

5.3.3.3 试验流程及运行

（1）流程：如图5-8亚硫酸钠的试验流程。

（2）运行操作：将配制好的料液240L泵入蒸发器之后，其余操作同生产氯化钡相同。当蒸发器内溶液浓度达到30°Bé时，便可连续向蒸发器内供料，同时从蒸发器底部排出完成液并收集于浓缩液槽中。

（3）控制要点及参数：完成液低浓度控制在28～30°Bé（即相当于蒸发器底部溶液在110～113℃的情况）。其余条件及参数同生产氯化钡时相同。

5.3.3.4 实验数据

从实验现场取样品在碱厂于30℃条件下进行分析，其数据如下表5-15。

表5-15	物料的物理特性				
次别	物性 溶液种类	波美度/°Bé	相对密度	氯化钙含量/ （g/L）	氯化钠含量/ （g/L）
第一次 （7月18日）	起始溶液	16	1.124	110.83	42.86
	完成液	30	1.261	269.16	98.23
第二次 （7月19日）	起始溶液	15	1.115	109.88	43.26
	完成液	30	1.261	267.49	97.07

表5-16	第一次试验运行数据						
运行时间 （7月18日）	进料量		蒸发量	完成液排出量		补偿电功率/ kW	压缩机功率/ kW
	L/h	kg/h	kg/h	L/h	kg/h		
9:00	240	269.8					
10:00	191	214.7	242			10.5	13.1
11:00	203	228.2	152			6	16.25
12:00	251	282	131			6	16.6
13:00	268	301	241			6	19.8
14:00	341	383.3	205	432	544.75	6	19.3
				180	226.98		
合计	1494	1679.2	971	612	771.7	34.5	85.05
平均值	298.8	335.84	194.2	122.4	154.4	6.9	17.01

注：①处理物料总量为1249L（其中240L为预先送入蒸发器内的量）；

②完成液的总量为612L（其中180L为停止蒸发后从蒸发器中排出的）；

③共运行5h。

每蒸出1t水耗电为：$\dfrac{17.91+6.9}{194.2} \times 1000 = 123.12 \, kW \cdot h/t$；折合成热能为：$123.12 \times 860 = 105883.2（kcal/t）$。

每蒸出1t水耗电：

$$\frac{17.58+8.85}{179.6} \times 1000 = 147.2（kW \cdot h/t）$$

表 5 - 17 第二次试验运行数据

运行时间 (7月19日)	进料量		蒸发量	完成液排出量		补偿电功率/ kW	压缩机功率/ kW
	L/h	kg/h	kg/h	L/h	kg/h		
8:30 - 9:30	233	259.8	122			10.5	16.4
10:30	248	276.5	201			7.5	17.3
11:30	413	460.5	182			10.5	17.2
12:30	297	331.2	197			6.75	20.0
13:30	340	379.3	196			9	17.0
合计	1531	1707.1	898	674	850	44.25	87.9
平均值	306.2	341.42	179.6	134.8	170	8.85	17.58

注:①完成液总量,每小时没有做单独计算,所以按平均值计算;
　　②共运行 5h。

5.3.3.5 热泵蒸发法同常规蒸发法的节能比较

按第一次实验数据,每蒸出 1t 水,用热泵蒸发法消耗热量 105883.2kcal/t,碱厂的常规单效蒸发则消耗热能为 $1294 \times 640 = 828160$(kcal/t)碱厂提供,用常规单效每蒸出 1t 水消耗 1.294t 加热蒸汽。

由于

$$\frac{105883.2}{828160} = 0.12 = 12\%$$

即每蒸发 1t 水,热泵蒸发耗能仅为常规单效蒸发耗能的 12%,也就是说用热泵蒸发法可节能 88%。

5.4 甘油水溶液的蒸发浓缩

1984 年 6 月为湖南省衡阳市新衡化工厂进行了热泵蒸发法,浓缩粗甘油水溶液的可行性试验。

试验设备和流程与制备氯化钡和氯化钙的相同。运行时连续进料,由于蒸发器内浓度不断提高会有氯化钠结晶体产生,所以要定时排出氯化钠结晶体并过滤,滤液未达到要求浓度时返回料槽若达到要求(35% ~ 36% 质量分数)则收集为产品,除此之外其余操作和控制也和氯化钡的相同。

实验进行两次,按记录数据进行计算耗能情况,并同化工厂常规单效蒸发进行比较做出节能效果的评价。

5.4.1 试验用的原料液

料液特性(料液由北京化工二厂提供):
甘油含量:5.863%(质量分数);　　　　　　波美度:11°Bé;
氯化钠含量:9.20%(质量分数);　　　　　　密度:1.08g/cm³。
pH:9;

5.4.2 第一次试验

实验数据列于表5-18。

表5-18 第一次试验数据

运行时间/h	进料量/(kg/h)	蒸发量/(kg/h)	压缩机功率/kW	电加热功率/kW	浓缩液总量/kg	食盐析出量/kg
1	233	165	10.4	7		
2	219	160	17.9	6		
3	185	162	18.0	0		
4	166	158	20.1	0		
5	183	140	19.9	4.5		
6	164	166	15.8	7.5		
7	165	119	17.0	1.5		
8	144	136	17.0	3		
9	209	120	14.9	9		
10	216	224	19.9	3		
合计10h	1884	1550	170.9	41.5	198	136

5.4.2.1 消耗能量的计算

从表5-18中数据可计算出在运行过程中每蒸发1t水所消耗的电能及其所折合成的热能如下：

$$\frac{170.9+41.5}{1550}\times1000=137(\mathrm{kW\cdot h/t})(蒸发量)；折合成热能为：137\times860=117820$$

$(\mathrm{kcal/t})$。

5.4.2.2 甘油水溶液的分析结果

原料液：甘油含量：5.68%（质量分数），氯化钠含量：9.20%（质量分数）；

浓缩液：甘油含量：36.43%（质量分数），氯化钠含量：162.7%（质量分数）。

5.4.3 第二次试验

试验数据列于表5-19。

表5-19 第二次试验数据

运行时间/h	进料量/(kg/h)	蒸发量/(kg/h)	压缩机功率/kW	电加热功率/kW	浓缩液总量/kg	食盐析出量/kg
1	188	174	13.6	7.0		
2	241	148	17.5	4.5		
3	205	158	18.8	0		

续表

运行时间/ h	进料量/ (kg/h)	蒸发量/ (kg/h)	压缩机功率/ kW	电加热功率/ kW	浓缩液总量/ kg	食盐析出量/ kg
4	188	140	19.3	0		
5	113	130	20.4	0		
6	190	130	14.9	9		
7	206	129	16.5	0		
8	175	147	18.5	3		
9	151	185	18.4	0		
合计 9h	1657	1341	157.9	23.5	235.5	80.5

5.4.3.1　能耗的计算

从表 5 - 19 中的数据可算出第二次实验时每蒸发 1t 水耗电及折合成热能的情况如下:

$$\frac{157.9 + 23.5}{1341} \times 1000 = 135.3(kW \cdot h/t)(蒸发量),折合成热能为:135.3 \times 860 = 116358$$

$(kcal/t)$。

5.4.3.2　甘油水溶液的分析结果

原料液:甘油含量:6.62%(质量分数),氯化钠含量:7.28%(质量分数);

浓缩液:甘油含量:35.1%(质量分数),氯化钠含量:17.3%(质量分数)。

5.4.4　同厂内所用常规单效蒸发比较的节能情况

(1)化工厂常规单效蒸发每蒸发 1t 水耗加热蒸汽 1.1t。折合成热量为:

$$1100 \times 640 = 704000(kcal/t)(蒸发量)$$

(2)热泵蒸发每蒸发 1t 水,按两次实验耗能的平均值计算为:

$$(117820kcal + 116538kcal)/2 = 234358kcal/2 = 117179kcal/t(蒸发量)$$

(3)两种蒸发耗能比较为:117179/704000 = 0.166 = 16.6% 即热泵蒸发法消耗热能仅为常规单效蒸发法耗能的 16.6%,也就是说可节能 83.4%。

5.5　玉米浸泡液的净化和浓缩实验

玉米浸泡液是淀粉生产厂第一道工序中含亚硫酸的过滤液,如不经处理而排放,则日晒发酵后会放出臭气而污染环境。用蒸发法加以处理,不但可使其净化,而且所获得的浓缩液还可作为医药工业的原料。根据生产厂家的要求,我们做了热泵蒸发法处理石家庄地区束鹿淀粉厂及栾城淀粉厂玉米浸泡液的蒸发浓缩实验。

5.5.1　玉米浸泡液的特性

密度为 $1.018g/cm^3$,总固含量为 4%,pH3.8 ~ 4,外观为淡黄色浑浊液,静止后有少量沉淀出现。

5.5.2 实验流程

本实验所用流程和放射性废液模拟料液实验相同。该流程中除压缩机为碳钢材料外其余设备均为不锈钢设备。

5.5.3 运行条件

4%的原始料液连续向蒸发器供料,当浓度达到46%时一次排空。在运行过程中向乳化塔内加碱(NaOH),以调节二次蒸汽的酸碱度,使其达到 pH = 7 ~ 8(防止碳钢材料压缩机的腐蚀)。

5.5.4 净化效果及耗能情况

(1)净化效果:按厂家要求,经蒸法处理后,二次蒸汽冷凝液(净化液)在32 ~ 35℃条件下放置30 ~ 40d 不会发酵变臭;而浓缩液的浓度达到了厂家所要求的总固含量的46%。

(2)耗能及节能情况见表5 – 20。

表5 – 20　　　　　　　　热泵蒸发法同长发比较节能情况

进料浓度/%	蒸发量/(kg/h)	压缩机消耗功率 P_1/kW	电加热补偿功率 P_2/kW	$P_1 + P_2$/kW	处理1t物料耗功 W/kW·h	处理1t物料耗热量 Q_p/kcal	相当效应数 η	相当一般蒸发法的耗热量/%	同一般蒸发法比较,节能/%
4	182	17.0	0	17.0	93.4	80324	6.72	14.88	85.1
4	146	17.4	0	17.4	119.2	102512	5.29	18.97	81.0
4	120	14.7	0	14.7	122.5	105350	5.13	19.50	80.50
4	220	15.5	0	15.5	70.45	60587	8.91	11.22	88.7
4	111	16.9	0	16.9	152.2	130892	4.13	24.30	75.8
4	124	17.1	0	17.1	131.9	118594	4.55	21.98	78.0
4	132	14.2	0	14.2	107.6	92536	5.84	17.12	82.8
4	128	12.2	0	12.2	95.3	81958	6.59	15.17	84.8
4	120	12.0	0	12.0	100.0	86000	6.28	15.92	84.0
4	79	12.9	0	12.9	163.3	140438	3.85	25.97	74.0
4	84	13.3	0	13.3	158.3	136138	3.97	25.19	84.8
4	94	13.4	0	13.4	138.1	118766	4.55	21.98	78.0

从表中最后一栏可以看出热泵蒸发法同一般常规蒸发相比较可节省热能74% ~ 88%。

5.6　流程中设备匹配的改进及必要的说明

5.6.1　流程中设备匹配方面的改进

这套装置在设备和工艺匹配方面作了部分改动的地方有以下 3 点：

（1）最初蒸发器外加热室内为 $\Phi38 \times 3.5$ 不锈钢管组成结构，后来改成细不锈钢管结构，改后在外壳壳体尺寸不变的条件下，使传热面积增加 30%，生产率相应装置的匹配更加合理。

（2）在进行无机盐结晶产品生产试验时，原有的外循环管是从分离室底部垂直向下直角形拐进加热室底部，这样管道在直角处到加热室的进口处之间这段管道上经常积存结晶物料，为了不使这段管线上不积存结晶产物，把从分离室出来到进加热室底部进口的垂直型循环管改为斜型管。

（3）压缩机的位置，由地平面提高到高于加热室压缩蒸汽进口位置。这样，为了在停机时间较长时，不会有凝结水积存在压缩机的机壳内。

5.6.2　必要的说明

本套装置是为处理放射性废水的试验研究而设计的，用于其他物料溶液浓缩就不一定完全适合。我们知道，不同料液沸点升高也不相同，则蒸发器传热推动力的温差 Δt 也是不同的。为了节省能量，可用小的 Δt 的同时加大蒸发器的传热面积；如果着眼点是设备投资少，省材料则可用适当小一点的传热面积，大一点的 Δt；这样耗能多，运行费高，当然这些在设计中都要仔细考虑。所以，特别是在热泵蒸发工艺中，一个定型的热泵蒸发流程很难适应不同料液的蒸发浓缩。

参 考 文 献

［1］BERRANRD MANOWITZ，POWELL RICHARDS and POBERT HORRIGAN. Vapor Compression Evaporation——Handles Radioactive Waste Disposal［J］. Chem. Eng. 1955.（3）:194 - 196.

［2］庞合鼎，王守谦，阎克智. 高效节能的热泵技术［M］. 北京:原子能出版社,1985,115 - 130.

［3］J. H. Mallinson. Chemical Process Applications for Compression Evaporation［J］. Chem. Eng. 1963,70（18）:75 - 82.

第6章 热泵的工业应用

热泵蒸发技术自19世纪80年代开始研究、实验和应用,初期的研究范围限于供暖和制冷,发展到了20世纪40年代由于能源问题,其研究和应用扩展到了工业应用领域。到40年代末和50年代初被工业生产所采用以来,因各种原因又经历了发展、徘徊、停滞再发展的漫长过程。热泵蒸发技术的发展同能源紧张与否有着密切的关系,凡在能源紧张及其价格上涨时期就会得到发展,其应用领域也会在这个时期得到扩展。

常规能源(煤,石油,天然气等)并非取之不尽,用之不竭的,石油将在一定的年限内采完,煤也同样将在有限的时期内采完[1]。故加强新能源及节能新技术的研究开发就显得十分必要和迫切。就节能技术而言,把高效又比较成熟的热泵蒸发节能(不但节能,节水,还能减少污染保护环境)技术用于生活和工业生产,当然就成为很自然的事了。到目前像低温空调及电冰箱这类家用热泵,运行稳定,操作简单并已定型批量生产,走进了千家万户,不过这不是我们讨论的内容。我们要讨论的主要内容是用于工业生产上的高温热泵技术(如热泵蒸发及蒸馏,物料浓缩及干燥等)。

6.1 热泵技术的应用概况

热泵蒸发技术是一项高效节能技术,所谓高效节能,我们就用具体数字来看,用1kg的加热蒸汽能蒸发的水量是常规蒸发方法的10多倍甚至20倍以上,不但节能而且具有突出的经济效益(见表6-1),所以应用范围在不断扩大。如海水淡化,废水处理,化工生产,造纸工业,食品工业,制药工业,产品和木材干燥等领域,表6-2所列出采用热泵的不同工艺过程。其中所采用的热泵类型一般多为蒸汽再压缩式热泵(这包括机械压缩式或蒸汽喷射式压缩),当然在适宜的条件和场合下也可采用其他类型的热泵。在此主要介绍机械蒸汽再压缩式热泵的工业应用,顺便也会提到喷射式热泵的情况。

表6-1　　　　　　　　　热泵蒸发与二三效蒸发相比(蒸发量10t/h费用)

蒸发器类型	所需生蒸汽量/t	压缩机耗能/kW	循环水量/t	折算费用/元
二效蒸发	5.9		560	1404
三效蒸发	4.2		400	1000
热泵蒸发				
(蒸发温度50℃)		280		224

注:电平均0.8元/(kW·h),蒸汽200元/t,循环水折价0.8元/t。

表 6-2　　　不同工艺过程用热泵蒸发消耗的电功率与蒸发量的数据[1]

号次	工艺过程	输入功率/kW	水分蒸发量/(kg/h)	每千瓦时蒸发水分量/kg	工况系数	蒸发温度/℃	吸入压强/kPa	吸汽量/(m³/min)
1	蒸发乳制品	73	998	13.65	9	49	11.65	211
2	蒸发乳制品及果汁	240	2994	12.47	8	49	11.65	633
3	某化学工业中蒸发水溶液	94	700	7.45	5.3	35	5.98	238
4	蒸发海水制备饮用水	20	454	22.67	14.7	101	101.35	123

6.1.1　机械蒸汽再压缩式热泵的应用范围

6.1.1.1　化工生产过程

（1）溶液的浓缩[2-3]：在化工生产过程中的蒸发操作单元是消耗热能较多的工段，这是因为加热蒸汽消耗的热量转换成具有很高热量的二次蒸汽，而高热量的二次蒸汽往往都是用大量冷却水冷凝后而排掉。这样造成大量的热能损失又耗费大量冷却水。为了回收二次蒸汽中的热量重新加以利用以减少热能消耗，其方法是在传统蒸发操作中常采用多效蒸发法，多效蒸发系统庞大投资大，但其最后一效仍有二次蒸汽冷凝排掉，而我们在此要讨论的是采用节能效果显著，设备操作更为简便的热泵蒸发技术，如图 6-1 所示。

热泵蒸发的经济程度取决于压缩机内压缩蒸汽所需要的压力和温度。若要求压力提高得越多，压缩机耗功就越多，其经济

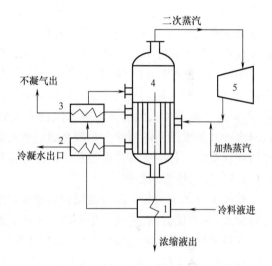

图 6-1　机械压缩式热泵蒸发装置示意图
1—浓缩液冷却器　2—第一预热器
3—第二预热器　4—蒸发器　5—压缩机

效益就越差。所以热泵蒸发法最适合于那些沸点升高不大的溶液的蒸发浓缩。如以下几个方面：①药物的浓缩；②无机盐的制备；③造纸黑液的浓缩和净化；④贵重溶剂的回收以及食品业的浓缩和消毒等。

（2）精馏作业过程[4]：在化工生产中，特别是石油化学工业常用精馏单元操作，在精馏过程中耗用大量热能，因此热能利用率很低；进入再沸器的能量（加热蒸汽提供的热能）有95%在塔顶冷凝器中被冷却水或空气带走，仅有5%被加以利用。在一个典型的石油化工厂中，精馏操作的能耗约占总能耗的40%左右。因此，在精馏过程中采用有效的节能技术是很有意义的，热泵蒸发技术在精馏过程中得到了广泛的研究和应用，例如乙烯-乙烷，丙烯-丙烷等物系的分离。

热泵精馏的原理如图 6-2 所示，塔顶气体经压缩机压缩，升压升温后再作为再沸器的加热热源用，使塔底液体汽化，而本身则被冷凝成液体。将此液体的一部分作为产品引出，

其余部分再回到塔顶作为回流。由于回收了塔顶气体的潜热,因而达到了节约热能效果。

6.1.1.2 海水淡化[5]

海水淡化中采用热泵蒸发技术的有利条件是,有取之不尽的海水作为淡化水的原料,所以在一般操作过程中,为使蒸发器中的溶液盐分不能过高,便控制淡化水的产率为进料海水的一半,即进入系统 100 份海水,产淡化水 50 份,排掉浓盐水 50 份(当然,这个比例不是固定不变的如图 6 - 3 即为 12.5∶10)。这样保持蒸发器内沸腾溶液的沸点升高不大,因而耗能也少。我们知道沸腾溶液的盐分越高沸点随之升高,则传热推动力增大,耗能必然增大。不同物质及其不同浓度下的沸点升高是完全不同的。这种情况可从附表 5 查得。为了充分节约热能,在淡化水和浓盐水排出系统时,先经过热交换器,在此将热量传给进来的

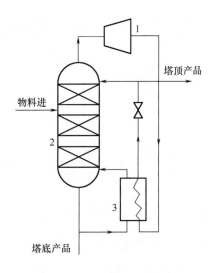

图 6 - 2 热泵精馏原理示意图
1—压缩机 2—精馏塔 3—再沸器

冷海水,使冷海水得到了预热而淡化水和浓盐水也得到了冷却。这样余热得到了充分的回收,所以经济效益便大为提高。第二次世界大战期间,一些舰船配备了这种海水淡化装置,从海水中制备生活用的淡化水。现在的一些舰艇,海上石油钻探和开采平台,海岛工作场所和海底作业船只都配备有这类装置。其工作流程如图 6 - 3 所示。

6.1.1.3 放射性废水处理[2,6]

在核工业系统的各个部门的试验室和生产线,经常要产生大量的低放射性废水,其特点是数量大,含盐量低,放射性水平不高。所以适宜用热泵蒸发法进行处理。

在用常规蒸发法处理放射性废水时,蒸发所产生的二次蒸汽,一般都用大量冷却水将其冷凝后排掉,常规蒸发流程示意图如图 6 - 4 所示。这样,二次蒸汽的潜热被冷却水带走,热量白白被浪费掉了。用热泵蒸发法代替常规蒸发,将二次蒸汽的潜热回收加以利用,便可提高热效率,节省燃料,降低热量消耗,提高经济效益。热泵蒸发流程如图 6 - 5 所示。

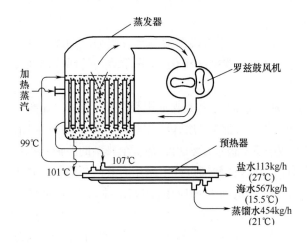

图 6 - 3 海水淡化流程示意图

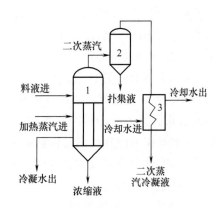

图 6 - 4 常规蒸发流程示意图
1—蒸发器 2—除沫器 3—热交换器

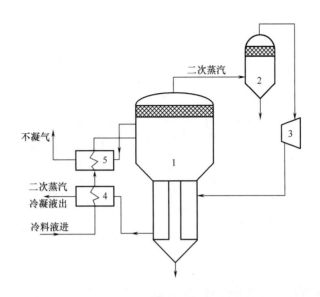

图 6 - 5 热泵蒸发流程示意图
1—蒸发器 2—除沫器 3—压缩机 4—地预热器 5—第二预热器

我国核电站一座又一座逐步的建造起来,将产生不少废水。电站本身有电,用电驱动热泵蒸发装置来处理核电废水就更加合算了。用了热泵蒸发装置后,可以省掉在常规蒸发法中必不可少的冷却水系统及其配套设施,甚至也可省掉在常规蒸发中为蒸发单元专设的锅炉房一套设施。

6.1.1.4　蒸发过程的预浓缩

机械蒸汽再压缩热泵的蒸发过程消耗能量的多少与溶液的浓度及其沸点升高有关。要求把溶液蒸煮的越浓,沸点相应要升高(当然沸点升高与物料种类的不同也有关系),耗能就会增加。所以,热泵蒸发技术用于稀溶液或预浓缩比较适合。

如果所处理的料液,要求最终浓度较高时,可采用双效热泵蒸发(图 6 - 6),即第二效用作预浓缩,在此去掉初始溶液中大部分水分,余下浓缩了的溶液已比初始溶液的量少多了,这部分溶液再进入第一效,用生蒸汽来加热,蒸浓到所要求的最终浓度。第一、二效出来的二次蒸汽进入第二效的压缩机,经压缩提高压力和温度后进入第二效蒸发器的加热室,作为二效的加热热源,这样第一效仅需少量的一次蒸汽,以达到节约热能的目的。

6.1.1.5　热泵的干燥过程[7]

干燥的目的是借热能除去物料中所含的水分,这类似于蒸发,只不过是水分较少而已。实质上干燥属于扩散过程的范围,当物体受热时,其表面水分将传播到周围的介质中,而物体内部的水分又不断的扩散到物体的表面。如果过程连续不断的进行,就能达到所要求的干燥程度。

常规的厢式或窑式干燥器,一般是由热空气吸收了被干燥物料的水分后少部分回流而绝大部分排掉,很显然大量热能被损失掉了。如果将其排掉的空气中所含水蒸气冷凝到其饱和温度以下,使其凝结成水而排掉,并同时将凝结热和干燥空气回收利用,热效率就会大大提高,为此可采用热泵技术。这是因为水蒸气向干燥空气转移,蒸发时的热量由热泵低温

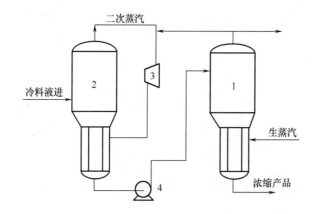

图 6 - 6   热泵用于预浓缩的示意图

1—最终浓缩蒸发器   2—预浓缩蒸发器   3—压缩机   4—预浓缩液泵

部分冷却吸收,而又可在高温部分再利用的缘故。

图 6 - 7 是利用空气—空气热泵干燥木材的过程图。该循环由图右侧的高温部分(冷凝器)和低温部分(蒸发器)、压缩机和膨胀阀所组成,为了提高热交换的效率,并设一台风机。空气在左边的木材干燥仓中循环流动,为使空气携带水分的排出另外再设一台风机。空气在木材干燥仓与湿木材表面接触后流入蒸发器中,在这里被冷却到饱和温度以下,其中水蒸气凝结成水滴而滴入收集池中再排掉。然后,含少量水蒸气的低温饱和蒸汽被送入冷凝器,在这里加热后送入干燥仓进行循环。水分在蒸发器中冷凝放出热量,由热泵送往介质冷凝器,用来加热空气。该装置开始运行后,处于稳定状态空气于 40 ~ 45℃在干燥仓内循环一天左右才开始强烈干燥。应该注意的是,干燥仓的外壁保温要好以减少散热,并作好舱体密封以防热空气向外泄漏。

热泵技术除了用于木材的干燥外,还可用于粮食、纸张等的干燥。

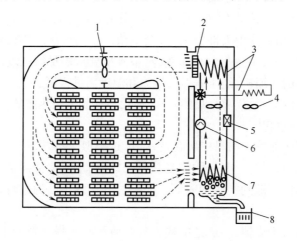

图 6 - 7   用空气—空气热泵干燥木材原理图

1—循环风机   2—直接加热器   3—冷凝器   4—风机   5—膨胀阀

6—压缩机   7—蒸发器   8—冷凝器

6.1.2 蒸汽喷射式热泵的适用范围[4]

喷射式热泵适用于化学工业,尤其是食品工业,其应用方式有单效,双效及多效喷射式蒸发器。第一效的二次蒸汽被工作蒸汽吸入并压缩后,进入二效作为加热蒸汽,依次类推。如制糖工业中的应用方式为:①把蒸汽机排出的低压乏汽用喷射式热泵提高其压力后作为第一效的加热蒸汽;②一效的二次蒸汽压入二效的加热室作为加热蒸汽;③二效的二次蒸汽压入三效,作为第三效的加热蒸汽。图6-8所示的是一台单效喷射式热泵蒸发器。

喷射式热泵蒸发器的耗热量,一般要比机械压缩式热泵蒸发器大1~2倍,还要耗费大量的冷却水。效率比较低,所以喷射式热泵在废汽比较充足的场合下使用才是适合的。但它具有其自身的优点:没有转动部件,构造及安装极为简单,所以化工、食品工业都乐意采用。

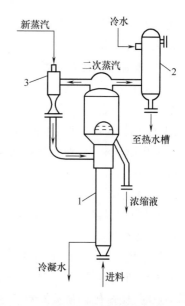

图6-8 单效蒸汽喷射式热泵蒸发器
1—蒸发器 2—冷凝器 3—喷射式热泵

蒸汽喷射式热泵的经济性能,可从机械压缩式热泵蒸发器、蒸汽喷射式蒸发器及常规多效蒸发器的多方面比较中得到一个粗略的了解。假设处理的物料为同一种物料,蒸发量都相同,如蒸发溶液都是芒硝溶液,蒸发量都是每小时6.8t的条件下。在设备投资上,单效蒸汽喷射蒸发器最便宜,机械压缩式热泵蒸发器较贵,但同常规双效蒸发器的差距不是太大。在热能消耗上,机械压缩式热泵蒸发器较低,常规双效蒸发器较高,单效蒸汽喷射式热泵蒸发器介于两者之间。按主要物料消耗费用和成本来看,机械压缩式热泵蒸发器的每年总支出费用最低,常规双效蒸发器的较大,喷射式热泵蒸发器居于两者之间。

新中国成立后,从20世纪50年代我国已开始采用喷射式热泵蒸发器,全国各地都有应用,如哈尔滨糖厂,北京维尼龙厂,北京人民食品厂等,都有很好的运行经验。

以上粗略的介绍了热泵工业应用的范围和概况,以下各节主要引用和介绍一些热泵的工业应用实例和运行系统,以便使那些打算开展热泵工作或者要想尽快把热泵用于生产线上的人们,从所列实例中得到启发,使工作少走弯路。

6.2 热泵在海水淡化及高纯水制备中的应用实例

20世纪三四十年代热泵蒸发就已有应用,如舰船,海岛为部队战士制备饮用的淡化水,后来海洋石油钻探平台也采用此项技术制造淡化水,下面介绍几个应用实例。

6.2.1 舰艇上的应用实例1

314L/h(83USgal/h)的KLEINSCHMIDT蒸汽压缩蒸馏装置(美国,1944年)。

这台由汽油发动机驱动的轻便可移动式蒸馏水装置主要是为舰艇上部队官兵从海水中

制备饮用水设计的,也可从污浊和不适合应用的水源制备纯净水,保证饮用水的安全,也不会有异味带入饮水中。

6.2.1.1 本装置的运行特性

(1)生产能力 $5.68 \sim 7.57 \mathrm{m}^{3}/24\mathrm{h}(1500 \sim 2000\mathrm{USgal}/24\mathrm{h})$生产能力随发动机速度的变化而变化。

(2)发动机速度 调到每24h生产$6.81\mathrm{m}^{3}(1800\mathrm{USgal})$量的速度为$1600\mathrm{r}/\mathrm{min}$。

(3)所用燃料 商业用发动机用汽油,辛烷值为68/70,不需要别的燃料。当然,较高质量的汽油是可用的。

(4)燃料消耗量 每24h耗油为$94.63\mathrm{L}(25\mathrm{USgal})$。

(5)燃料的经济性 每$3.785\mathrm{L}$燃料能生产$265 \sim 303\mathrm{L}(70 \sim 80\mathrm{USgal})$饮用水。

6.2.1.2 运行过程

运行过程由汽油发动机来驱动压缩机和送入系统的海水泵及排出系统的蒸馏水(饮用水)泵,发动机的冷却水及其排气的热量用于预热开始进入系统的海水。当蒸发器中的海水达到沸点时,压缩机抽吸蒸发器产生的蒸汽并将其压缩。压缩了的蒸汽返回到蒸发器的加热室(壳程),压缩机做功提供了附加热到系统中。被压缩蒸汽由于压力的提高温度也相应提高了,这就促使蒸发器内(管程)盐水进一步沸腾蒸发,在壳程里的压缩蒸汽由于释放其汽化潜热去蒸发管程内的盐水,而自身便冷凝成蒸馏水(饮用水)被加以收集。当然,也可去预热开始进入系统的冷盐水,浓盐水要不断地排入海中,以防蒸发器管程内盐水过浓(前面讲过浓度高后沸点将会升高)。

饮用水的产量随发动机的速度而变化,速度应调到产量最高又能连续稳定运行后,压缩蒸汽量不变,所以蒸馏液量也不会变。操作人员主要关注排出系统的浓盐水及进入系统的海水两者的速率达到生产条件最好的结果。

操作员应在发动机速度不增加的条件下,保持高盐水排出速率是所希望的。保持蒸发器内低盐浓度,可以使蒸发器、热交换器的结垢降到最低限度。

为了保持运行中热量的平衡,要求系统热损失最小,要达此目的主要对系统设备及管道进行很好的保温。

进入本装置的海水,先进入给水箱1,给水箱内由浮子调节阀调节水箱内水位恒定,以稳定给水泵2吸口端的压力来确保给水量恒定$(350 \sim 500\mathrm{kg}/\mathrm{h})$。海水经给水泵2送至板式热交换器3,经热交换器4回收蒸发器6排出的温度较高($105\,^{\circ}\mathrm{C}$)的淡水和盐水($101\,^{\circ}\mathrm{C}$)的热量,再经发动机水冷器5后进入蒸发器。

该系统的工艺流程图如图6-9所示。

6.2.2 舰艇上的应用实例2

本装置是用电能作为压缩机的驱动力,并用压缩蒸发器的二次蒸汽的方法回收潜热制备蒸馏水的海水淡化装置。

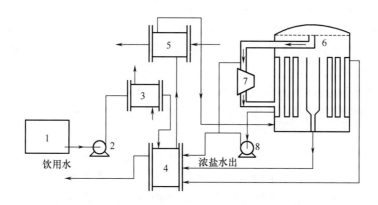

图6-9 314L/h(83USgal/h)蒸汽压缩蒸馏装置流程图
1—给水箱 2—给水泵 3—发动机油冷器 4—热交换器
5—发动机水冷器 6—蒸发器 7—压缩机 8—冷凝水泵

6.2.2.1 主要技术指标及参数

5t/d,电力压汽式蒸馏装置,该装置的主要技术指标如下:

淡水产量:210kg/h; 板式换热面积:5.5m²;

淡水含盐量:≤80mg/L; 逸气冷凝器传热面积:0.35m²。

最大电功率:38kW; 功率:

经济指标:≤80kW/t淡水; 电热元件:9×3kW;

蒸发压力:3~6kPa(表压); 压气机:7.5kW;

冷凝压力:20~30kPa(表压); 给水泵:1.1kW;

蒸发温度:100~101℃; 淡水泵:1.1kW;

冷凝温度:105~106℃; 盐水泵:1.1kW;

给水量:350~500kg/h; 转速:

给水盐度:≤35000mg/L; 压气机:1450r/min;

给水温度:5~30℃; 给水泵:2810r/min;

淡水温度:5~30℃+(8~12℃) 淡水泵:2810r/min;

盐水温度:5~30℃+(8~12℃) 盐水泵:2810r/min;

蒸发器传热面积:9m² 启动用时间:45~75min。

6.2.2.2 工作原理和系统概述

启动装置时,由淡水腔内的电热元件产生初始加热蒸汽,通入蒸发器换热管束的凝汽腔加热蒸发腔内的海水给水,腔内海水受热蒸发产生的二次蒸汽经汽水分离器分离,净化后进入压缩机压缩后的蒸汽进入蒸发管束的凝汽腔,用之进一步蒸发海水。正常运行时,蒸发海水的热主要靠压缩机增压后的蒸汽潜热。另外,电热元件以部分负荷继续工作,平衡热损失。淡水、盐水及逸汽的部分余热分别在板式和逸汽冷凝器内用于预热给水。

为了蒸馏淡化过程的持续进行,须由外部不断供给电能和海水(给水),并将蒸馏过程中生成的淡水和盐水分别用水泵排出。海水蒸发产生的不凝结气体,经逸汽冷凝器自动逸出。

海水淡化流程如图6-10所示,进入本装置的海水,先进入给水箱17,给水箱内有浮子阀用来调节水箱水位维持其恒定,以稳定给水泵 16 吸入口端的压力来确保给水量恒定(350~500kg/h)。海水经给水泵 16 送至板式热交换器 14 内,回收蒸发器 6 内排出的温度较高的淡水(105℃)和盐水(101℃)的热量,海水预热到 90℃ 左右流经逸汽冷凝器 9 管内,由蒸发器排出的逸汽进一步加热接近蒸发温度(101℃)。最后进入蒸发器内沸腾,海水中的一部分水蒸发成蒸汽,而残余部分浓缩成盐水。蒸发器 6 管内产生的蒸汽上升至上部容汽空间,经汽水分离器净化后流向压缩机 2,经压缩提高压力和温度后进入蒸发器蒸发管筒的管束间的空间。

由于压缩蒸汽同管内海水之间的温差,而产生热推力,蒸汽放出汽化潜热冷凝成淡水,汽化潜热传给管内的海水再利用。淡水从蒸发管筒底部经凝水管流入蒸发器下壳体的淡水腔内,由淡水泵 13 从淡水溢流管中抽出,淡水流经板式热交换器 14 冷却后,送至艇上淡水舱或淡水管路。蒸发器内浓缩的盐水通过盐水溢流管用盐水泵 12 抽出,也经板式热交换器 14 冷却后从装置排出。

海水在蒸发器 6 内沸腾时,海水中的溶解气体将逸出并随蒸汽一同进入蒸发器蒸发管筒的容汽空间。这些非凝结气体聚集在管外壁将影响传热效果,使产量下降,必须连续排出这些气体。如果直接从蒸发器排放必然会带走一定量的蒸汽,故将蒸发器内放出的逸汽引至逸汽冷凝器 9,使随非凝结气体逸出的蒸汽大部分冷凝成淡水,从而回收热量和淡水。

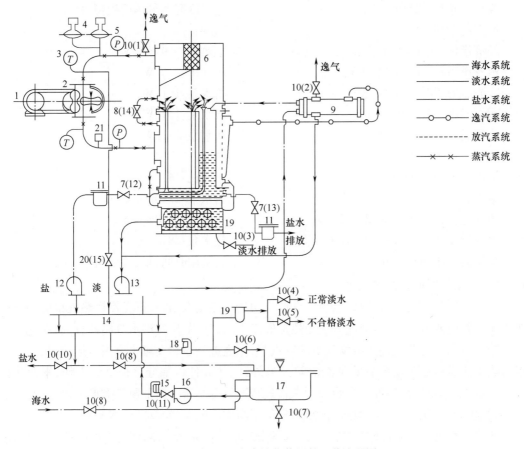

图 6-10　每天 5t 海水淡化装置的工艺流程图

流程图中设备代号

件号	阀门名称	序号	代号	名称	数量	备注
10(1)	通气阀	1	$JO_2 - 51 - 4 - H(D_2)$	电动机	1	$P = 7.5kW, n = 1450r/min$
10(2)	逸气阀	2	4265Q44 - 4 - 00	压缩机	1	
10(3)	淡水泄放阀	3	WTQ - 280	压力式指示温度表	2	$D = 100$ $t = 0 \sim 200℃$
10(4)	正常淡水出口阀	4	WYT - 1226	微压调节器	2	$p_g = -760mmHg \sim 0.1MPa$
10(5)	不合格淡水出口阀	5	YZ - 100T	压力表	2	
10(6)	淡水再循环阀	6	4251Q44 - 27 - 04 - 0	蒸发器	1	
10(7)	给水箱泄放阀	7	A40025 GB595 - 65	$Dg25$ 直通截止阀	2	
10(8)	盐水再循环阀	8	6050 CB467 - 66	法兰闸阀	1	
10(9)	海水进口阀	9	4251Q44 - 27 - 05 - 0	逸汽冷凝器	1	
10(10)	盐水出口阀	10	A40015 GB595 - 65	$Dg15$ 直通截止阀	1	
10(11)	海水泵出口阀	11	5941Q44 - 6 - 00	滤器	2	
7(12)	盐水抽出阀	12	4662Q42 - 6 - 00	盐水泵	1	
7(13)	盐水泄放阀	13	4662Q42 - 6 - 00	蒸馏水泵	1	
8(14)	蒸汽旁通阀	14	4262Q44 - 27 - 06 - 0	板式热交换器	1	
20(15)	喷水阀	15	4292Q44 - 1 - 00	$\phi15$ 分流式流量计	1	$q = 0 \sim 1000L/h$
		16	4662Q42 - 6 - 00	给水泵	1	
		17	4251Q44 - 27 - 16 - 0	给水箱	1	
		18	4292Q44 - 1 - 00	$\phi15$ 分流式流量计	1	$q = 0 \sim 400L/h$
		19	DD - 100C 一次	盐度传感器	2	
		20	A0006 GB595—65	D_g6 直通截止阀	1	
		21	YT1226	压力调节器	1	$0 \sim 0.2MPa$

装置启动时,先由电热元件加热蒸发器下部的淡水腔内的淡水,产生初始蒸汽。初始蒸汽经蒸汽管流至蒸发筒体内,加热海水使之蒸发,初始蒸汽释放汽化热凝结成蒸馏水流回淡水腔。装置启动时,九组电热元件全部通电,在正常运行后仅两组(8DR、9DR)继续通电,三组(1DR、2DR、3DR)断开,二个二组(4DR、5DR)(6DR、7DR)分别由二只微压调节器控制。

本装置采用化学除垢,建议清洗周期为24h,每次清洗时间为30min左右,化学剂量为食用柠檬酸1.5kg和乙二胺四乙酸钠盐75g,清洗方法见除垢(略)。

6.2.3 热泵在高纯水制备中的应用实例[8]

机械蒸汽再压缩式热泵蒸发法用于高纯水的制备已是很成功的。现举一实际应用实例来介绍该技术在生产过程中的应用情况。

此法所生产的高纯水用于医疗上针剂注射液的配制,每生产1000kg高纯水,耗27kW·h,所用原料水(去离子水)为1030kg。一般常规蒸发法,每生产1000kg高纯水,需要消耗蒸汽

1327kg,用去离子水1030kg。前者和后者相比较可节约热能90%以上。常规单效蒸发法每生产1000kg高纯水,一般要消耗20t左右的冷却水,而热泵蒸发法由于系统中的二次蒸汽在蒸发器加热室壳程中,放出汽化潜热传给加热室管程内的沸腾水使其蒸发,二次蒸汽本身则被冷凝成高纯蒸馏水。该技术在此领域的利用,对节省煤炭资源和水资源都具有重要的经济意义。

6.2.3.1 工艺流程

工艺流程如图6-11所示,原料水(去离子水)进入储罐1,由原料水泵2把储罐中的去离子水送入蒸馏水换热器4和逸气换热器5,然后进入蒸发器8的下部,当液位达到液面计6规定高度,加热蒸汽阀3DF自动打开加热,加热蒸汽压力达到147~196kPa时,电磁阀2DF关闭,停止进水。原料水加热到90℃,循环水泵11自动启动,2min后压缩机12自动启动。蒸发器继续加热,当蒸汽压力达到19.6kPa/cm²(表压),旁通阀全部关闭,开始生产蒸馏水。蒸馏水液位计7达到所控液位高度,蒸馏水泵自动启动,开始排放蒸馏水。在生产过程中,原料水位、蒸馏水位通过电磁阀1DF、4DF的开闭进行自动调节,蒸发器温度的升降,通过电磁阀3DF自动开闭进行调节。

本机可以生产常温及高温(80℃)蒸馏水,由于高温蒸馏水带走一部分热能,为了保持系统的热平衡,必须加热补充热能。本机启动和停车只需按一下按钮,其他动作全部由控制系统来完成。

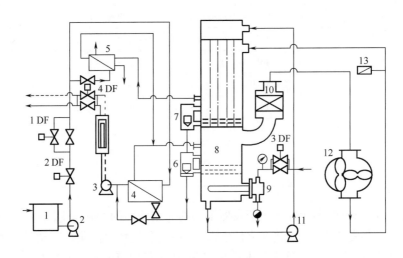

图6-11 蒸汽压缩式制蒸馏水流程图

1—去离子水储罐 2—去离子水泵 3—蒸馏水泵 4—蒸馏水换热器 5—逸气换热器
6—去离子水为控制器 7—蒸馏水液位控制器 8—蒸发器 9—蒸汽加热器
10—汽液分离器 11—循环泵 12—蒸汽压缩机 13—旁通阀

6.2.3.2 主要设备

热泵蒸发具有高效节能效果,为了尽量提高致热系数(性能系数或供热系数)C.O.P,要求组成本系统的各个设备必须效率高、耗能低,并能恰当的相互匹配,因而要进行仔细选择与设计,该系统所用设备如下:

(1)蒸发器:采用高传热系数薄壁降膜蒸发器,传热温差在2~10℃时,总传热系数 $K=$

$3137 \sim 3835 W /(m^2 \cdot K)$，比国外的中央循环管蒸发器高一倍。管外面抛光,易形成滴状冷凝,筒体内表面抛光易清除细菌的存在。汽水分离器采用金属丝网,两个液面控制器采用玻璃筒电感应装置,加热装置采用蒸汽 U 形管。

（2）蒸馏水换热器:逸气换热器采用薄不锈钢板窄通道螺旋板换热器,冷端两种流体温差可小于 $2 \sim 4\,℃$，$K = 1627 W /(m^2 \cdot K)$，每米流道的流体阻力为 $1.4 kPa$。

（3）蒸汽压缩机:采用罗茨压缩机。每小时产水 $1000 kg$ 以下用双端面机械密封,国产机械密封件寿命一般为一年左右,压缩机噪音低于 A 声级 $85 dB$(分贝)。

（4）抗气蚀泵:循环水泵把蒸发下部的沸腾水送往蒸发器上部,沸腾水最容易引起泵的气蚀,一般离心泵无法使用。该泵在入口叶轮型线采用了特殊设计,运行性能非常稳定。

凡与去离子水、二次蒸汽、蒸馏水接触的零部件,全部采用 $0Cr_{17}Ni_{12}Mo_2$（AISI316）不锈钢制造,氩弧焊接,与二次蒸汽,蒸馏水接触的筒体内表面管路内侧焊缝进行抛光处理。筒体和热流体管路全部保温,减少热能损失。

6.2.3.3　热泵蒸发法和常规单效蒸发蒸发法耗能及经济效益比较

6.2.3.3.1　两种方法的耗能情况

可从下面热泵蒸发法热平衡图 6 – 12 和常规单效蒸发法热平衡图 6 – 13 中看出两者的热利用情况(指每小时生产 $1000 kg$ 蒸馏水的耗能)。

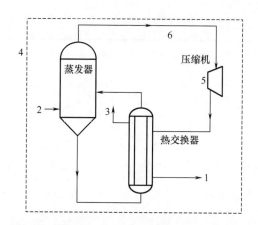

图 6 – 12　蒸汽压缩式制蒸馏水流程热平衡图
1—排除系统蒸馏水带走的热量 $100464 kJ/h$　2—原料液代入系统的热量 $86659 kJ/h$　3—排不凝性气体带走的热量 $10377 kJ/h$　4—散失于系统之外的热量 $55008 kJ/h$　5—压缩机提供给系统的热量 $79199 kJ/h$　6—系统循环的热量(二次蒸汽的热量) $2705814 kJ$

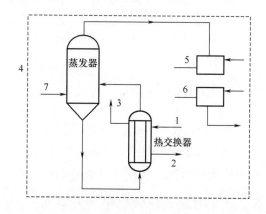

图 6 – 13　常规单效蒸发法制蒸馏水流程热平衡图
1—锅炉房提供的加热蒸汽热量 $2781777 kJ/h$　2—加热蒸汽带走的热量 $482110 kJ/h$　3—不凝气体带走的热量 $10377 kJ/h$　4—散失与系统之外的热量 $55008 kJ/h$　5—冷凝水带走的热量 $178165 kJ/h$　6—冷却水带走的热量 $2112055 kJ/h$　7—原料液代入系统的热量 $86650 kJ/h$

单效蒸发法制蒸馏水:输入总热能为 $2868427 kJ/h$;损失总热能为 $2868427 kJ/h$。

蒸汽压缩法制蒸馏水:输入总热能为 $2871663 kJ/h$;损失总热能为 $165849 kJ/h$。系统循环热能为 $2705814 kJ/h$。

从两种方法的热平衡加以分析清楚的看出:

在单效蒸发法制蒸馏水中,输入的热能最终全部损失掉了。其中有 $2112055 kJ$ 的热量需要大量冷却水带走。

蒸汽压缩法制蒸馏水中,有 2705814kJ 热能始终在系统中循环使用。所以每生产 1000kg 蒸馏水仅消耗热能 165849kJ。其热量平衡图如图 6 – 12 所示。

6.2.3.3.2 两种方法耗能及其经济效益的比较

蒸汽压缩式同单效蒸发式相比较节能 93.1%。经济效益见表 6 – 3,以两班运行计算每台 YQ1000 蒸汽压缩式蒸馏水机 1 年可节约标煤 689t。节约冷却水 73500t。表 6 – 3 的数据为北京制药厂 YQ1000 压缩式蒸馏水机实测数据,为 1h 生产 1000kg 蒸馏水的耗能情况。

表 6 – 3 单效蒸发与蒸汽压缩式耗能及经济效益比较

测试项目	LS400 单效蒸发蒸馏水器	YQ1000 压汽式蒸馏水机
电耗/kW·h	—	27
蒸汽消耗/kg	1327	4
去离子水消耗/L	1030	1030
冷却水消耗/t	17.5 *	
能耗折成标准煤/kg	176.2	12.19
两种机耗标煤比/%	100	6.9
生产 1000L 蒸馏水费用/元	15.05	4.41
两班 1 年生产费用/元	63210	18522

注:* 17.5t 为新蒸馏水器耗冷却水,生产费只计算电(0.105 元/kW·h)、蒸汽(8.5 元/t)、去离子水(1.45 元/t)、冷却水(自来水 0.13 元/t)。

6.3 盐类的制备[9]

1922 年,日本在海水制盐过程中已采用了蒸汽压缩式热泵技术,后来又有一些国家在生产上也采用了此项技术。前面已提到过的蒸汽压缩式热泵又分为蒸汽喷射压缩式和机械蒸汽再压缩式两种类型,其效果是不同的。

6.3.1 喷射式单效热泵蒸发装置

喷射式单效制盐过程如图 6 – 14 所示。常压下的二次蒸汽(D)1.75kg,在喷射器用 1kg 生蒸汽(E)加压,即形成压力 149.7kPa,108.8℃的混合蒸汽(J)2.75kg。送到蒸发器加热室壳程放出汽化潜热并传给加热室管程内的沸腾溶液,使其蒸发产生 2.75kg 的二次蒸汽,其中 1.75kg 又回到喷射器,剩余的 1kg 用于热交换器,所以合计可得到冷凝水 3.75kg。这种蒸发器以小的温度差也可以作成多效式的。进料温度为 15℃时,其 1kg 蒸汽,所得的蒸馏水量,单效为 3kg,2 效为 5kg,3 效为 7kg。

6.3.2 机械蒸汽压缩式热泵蒸发装置

机械蒸汽压缩制盐,有 Wirth 式自动蒸发器(图 6 – 15)。Stodola 使用这种蒸发装置,1kW·h 的电力,能使 7°Bé 的 NaOH 溶液蒸发出 16.3 ~ 17kg 的水浓缩到 23°Bé。溶液温度在 9℃进入冷凝水在 80℃出去。制盐厂定出自动蒸发器的蒸发量如表 6 – 4 的数据。

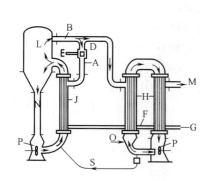

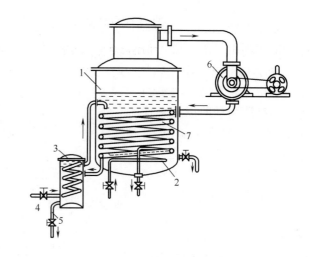

图 6 - 14　喷射式单效蒸发装置

J—加热罐　N—还流管　B—蒸发汽管

A—热压缩机　F—冷凝水管道

O—进料口　M—剩余蒸汽出口

L—蒸发室　P—推进器　E—蒸汽入口

H—热交换器　G—冷凝水出口　S—移液管

图 6 - 15　自动蒸发器（Autovapor）

1—蒸发室　2—加热用蒸汽管道

3—进料加热器　4—进料管道

5—冷凝水管道　6—蒸汽压缩机

7—加热蛇管

表 6 - 4　　　　　　　　　　　自动蒸发器的蒸发量（据郝斯布兰德）

液体	蒸发量/(kg/kW·h)	液体	蒸发量/(kg/kW·h)
水的蒸馏	28 ~ 41	相对密度在 1.2 以下的沸点低液体	20 ~ 26
相对密度在 1.5 以上的 NaOH 溶液	7 ~ 18	海水、卤水	17 ~ 30

　　涡轮压缩机的运转方法：在低沸点而温度差不大时，以其废汽能用于加热的背压透平较为有利；在沸点高且温度差增大时，使用电动机较为有利。喷射器宜于在沸点温度差大时使用，并有不管容量大小其效率亦不发生显著变化的优点。但过热蒸汽在喷射时则必须注入水使成饱和状态。

6.3.3　机械蒸汽压缩式制盐的操作流程

　　图 6 - 16 所示的装置中，其主体由加热器、蒸发器和蒸汽压缩机三部分构成。盐田卤水，首先在预热器用加热器冷凝水的余热加热后，送入蒸发器，在这里用循环管中的推进器，使卤水再循环中由加热蒸汽加热（开始沸腾前，主要补给减压的生蒸汽），它以过热状态从管道上升而在蒸发器内喷出，压力减低发生急剧地蒸发。在此处蒸发的蒸汽，近于大气压，由导气管经汽水分离器进入蒸汽压缩机。然后用电力加压经过热缸送到加热器的汽室。放热损失及其他不足的热，由原蒸汽来补充。

　　在蒸发器中一部分蒸发的卤水，将析出物留在底部，由管道下降，用涡轮泵向加热管强制循环。另外在这种装置的各加热管内都设有刮取器（Scraper），由加热器的旋转而防止结垢。加热器的汽室中产生的高温冷凝水，经捕集器至预热器或温水槽等，在与卤水进行热交换后,再用作锅炉用水。

此种装置应设置2组,一组为浓缩部用于浓缩卤水到饱和及分离锅垢;另外一组为结晶部用于蒸煮饱和卤水和采盐。在适当期间以后交替使用,则很少结垢结盐,从而能够长期继续制盐。关于本装置的操作及效率,日本专卖局制盐试验场有过报告。

另外最近不使用盐田卤水而直接采用海水进入蒸发器进行蒸煮。图6-17为此方法的一例:海水先经过预热器用冷凝水预热,接着按Ⅰ效、Ⅱ效、Ⅲ效顺流进料。各

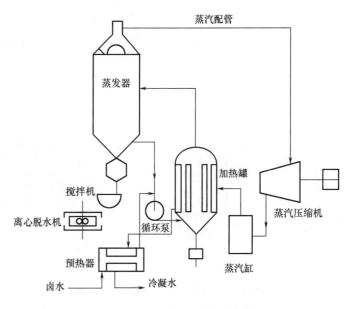

图6-16　机械蒸汽压缩式制盐装置

效的构造和真空式蒸发器相同,图中Ⅰ、Ⅱ效为蒸发段,Ⅲ效为结晶段,因而仅后者附有盐箱。有时也安装Ⅳ效,Ⅰ~Ⅲ效为蒸发段,Ⅳ效为结晶段。根据各段卤水浓度的不同,其沸腾温度大体稳定,但其最好条件如何,以及锅垢应在何处剔除等仍有加以研究的必要。蒸汽压缩机安装2台,分别压缩Ⅰ、Ⅱ效与Ⅲ(有Ⅳ效时为Ⅳ效)效的蒸汽,压缩比也以提高后者在运转上方便为宜。

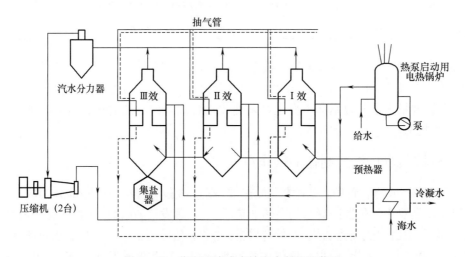

图6-17　蒸汽压缩式多效海水制盐法装置

采用这种海水直接制盐法,有的工厂生产1t盐所需电力已达4000kW·h左右的成绩。关于蒸汽压缩蒸发法,有Pridgeon、Badger及野口等的理论计算。

6.3.4　热泵蒸发法回收无水硫酸钠

热泵蒸发法回收无水硫酸钠的生产工艺流程分成两个部分,即过滤机干燥系统如图6-18和蒸汽压缩蒸发系统如图6-19所示。用黏胶生产人造丝时,有一种副产品是芒硝$Na_2SO_4 \cdot 10H_2O$。芒硝的生成是由于黏胶丝中的氢氧化钠和纺丝浴中的硫酸起反应的结果。因为芒硝在生产过程中不断产生,因此就有必要不断的排除,以保持经过纺丝浴芒硝的含量在控制指标之下,否则就会影响到人造丝的拉丝。通常是用真空结晶器析出结晶,再用大型回转式真空过滤机将稠液过滤,从而将芒硝除去。

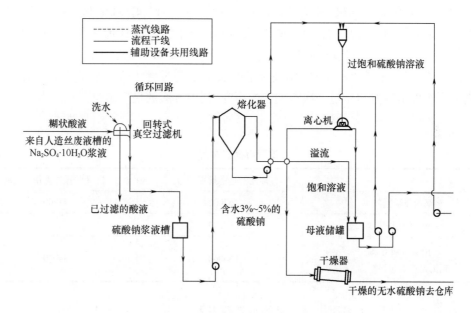

图6-18　无水硫酸钠过滤机干燥系统图

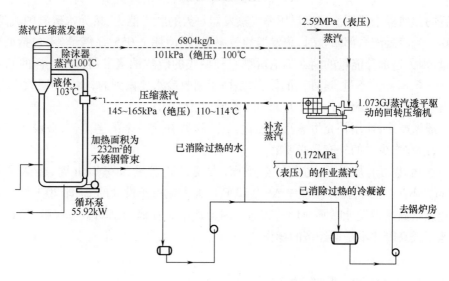

图6-19　蒸汽压缩式热泵蒸发法蒸发无水硫酸钠溶液系统

103

收集下来的芒硝再和热的硫酸钠溶液搅匀,送进硫酸钠的回收系统,以分离硫酸钠中的水分。分离水分的过程由蒸发,离心分离和干燥操作来完成,而通常是在碱性下操作的。制成的硫酸钠产品大量出售给造纸和玻璃工业。这些工业要求高纯度的硫酸钠,所以一般要用不锈钢制的设备,以降低硫酸钠中铁质残留物。

1958 年美国黏胶丝联合公司的 FrontRoyal 工厂(在 Virginia 州),由于人造丝生产的增长,回收无水硫酸钠的生产也随着扩大。此时工程的最后定案是建立一台单效蒸发器,用机械压缩。所用的是每小时蒸发 6804kg 水的 Sweson 式蒸发器,从 1958 年 8 月 18 日开始操作。蒸发器加热管束用的是外径 2.54cm,16 标号,长 7.3m 304 不锈钢管,传热面积为232m²。原配的轴流式压缩机,排量 190m³/min,Read Standard 式(现用 Ingersoll - Rand 式),转子和外壳是铸铁制的,由一台 298.28kW 的 Terry 透平机以减速齿轮传动。透平机用 2.586MPa(表压)、371℃的蒸汽驱动,排出的蒸汽送入 0.172MPa(表压)的工厂蒸汽管路。选择这样的布置,是由于长年所需要的作业蒸汽的需要量超过背压式透平机的正常供应量,对许多制造厂所提出的方案做过一次有创建的研究,其中方案的最后定价及经济指标如表 6 - 5 所示。

表 6 - 5   **投资与操作费用**

	蒸发器基本投资/美元	每年的操作费用/美元
双效强制循环	63000	41700
单效,用机械压缩	67000	22750
单效,用蒸汽喷射泵压缩 辅助设备费包括在内	56000	39200

从表 6 - 5 可以看出,采用机械压缩的单效蒸发器,每年所节约下来的费用,可以很快的偿还设备投资,所以在同时考虑设备费和操作费的经济性时,以采用这一方案最合适。

现在该工厂把双效蒸发器和熔化器组联起来操作,熔化器组是作为双效蒸发器和蒸汽压缩装置的预热器来使用。该蒸汽压缩式蒸发器每天的脱水能力,按无水硫酸钠成品计算,约为 120t。当冷凝液全部回收时,蒸发器的效率为:每消耗 1.055MJ 能量(不包括循环泵消耗的能量,因为这部分能量的消耗不论对哪一种型式的硫酸钠蒸发器都是一样的),蒸发量可达 4.54 ~ 6.81kg。不过,这样高的效率,是由于回收冷水才做到的,如果不回收冷水,效率就很快就下降到每 1.055MJ,只有 1.36 ~ 2.27kg 蒸发量。

在一般生产中,惯用补充生蒸汽来强化操作,这些补充进来的生蒸汽,在设备启动和正常操作时,给它作少量的补充是必要的。

蒸发器运转几个月以后,进行了热平衡,发现当蒸发量为 6.8t/h 时,传热系数约为 2.9kW(m²·K)。当时,操作温度差 Δt 为 13℉[①],大大地低于设计的 Δt 即 20℉[①],这说明所测得的传热系数高于设计时所预计的数值。因为透平机在满负荷时效率降低,所以很可能在蒸发速率最高时并不是最经济的操作。

---

①   13℉,因为是温差,所以无法计算出多少摄氏度。

6.3.5　亚硫酸盐废液的回收

D. Craig 等人报告了一个用压缩蒸发处理亚硫酸废液的成功装置。其中用了一台不锈钢长管直立式蒸发器和一台蒸汽驱动的透平压缩机。其设备生产能力为每小时蒸发13.6t水。它的操作数据表明,蒸发比为每1kg生蒸汽能蒸发16.7kg水,操作温度为100℃。其突出的操作参数及操作条件列于表6-6中。

表6-6　　　　　　　　　工业用蒸汽压缩蒸发系统的操作条件

过程	厂址和开工日期	参考文献	蒸发量/(kg/h)	每0.45kg生蒸汽(1055kJ的蒸发量)/kg	沸点升高/°F	Δt/°F	压缩机吸入状态	压缩机排出状态	蒸发液温度/℃	压缩机型式、驱动方法及马力	传热系数/[W/(m²·K)]	蒸发器传热面积/m²
盐	委内瑞拉的加拉加斯和巴西的里约热内卢,1952年	3,4	3266	2.04	11	16	10.34kPa表压,103℃	96.52kPa表压,118℃	109	柴油机驱动的压缩机,149.2kW		
核废料浓度	纽约,1953年	7	1134	6.8~7.3	3	11	7.58kPa表压	42.05kPa表压,110℃	104	电动机	2384~2811	
回收亚硫酸废液	加拿大,1950年初	5	13608	7.6	2		3.44kPa表压,104℃	55.15kPa表压		背压式蒸汽透平,实际功率364kW		864
无水硫酸钠	美国黏胶丝联合公司,弗吉尼亚州,1958年		6804	在4.5~6.8间变动,正常操作时为5.4	6	13	1.72kPa表压,100℃	46.88kPa表压,110.5℃	103	背压式蒸汽透平,原设计功率298kW,操作时实际功率149.2kW	2896	232

注:沸点升高华氏度(°F)和温差华氏度(°F)无法换算为摄氏度(℃)。

6.3.6　盐卤蒸发

这种生产过程是 Manistee 工程学会首创的,由密歇根州的 Manistee 铁工厂于1951年建造。一共建立了两套,一套在委内瑞拉的加拉加斯,另一套在巴西的里约热内卢。

这些设备主要由蒸汽压缩蒸发器和一台内燃机的高温冷却系统联合而成。主要部件有蒸发器、蒸汽压缩机和一台柴油机。轴流回转式定排量压缩机由柴油机所驱动。利用这样的组合,就有可能从冷却水中收集足够的热量来补偿由于热辐射所造成的热损失。柴油机夹套中的水,其压强与压缩蒸汽的压强保持相同。

这样的特点能使设计者设计出来的机组是自行启动和自行独立运行的,而不需要任何外界的外加热能。这样一来,连锅炉车间和冷却塔及水泵房一套冷却水供应系统也可免掉。

冷机启动后,大约经过3h,就可以有盐生产出来。如许多装置一样也必须克服相当高的盐溶液的沸点升高。该装置的确切数据为:蒸发量为3266kg/h;消耗柴油43.53L/h,其热值为39.02MJ/L;柴油机的功率为149.2kW,以上数据也列在表6-6中。

6.4 热泵在放射性废水处理中的应用

6.4.1 应用实例1

Brookhaven国家实验室,于1953年7月开始了每小时处理放射性废水1135.5L生产装置的运行。同多效蒸发相比较其效能达到27效,生产流程如图6-20所示。运行中记录了每1055kJ的热能可蒸发6.8~7.2kg水。其运行情况:前6个月满负荷1135.5L/h运行,每周工作5d,每天工作7h,把约为885.69m³的废水浓缩为11.51m³的浓缩液(为原有体积的1.3%),固化44.49m³浓缩液成桶装后,进行永久安全处理。

在典型的22h运行中,把25.36m³的放射性废液浓缩成302.8L的浓缩液。开始时电机耗能为27kW,97.37MJ/h,传热系数为495,补充蒸汽热为61.59MJ/h。在运行结束时,传热系数为421,压缩机耗能为33kW(118.37MJ/h)补充蒸汽和开始时相同。

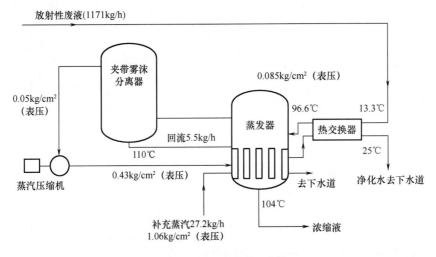

图6-20 放射性废水处理流程图

注:1kg/cm² = 1.01325 × 10⁵Pa

注:$1kg/cm^2 = 1.01325 \times 10^5 Pa$

在开始运行时每输入1055kJ热量可蒸发7.48kg的水,在结束时降到了6.35kg(一套5效蒸发器每输入1055kJ的热量也只能蒸发1.63kg的水。)

去污因数(原液放射性浓度/净化水的放射性浓度)超过了1×10^6,在原液中放射性含量的99.999%都保持在浓缩液之中。高的去污效率对Brookhaven国家实验室是必需的,这意味着废液中的放射性几乎完全去除掉。按规定排入环境的放射性不允许超过3×10^{-12}居里/mL(α,β,γ 90d平均值)。原液放射性有可能达到3×10^{-7}居里/mL,去污因数至少要达到10^6是必要的。研究指出简单的蒸发所给出的D.F为$10^4 \sim 10^6$数量级,通过玻璃纤维过滤器去掉雾滴夹带,总的去污因数(D.F)可达到$10^6 \sim 10^7$。

6.4.2　应用实例 2

Karlsruhe 核研究中心于 1968 年前后,热泵蒸发法处理放射性废水的情况,其工艺流程如 6-21 所示。首先将放射性原液槽中原液把 pH 调到 10.5 后送入第一预热器 1,用二次蒸汽冷凝液来预热,预热后进入第二预热器 2,并由蒸发器主加热室排出的不凝性气体和其所夹带的蒸汽来进一步预热,在此被降温的不凝性气体进入过滤器经过滤后排入环境,蒸汽冷凝液也进入第一预热器。预热到 90℃ 以上的放射性原液进入蒸发器 3 中向下的中央循环管里,由循环泵吸入并送入蒸发器的主加热室 3.1 被压缩了的二次蒸汽加热后,进入第二加热器 3.2,在此由外部送来的生蒸汽加热。正常情况生蒸汽只作为系统冷启动的加热热源,一般 3h 左右系统稳定运行后 85% 的生蒸汽被关掉,留下的少量生蒸汽用作维持整个系统热平衡的补充热源。蒸发器出来的二次蒸汽在进入压缩机之前需经蒸发器顶部装有拉西环的除沫装置,除去雾滴后进入压缩机压缩机经压缩,在压缩机出口的二次蒸汽已成为过热蒸汽,在此喷入适量的冷凝液以消除蒸汽的过热度,这样压缩机便提供了足够的热量给蒸发器主加热室用于加热,二次蒸汽将其汽化热传给加热室管内带沸腾的放射性原液后,其本身被冷成与二次蒸汽同温,同压下的饱和冷凝液去第一预热器预热进入系统的冷原液,最后成为净化水而排放,在此条件下系统便处于自循环运行状态。

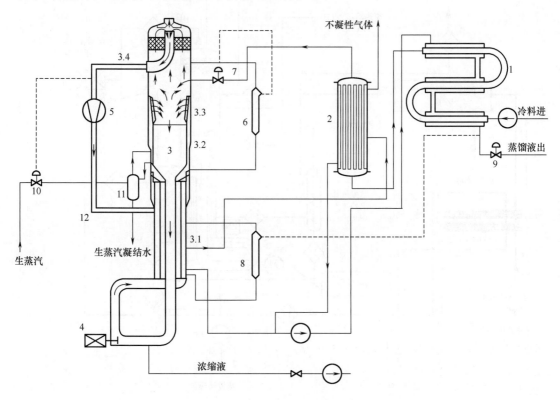

图 6-21　蒸汽压缩蒸发流程(4.5t/h)

1—第一预热器　2—第二预热器　3—蒸发器　3.1—主热交换器　3.2—生蒸汽加热热交换器
3.3—分布器　3.4—拉西环分离器　4—循环泵　5—蒸汽压缩机　6—进料液位控制器
7—气动进料量控制阀　8—浮球控制蒸馏液排出量　9—蒸馏液排出阀　10—气动生蒸汽阀
11—生蒸汽饱和器　12—喷入蒸馏液使压缩蒸汽饱和

每蒸发1t水的能量消耗(1968)：

补充蒸汽(生蒸汽)：20kg,17.80DM①/1000kg 蒸汽 = 0.35DM/m³

蒸汽压缩机耗电：27.8kW·h,0.077DM/kW·h = 2.14DM/m³

搅拌机耗电：4.1kW·h/m³ = 0.31DM/m³

以上三项相加为 2.80DM/m³

总去污因数 $10^6 \sim 10^7$

6.4.3　应用实例3

德国 Karlsruhe 研究中心，有一套低放蒸发设施从 1972 年运行至 2007 年，运行了 35 年。一般每蒸发 400 ~ 500m³ 废液排一次浓缩液。

运行流程如图 6 - 22 所示，用电发生器所产生的 367kg/h 的蒸汽(261kW,300kPa,133℃)，由 24 进入蒸发器(K01.1)预热 3h。按蒸发量为 4.5m³/h 计算(实际蒸发器内的容

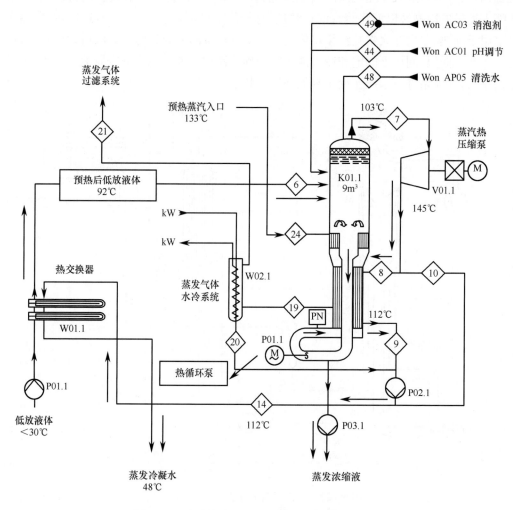

图 6 - 22　放射性废液热泵蒸发处理实例 3 的流程图

① DM 为德国马克，为德国 1972 年物价。

积为 9m³）。预热后电蒸汽发生器停止供蒸汽，处于待机状态。低放废液（< 30℃）预热后由 6 进入蒸发器（K01.1），此时进入蒸发器的低放废液为 7m³/h，温度为 92℃，循环泵使低放废液在蒸发器内循环、流动并进行蒸发。蒸发所产生的蒸汽温度为 103℃，经过 7 进入压缩机，压缩后（145℃）由 8 重新进入蒸发器（K01.1）用作蒸发器的主热源，加热蒸发器内的废液，该主热源略有不足时，其不足部分由电蒸汽发生器产生的蒸汽经 24 补充进入蒸发器中（大约 60kg/h）。

蒸发器排出的二次蒸汽冷凝液（112℃）由热水泵（P02.1）经管道 14 送入热交换器（W01.1）预热低放废液，使之由室温被预热到 92℃后，进入蒸发器。热交换器（W01.1）使二次蒸汽冷凝液温度下降到 48℃后进入下水排放系统到污水排放站。

蒸发器加热室所产生的不凝性气体（110℃）由 19 流经冷水热交换器（W02.1）后，温度下降到 40℃，再由 21 进入气体排放过滤系统。

该蒸发系统在正常运行过程中加热废液所需的热量，取之于系统自身循环回收二次蒸汽的热量。运行过程中只需外部供给少量的热量（或电能）。

由于蒸发器内部有足够大的蒸汽容积，高效的除沫装置（Mister），合理的工艺参数，使蒸汽冷凝液有比较高的净化系数。进入系统的低放废液初始放射性浓度 ≤ 4×10^4 B_q/L，蒸发后净化水满足 < 22B_q/L 的排放要求。蒸发的工作流程原理示意如图 6 - 23 所示。

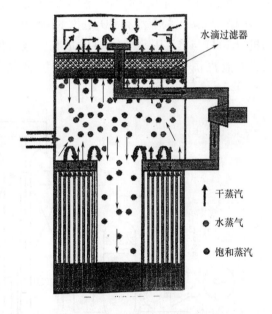

图 6 - 23　蒸发器原理图

蒸发器系统主要参数；

蒸发器外形尺寸：ϕ1.8m×11.37m；

（1）电蒸汽发生器：蒸汽量 0.367t/h，功率：261kW；

（2）蒸汽压缩机：蒸汽流量 7140m³/h，功率：185kW；

（3）热循环泵：蒸汽流量 1050m³/h，功率：37kW；

（4）蒸汽冷凝水泵：流量 6m³/h，功率：11kW；

（5）低放液体泵：流量 20m³/h，功率：15kW；

（6）蒸发浓缩液泵：流量 9m³/h，功率：2.5kW。

每台蒸发器预热功率：330kW（折合蒸汽为：0.46t/h）；每台蒸发器运行功率：309kW（折合蒸汽为：0.4t/h）。

6.5 热泵在化肥领域合成氨工艺中的应用实例

6.5.1 泸州天然气化工厂合成一车间实例1

1987 年,该厂 10 万 t 合成氨装置节能技术改造,引进了两台蒸汽再压缩机(热泵)组,用于合成氨生产过程的脱碳系统,以达到降低脱碳系统再生热耗的目的。蒸汽再压缩机组的作用是将贫液和半贫液减压闪蒸,整除的低品位蒸汽经压缩升压后送回再生塔,作为溶液再生的部分热源。从而达到了节约蒸汽,节能降耗的目的。

6.5.1.1 流程和机组概况

(1)流程简介:参阅图 6–24,蒸汽再压缩机安装在脱碳的再生部分。其中半贫液蒸汽再压缩机(K201)与半贫液闪蒸槽(V210)放在半贫液再生塔溶液出口,半贫溶液在 V210 内减压闪蒸,闪蒸出的蒸汽和 CO_2 进入 K201,生压后送回半贫液再生塔 C202B。贫液蒸汽再压缩机(K202)与贫液闪蒸槽(V211)放在贫液再生塔溶液出口,贫液在 V211 内减压闪蒸,闪蒸出的蒸汽汇同冷凝液再沸器产生的低品位蒸汽进入 K202,升压后送回贫液再生塔 C202A。

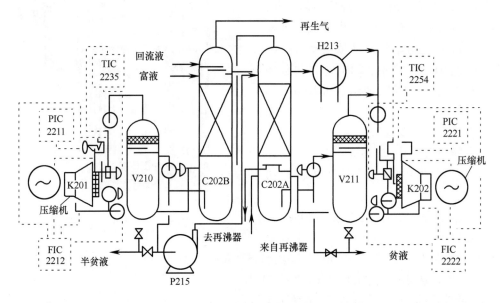

图 6–24 泸州天然气化工厂合成氨中热泵流程

(2)机组概况:K201/K202 这两台蒸汽再压缩机是西德苏尔寿(SULZER)公司的产品,都是单级离心式压缩机,驱动电机是西德西门子(SIEMENS)公司产品,工作电压 6000V。机组的主要参数见表 6–7。

6.5.1.2 应用热泵的经济效益

蒸汽再压缩机用于低能耗脱碳系统,起到了回收废热节能降耗的作用,但是由于机组运行时间不长,对其经济效益的计算只能通过以下数据作初步探讨。

表 6 – 7　　　　　　　　　　　　　　　　热泵机组的主要参数

	K201	K202
型号	RT35 – 1	RT45 – 1
介质	水蒸气	水蒸气
质量流量/(kg/h)	7641	11246
进口压力(绝压)/×10⁵Pa	0.868 ~ 0.94	0.833 ~ 0.93
出口压力(绝压)/×10⁵Pa	1.386 ~ 1.57	1.524 ~ 1.706
进口温度/℃	99.5 ~ 103.9	99.53
出口温度/℃	153.1	166.6 ~ 167
轴功率/kW	201	407 ~ 423
压缩机转速/(r/min)	20964	18927
压缩机叶轮直径/mm	355	450
电机转速/(r/min)	2970	2970
电机功率/kW	265	530

（1）以设计条件计算，每年可回收蒸汽量：
$$(7641 + 11246) \times 300 \times 24 = 135986.4(t/a)$$
（2）以实际工作状态估算（K201 回收蒸汽量的 70%，K202 回收蒸汽量的 90%）
$$年回收蒸汽量 = (7641 \times 0.7 + 11246 \times 0.9) \times 300 \times 24 = 111384.6t$$
$$年耗电量 = (111.6 + 258) \times 300 \times 24 = 2661120(kW \cdot h)$$
$$年收益 = 111384.6 \times 25 - 2661120 \times 0.12 = 2465280.6(元)$$
注：上述计算以年运转率 300d，蒸汽价格每吨 25 元，电价每度 0.12 元。
从以上计算结果看，每年可获得收益 246 万多元。

6.5.2　热泵在合成氨生产工艺中应用实例 2

锦西天然气化工有限责任公司，引进法国的本非尔蒸汽压缩机用于合成氨生产脱碳过程，运行 8 个月后叶轮损坏。于 2003 年由沈鼓集团进行改造，改造后的蒸汽压缩机产品的代号为 G11。该机改造和研制工作的完成，不只是满足了生产厂家的需要，更为重要的是使该类型压缩机完全国产化，填补了国内同类型压缩机的空白。改制后的压缩机至今仍在运行中，运行平稳，性能超过了进口产品。其主要工艺参数如表 6 – 8 所示。

表 6 – 8　　　　　　　　　　　　　　　改制的压缩机主要参数

项目	参数
进气量	15t/h(常压饱和水蒸气)
进口压力	0.1MPa(绝对大气压力)
进口温度	100℃

续表

项目	参数
排汽压力	0.22MPa(绝对大气压力)
压缩比	2.24
电机功率	1300kW

经济效益和社会效益分析:按年运行330d计算,节省蒸汽年效益为452.9万元,节省燃料气年效益为99.3万元,产品增加的年效益为695.6万元,扣除耗电增加的费用332.6万元,年净增效益为915.2万元,经济效益显著。使用压缩机后,使困扰生产的脱碳系统腐蚀问题得到了大大缓解。系统的安全得到了保证,社会效益显著。

参 考 文 献

[1] 林迅.热泵蒸发对节约整齐的作用[J].化学世界,1962,(11)518-519.

[2] 庞合鼎,王守谦,阎克智.高效节能热泵技术[J].北京:原子能出版社,1985,34-35.

[3] R. D. Heaps. Heat Pump[M]. London:E&F. N SponLTD,1979,171-172.

[4] [奥地利]F.莫萨,H.斯恰涅特,著.庞合鼎,王菊子,王守谦,译.工业热泵[M].北京:中国轻工业出版社,1992,51-52.

[5] 王俊鹤.海水淡化[M].北京:科学出版社,1978,71-75.

[6] BERRANRD MANOWITZ,POWELL RICHARDS and POBERT HORRIGAN. Vapor Compression Evaporation——Handles Radioactive Waste Disposal[J]. Chem. Eng. 1955. (3):194-195.

[7] 王元凯,译.热泵在生产过程中的应用[J].新能源,1982.4(7):2-23.

[8] 赵克敏.YQ1000压气式蒸馏水装置[J].水处理技术,1988.14(2):97-99.

[9] (日)福永范一,著.唐汉三,曲惠新,译.制盐与苦卤工业[M].北京:轻工业出版社,1959.12-15.

第7章 热泵蒸发装置的设计

任何一套完整的生产系统,首先起步于完善与周密的设计,热泵蒸发生产系统实现的第一步工作当然也是设计。本章所涉及的只是机械蒸汽压缩式热泵蒸发系统的设计。

7.1 设计的总体考虑

热泵蒸发装置与所采用的工艺过程和设备有关,一套装置的设计需要满足其经济性、运行可靠性及操作维护方便等要求。①经济性:要求较低的设备投资和操作运行费用;②运行可靠性:要求稳定生产,运行周期长;③操作维护方便:要求操作控制简便易行,易于检修,节省人力。

7.1.1 压缩机提供蒸发的推动力[1]

要实现热泵蒸发系统的完好正常运行必须消耗外功,此外功即为热能回收再利用的推动力。任何气体被压缩时其温度就会随压力的升高而升高。热泵蒸发就是把蒸发器内沸腾溶液所产生的二次蒸汽,经压缩机的压缩提高压力、温度,再送回蒸发器加热室管束的壳程间,同时放出蒸汽的汽化潜热,并传递给加热室管束管程内的溶液,使其继续沸腾蒸发。由于二次蒸汽的潜热得到反复的利用,热泵蒸发仅需从外界(压缩机)供给较少的能量,就可提供使热量传递给蒸发溶液所需的推动力,保持蒸发器内溶液连续不断的沸腾蒸发。实质上热泵蒸发过程是个热传递过程,要进行传热就必须要有传递的推动力,下面将以传热方程为依据来对推动力加以讨论。

传热方程式为:

$$Q = KA\Delta t$$

式中　Q——总传热量,kJ/h

K——总传热系数,kJ/(h·m²·℃)

A——管束的内表面积,m²

Δt——传热推动力,℃

Δt 为在加热室内管束各列管外的加热蒸汽(温度 t_1)与管束各列管内的沸腾溶液(温度 t_2)间的温度差,即 $t_1 - t_2 = \Delta t$。

将传热方程式中各个参数关系加以分析,首先看 Δt,按其定义我们知道它是传递热量给蒸发器内沸腾溶液使其继续沸腾蒸发的推动力。这个温度差 Δt 包含两个因素:一为保证传递给蒸发所需热量的温度差 $\Delta t_{蒸发}$;另一为由于溶液中含有溶质和液体的静压所致的沸点升高 $\Delta t_{沸升}$,即 $\Delta t = \Delta t_{蒸发} + \Delta t_{沸升}$。可以从等式 $\Delta t = t_1 - t_2$ 看到当蒸发的溶液沸点升高时 t_2 增大,很显然 Δt 要减小,为了维持 Δt 不变就得相应增加 t_1 的数值。提高 t_1 数值的能量是来自于压缩机的压缩推动力,也就是提高压缩机出口的压力,这必然加大压缩机的耗能,这样便加大了运行费。图 7-1 所示为在不同 Δt 下循环的能量与压缩所用的能量的比例关系。由图 7-1 可以看出循环能量与压缩所用能量之比随 Δt 的减小而增加。在热泵蒸发过程中利用压缩功的热当量使溶液不断地蒸发,不需要从别处供给加热蒸汽,无论采用何种类型的压缩机,在相同的吸入压力和排出压力的情况下其对蒸汽所做的压缩功都是相同的。在热泵蒸发操作中要以最小的输入功达到最大的蒸发效率,而最小输入功则以最高的传热速率来达到。当传热系数和温差经过试算初定后,问题就变成了在最小输入功的条件下,满足总传热量所需要而凑合传热面积的问题了。例如,在海水蒸馏中必须使传热系数最大,温差最小以便使压缩功率最小。然而,在化工生产中,有许多其他因素也是和设备的热衡算有关的,这些因素在设计时都要考虑进去。不过设计人员要使用贵重金属而预算又受到限制,那么设备费就越益显得重要,上述衡算成为次要的了。

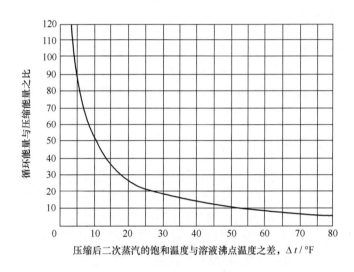

图 7-1 不同 Δt 下循环能量与压缩能量的比例关系[2]

注:由于是温差,无法计算℉转换为℃。

最经济操作的关键,是使压缩机尽可能超过的压力范围最小,以达到在高的传热速率下操作。显然,温度推动力越大(压缩机出口压力越大,消耗功也越大),蒸发器所需的传热面积就越小,因而必须在操作费和设备费之间进行衡算。表 7-1 和表 7-2 列出了在特定条件下,蒸汽压缩蒸发的理论效率随压缩机出口压力而变化的数据,其压力范围已包括大多数工厂的应用范围。几乎任何具体化状态都可以从热力学进行相当准确的计算。一般都假定压缩机的无用功可以抵消辐射热损失加上正常预热所需要的能量。

表 7-1 随压缩机出口压力而变化的蒸发效率

压缩机出口状态				Δt_s/℃	效率为68%时,每小时蒸发454kg水所消耗的热量/(kcal/454kg)	每kg生蒸汽所能蒸发的水分量/(kg/kg)
压力/(kgf/cm²)(绝对气压)	温度/℃	焓/(kcal/kg)	饱和温度/℃			
1.138	114	646	104	1	4392	56.6
1.345	129	653	108	5	8785	28.3
1.690	152	663	116	13	15674	15.8

续表

压缩机出口状态				Δt_s/℃	效率为 68% 时，每小时蒸发 454kg 水所消耗的热量 /(kcal/454kg)	每 kg 生蒸汽所能蒸发的水分量/(kg/kg)
压力/(kgf/cm²)（绝对气压）	温度/℃	焓/(kcal/kg)	饱和温度/℃			
2.035	169	672	121	18	21172	11.7
2.380	186	679	126	23	25912	9.6
3.069	216	692	134	31	34760	7.1
4.104	246	707	144	41	44240	5.6
5.138	277	721	153	50	53404	4.7

附注：

①假定压缩机输入的能量足以补偿系统中进料的预热核辐射热损失的热量。

②假定在各压力下均为 6℉ 的沸点升高不变，蒸发液的温度始终为 212℉ + 6℉ = 218℉（103℃），即相当于：100℃ + 3℃ = 103℃，沸点升高为 3℃。

③压缩机吸入状态，假定为 0lb/in²（0kgf/cm²），212℉（100℃），焓值为 1150.4btu/lb（640kcal/kg）。

④假定理想状态下，加热蒸汽同蒸发量之比为 1:1（实际情况是达不到的，加热蒸汽量总是要大于蒸发量。一般在 1:1.2 ~ 1:1.3）。

⑤Δt_s = 压缩机出口状态下的饱和温度 - 蒸发液的沸腾温度（103℃），如 104 - 103 = 1℃，153 - 103 = 50℃。

⑥安慰换算中不同单位的等值关系及公式：1[hp][h] = 632kcal，14.5lb/in² = 1.026kgf/cm²，$t℃ = \dfrac{5}{9}(℉ - 32℃)$。

表 7-2　　　　　　　　　　**压缩蒸汽与蒸发量的变化**

绝对压力/MPa	温度/℃	全热量/kcal	蒸发量/[kg/(kW·h)]	过热温度/℃
0.1406	141	658	41.8	67
0.211	208	665	14.9	87
0.281	250	718	10.4	120
0.351	289	740	8.3	151
0.422	323	756	6.9	178
0.492	353	772	6.2	203
0.562	379	786	5.6	223
0.633	405	800	5.1	245
0.703	423	810	4.84	259

注：蒸发室绝对压力　$p = 0.105\text{MPa}$

压缩机内部效率　$n_1 = 0.65$

压缩机总效率　$n_2 = 0.6$

电动机效率　$n_3 = 0.9$

从表 7-1 和表 7-2 很明显地看出蒸汽压缩的范围越大，越会生成过热度过高的蒸汽，影响压缩机的单位能量的蒸发量，使其剧减。

7.1.2 沸点升高消耗压缩功

设计人员会发现,所处理溶液沸点升高会带来一些不利的因素。沸点升高将消耗克服沸点升高所需的压缩功,而且还会降低 Δt。这并不是一个解决不了的问题。但是为了保证有利条件下的正常操作,就得按比例扩大蒸发器的传热面积。例如要将100℃蒸汽压缩到115℃,即温度升高15℃,设溶液的沸点升高5℃,则溶液内的温度将是105℃(因为溶液中有溶质在的结果),因此,即使将蒸汽压缩把温度提高15℃,而实际上能用的温度差只有10℃。在设计时,对这种情况必须要有充分的认识,有些溶液沸点升高达10℃以上,甚至更高,那就要更加注意。

图7-2所示为各种不同形式的蒸发操作的相对效率与单效蒸发比较所能节约生蒸汽的百分数。在化学工业中,效率递减的转折点就出现在每千克生蒸汽能蒸发10～15kg蒸汽的时候。这时,蒸汽的用量已减少到超过单效的90%,可以认为这就是可以预期的特别高的经济性,在大规模的应用中这些确实是重要的。生蒸汽的节约超过了这一点,则费用便多过其所值。简单的工程能节约每kg生蒸汽蒸发10～15kg。如果要求更高的节约,问题就困难得多,这时要有尽可能高的传热速率和最小的温度差。任何妨碍这些需要因素势必导致效率的降低。

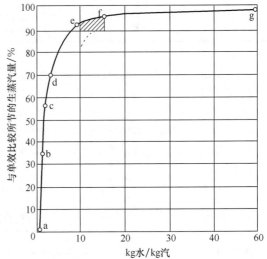

图7-2 不同蒸发操作蒸汽的节约数量

a—单效 b—双效 c—三效 d—无冷凝液回收的工业用热泵蒸发 e,f—有冷凝液回收的工业用热泵蒸发 g—小型海水蒸馏过程

沸点升高越大则压缩机出口压力就越高,相应的过热度也升得很高(表7-3),这样耗功就越多。因此机械蒸汽压缩式热泵蒸发器以温度差(Δt)在11℃,压力差在0.05MPa以内为适当[3]。

表7-3 沸点上升与压缩蒸汽[3]

沸腾点 /℃	蒸发汽		温度差 /℃	压缩蒸汽				加在蒸汽的功/(kcal/kg)	
	压力/MPa (绝对压力)	热焓/ (kcal/kg)		饱和温度 /℃	压力/MPa (绝对压力)	热焓/ (kcal/kg)	过热度 /℃	绝热压缩	效率60%
100	0.10332	639	5	105	0.1232	652	23	8	13
			10	110	0.1461	664	43	15	25
101	0.10332	639	5	106	0.1278	656	31	10	17
			10	111	0.1514	667	49	17	28
110	0.10332	644	5	115	0.1724	674	59	18	30
			10	120	0.2025	687	82	26	43

续表

沸腾点 /℃	蒸发汽		温度差 /℃	压缩蒸汽				加在蒸汽的功/(kcal/kg)	
	压力/MPa (绝对压力)	热焓/ (kcal/kg)		饱和温度 /℃	压力/MPa (绝对压力)	热焓/ (kcal/kg)	过热度 /℃	绝热压缩	效率60%
117	0.10332	648	5	122	0.2161	690	86	25	42
			10	127	0.2522	703	109	33	55

附注:压缩蒸汽的热焓,过热度按压缩机效率60%计算。

7.1.3　回收二次蒸汽冷凝液热量达到最好经济效果

在研究把蒸汽压缩蒸发法用于某种生产过程时,很可能会发现,由于从蒸发器加热室排出的(经过压缩后)二次蒸汽冷凝液的热量没有再加以回收利用,因而使热效率降低不少,运行费用就有所增加,不很经济,对生产不利。例如,若不把二次蒸汽冷凝液中的热量加一回收利用,蒸发器的效率就会从每千克加热蒸汽能蒸发 10~15kg 水降低到 3~5kg。

任何污物和溶质都可能在蒸发过程中随二次蒸汽夹带,因而沾污冷凝液。如果冷凝液作为产品,显然其质量就有问题;如果溶质作为产品,由于夹带原因会使产率降低。在放射性废水的净化处理中,我们的实践经验是:即便是极微量放射性物质的夹带,会造成排放水(二次蒸汽冷凝水)很难达到排放标准。所以夹带问题必须加以重视和认真对待。

为了把二次蒸汽中所夹的物质和液滴去除掉,装上除沫器是完全必要的。假定原液的固含量为 330000mg/kg,那么经过一个适宜的除沫器,在二次蒸汽冷凝液中这种物质的含量可能降低到 20~100mg/kg 甚至更少一些。

7.1.4　操作压力及不凝性气体的排放

7.1.4.1　操作压力

由于某些物料的特性,如食品工业生产味精的厂家及医药工业的制药厂家,都要求热泵蒸发器在真空条件下操作,这样可以保证避免高温使产品变质。设计中,根据工艺条件对压缩机提出具体要求,但是压缩比仍要保持在最适宜的 1.5:1 最好不要超过 2:1 的范围,确保最佳经济效果。在真空条件下,蒸汽的比容会增大很多。例如,0.1033MPa(绝对大气压)下水蒸气的比体积为 1.673m³/kg,而在 0.0483MPa(绝对大气压)时为 3.414m³/kg,体积增大了 1 倍。无疑,在吸入同等质量的蒸汽必然要加大压缩机的容积;同时外界空气也容易向蒸发系统内渗漏,从而导致生产量的下降和操作条件的恶化。因此,热泵蒸发一般没特殊要求下,采用常压蒸发操作最为适宜。

7.1.4.2　不凝性气体的排放

在整个蒸发过程中,存在水中的不溶解性气体会随着蒸汽的流动而积累在蒸发器加热室的管壳的空间里,因蒸汽在此放出汽化热而被冷凝成水,不凝性气体则越积越多占据一定空间,必然使传热面积减小,蒸发量下降。所以,设计时一定考虑不凝性气体的排放问题。

在特殊情况下,在放射性废水的蒸发处理中,其中的不凝性气体就不能直接排入环境,应排入气体净化系统。当然,没有污染性的不凝性气体是可以直接排放的。

7.1.5 压缩机入口蒸汽的适当过热和出口蒸汽的消除过热

7.1.5.1 压缩机吸入蒸汽的微量过热

热泵蒸发生产过程中,如果采用离心式压缩机,这种机器的特性要求吸入蒸汽不许含有液滴,因为高速液滴在机内会损坏旋转叶片。除去压缩机吸入蒸汽的液滴可采用两种方式:一是在压缩机前设置一台除沫器,把蒸汽中的雾滴除掉后再进压缩机;另一方法是把压缩机出口的过热蒸汽返回少量使液滴汽化,用这两方法去除液滴以保证压缩机吸入的蒸汽为干饱和蒸汽。

7.1.5.2 消除过热

热泵蒸发(机械蒸汽压缩式)均为干饱和蒸汽的压缩,压缩机出口的蒸汽必然过热,压缩范围越大,则过热的程度就越高。过热度应加以消除,否则会影响传热效果。其原因是在过热条件下传热时会在液相侧的传热壁上形成一层气泡,我们知道气体的传热系数比液体的传热系数小,因而传热速率下降影响蒸发效果。

消除过热的办法是在压缩机出口管线上的适当位置喷入二次蒸汽凝结水,也就是把从蒸发器收集的二次蒸汽冷凝水用泵送入前面提到的那个过热管线的适当位置。喷入的冷凝水量当然应当加以计算,计算的办法很简单:记下压缩机出口的温度($t_{过}$)及压力($p_{过}$)数值,再从水蒸气表中查出在 $p_{过}$ 压力下相应的饱和温度($t_{饱}$)及过热蒸汽的比热容($c_{过热}$)就可算出要消除的热量($Q_{过}$);再查出在饱和温度($t_{饱}$)下二次蒸汽的比热容 c,此时便可计算出喷水数量。

消除过热喷入二次蒸汽冷凝水的喷口位置到蒸发器加热室之间这段管线,应向蒸发器方向具一定的倾斜度,这样可保证喷水一旦过多时,能自动流入加热室同那里的冷凝水一起流入二次蒸汽冷凝水收集容器而不会流入压缩机中。

7.1.6 其他几个问题

除上述几个方面外,对热泵蒸发所具有的一些特点在进行设计时也应予以考虑,以便整体设计做得更加周全。

(1)热泵蒸发可省去普通常规蒸发所用的冷却水系统,不仅节约大量水资源,而且省去庞杂的冷却设备和运行维修人员。采用热泵蒸发技术,可节省大量生蒸汽,这对新建或扩建蒸发设备而供汽、供水不足的工厂特别有利,可节约投资又取得较好的节能效果。

(2)为了节约热能减少散热损失,设备安装要紧凑,在不影响安装和维修的情况下,设备之间的管线要尽可能的短,保温要好。

(3)热泵装置紧凑,占地面积小所需要的空间也小。

(4)热泵蒸发生产工艺的控制点不多,再加上设备紧凑,所以容易实现自动化。

(5)热泵蒸发器内的沸腾液面波动小,尽管如此仍有雾滴夹带,所以蒸发器分离室的直径要适当的大些以降低二次蒸汽在蒸发室里的速度,使雾滴夹带减少。

(6)不受能源条件限制,可因地制宜。

7.2 热泵蒸发生产流程设备配置的考虑

热泵蒸发装置的利用主要是为了节能。既然要节能,那么在热泵蒸发生产过程中,凡是排出系统之外带有一定热量的介质或物料,都应通过某种方式将其热量加以回收利用,充分做到热量损失越小越好。如前面所述:设备布置的越紧凑越好,设备之间的管线越短越好。一般的热泵蒸发生产流程设备布置如图 7-3 所示。该流程图和图 5-1 相同,这里重复出现只是对各个设备设计说明的方便。

7.2.1 热泵蒸发生产流程

一般具有代表性的流程如图 7-3 所示。

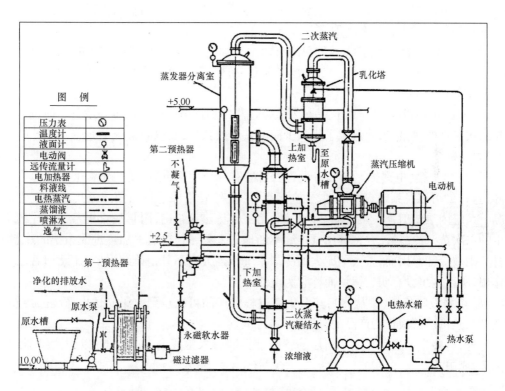

图 7-3 热泵流程图

当然,根据生产的具体情况的不同,可在此流程的基础上可减少设备,也可增加设备,例如我们在造纸黑液的处理过程中,在第二预热器(热交换器)的不凝性气体排出口增加一台水冷却器,用来收集不凝气体中夹带的具有剧臭有机物质。

7.2.2 各个设备设计的目的和用途

各个设备所处的位置与流体介质在运行循环点的需要相匹配,这样以需要就近安排设备,管线不长,设备紧凑,有利于提高热效率。

现将各设备配置的目的和用途分别介绍如下:

(1)原液槽:槽内始终保持有一定量溶液,以确保能连续不断地向系统供料。槽内设有高、中、低检测液位计,并设有供料泵,泵的出口设有流量计及压力表。

(2)第一预热器(热交换器):第一预热器设置的目的就是为了回收二次蒸汽冷凝液中的热量。进入系统的冷料液在此得到第一次预热,热源为压缩后的二次蒸汽冷凝液。在预热冷料的同时二次蒸汽冷凝液也得到了冷却。冷热流体在预热器的进出口均设有测量温度的温度计。

（3）第二预热器（热交换器）：第二预热器设置的目的，是为了回收排出的不凝性气体及其所夹带的蒸汽中的热量。在此，进入系统的冷料液在第一预热器得到第一次预热后又得到第二次预热。冷热流体在预热器的进出口均设有温度计。

（4）蒸发器：蒸发器是热泵蒸发过程中生产浓缩物料或结晶的固体产品的关键设备，在此处理的溶液再次受热沸腾蒸发使其中的溶剂水分从溶液中分离出去，所形成的二次蒸汽通过压缩机的压缩再作为蒸发器的加热热源。浓缩液或固体产品从蒸发器底部排出。适合热泵蒸发的蒸发器类型将在其他章节进行讨论。

（5）雾沫分离器：该装置设计的目的有两个方面，一是除去二次蒸汽中的雾滴以确保进入压缩机的蒸汽为干饱和蒸汽。二是将二次夹带的溶质捕集回收以减少产品的损失。设备结构见设备一章。

（6）蒸汽压缩机：蒸汽压缩机是热泵蒸发过程中形成节约热能的重要设备。通过压缩机回收二次蒸汽的热量，由此形成了投入少而收获多的条件；一般同常规单效蒸发相比较节约蒸汽达 90% 左右。

（7）电热水箱（电锅炉）：本装置设置的目的有三个用途，第一是用作整个系统冷启动的热源（这样做可以是系统自身启动，独立运行，不受外界条件干扰）；第二是用作在正常运行情况下系统因热辐射损失热量的补偿热源；第三是作热水箱用，用它来收集系统中连续不断产生的二次蒸汽冷凝液，并将其用泵连续不断地送入第一预热器去加热进入系统的冷料液，而自身则被冷却。因而，省去了庞大的冷却系统。因为它不只是单纯锅炉，还承担着出水槽的作用，所以这里没有叫它锅炉而称它为电热水箱。

（8）浓缩液收集槽（集盐器）：热泵生产过程的产品再次得到收集并送出系统。当然，也有把二次蒸汽冷凝液作为产品的，这里不加讨论。

另外，有些生产过程在原水槽后的管线上还装有永磁或电磁软水器，以防蒸发器结垢，见图 7 – 3 中 5。

7.3　系统启动热源和补充热源

热泵蒸发生产系统要想投入生产运行，必须要有加热热源这一点不难理解。热泵蒸发过程是在一个热平衡过程中进行的，由于过程的散热损失，就必须补充热量以保持系统的热平衡。热泵蒸发在正常运行中其热源主要靠系统自身所产生的二次蒸汽热量。但是，系统运行开始时蒸发器中的料液还没有蒸发，即没有二次蒸汽，这样蒸发系统就运行不起来。因此，必须用启动热源给蒸发器供热，使蒸发器产生二次蒸汽，二次蒸汽由压缩机压缩提高压力和温度后送入蒸发器使料液继续蒸发产生二次蒸汽，形成循环，这样蒸发系统就可以运行起来。

热泵蒸发系统正常运行后，从理论上讲，系统就可以自行运转了，即只要由压机输入一定量的外功，就创造了逆卡诺循环的条件不需要外加热源，热泵蒸发就可以运行了。可是，在实际生产中，尽管设备、管线保温的再好也不是绝热的。这必然与周围环境存在着热交换，使系统产生散热损失，排出系统之外的物料也会带走部分热量。这些损失到系统之外的热量若不加补充,蒸发系统的热量就不平衡,运转就会慢慢停了下来。因此,热泵蒸发系统只有通过补偿热源给系统补偿损失的热量,保持热平衡,才能维持正常运行。以下将启动热源和补充热源分类加以介绍。

7.3.1　借用已有热力管网中的蒸汽

(1)启动热源:将热力管网中的蒸汽引入蒸发器,使蒸发器内的溶液沸腾蒸发产生二次蒸汽,启动压缩机将二次蒸汽压缩提高温度压力后代替从管网引入的蒸汽,同时慢慢减少管网来的蒸汽,待系统运行正常稳定后,如果压缩机做功可以维持正常运行又能弥补系统的散热损失时,即可关闭管网供蒸汽。

(2)补偿热源:如果蒸发过程正常后,压缩机做的功只能维持系统的正常运行,没有多余能量补偿系统的散热损失时,可利用热力管网中的少量蒸汽作为系统的散热损失的补偿。

7.3.2　柴油机组

蒸汽压缩蒸发器和一台能回收废热的柴油机组结合起来,可以得到很高效率——相当于 8 效蒸发器的效率。但经常要求把柴油机的冷却水维持在较高的压力下操作,以获得最大的经济效果。这样的系统还有一个很大的优点,即它可以自己启动,不需另外的加热热源。

以舰船上从海水中制备淡化饮用水的实际运行过程为例,柴油发动机驱动蒸汽压缩机以及料液泵和蒸馏液泵。发动机的冷却及排气两系统的热传给进入系统的冷海水,但蒸发器中的水达到沸点后,压缩机吸入蒸发器所产生的二次蒸汽,压缩后并返回到蒸发器的加热室。有压缩机做功给系统提供附加热。通过增加压力来提升蒸汽的温度,这便导致蒸发器内的海水进一步沸腾蒸发,返回蒸发器加热室壳程中压缩的二次蒸汽被冷凝,并作为饮用水而排出。

7.3.3　热泵蒸发系统自身配备小的启动电热锅炉

根据我们的生产运行经验及资料报道如下:

如果生产能力为每小时 300kg 蒸发量的热泵蒸发装置,配备 5 组 30kW(每组 6kW)的电热锅炉,从冷启动后 1h 便可进入正常运行状态。启动时 30kW 全投入运行,正常运行以后只保留 6~12kW 用于调节补偿系统的散热损失。

如果生产能力为每小时 1000kg 蒸发量时,配备 120kW 的电热锅炉,从冷启动到运行正常约需要 2.5h。运行正常后只保留 10~20kW 调节补偿系统散热损失。

资料报道,4000kg 蒸发量的热泵装置,配备 261kW 的电热锅炉,从冷启动到正常运行需要 3h。正常后 261kW 全部关闭。

以上只是几个具体的例子。配备电锅炉电功率的大小完全由要求启动时间的长短而定,功率大当然启动的时间就短。

使用自身配备电锅炉优点是:①省去锅炉房一套设施及运行维修运行人员,不烧煤或煤气,这必然减少污染。②可以自身启动,独立运行,不受外界条件的干扰。③操作灵活,随时可以启动也可随时停止运行。当天运行下班时停止运行,第二天投入运行达到正常稳定的条件需要的时间很短,因为锅炉里的水仍然温度很高所以启动时间很短。

7.4 热泵蒸发系统热量平衡的计算

7.4.1 热量平衡计算

在热泵蒸发系统的设计中,一般要对系统正常运行条件下热量的平衡进行计算。其计算以下面框线图 7 - 4 为基础来进行。

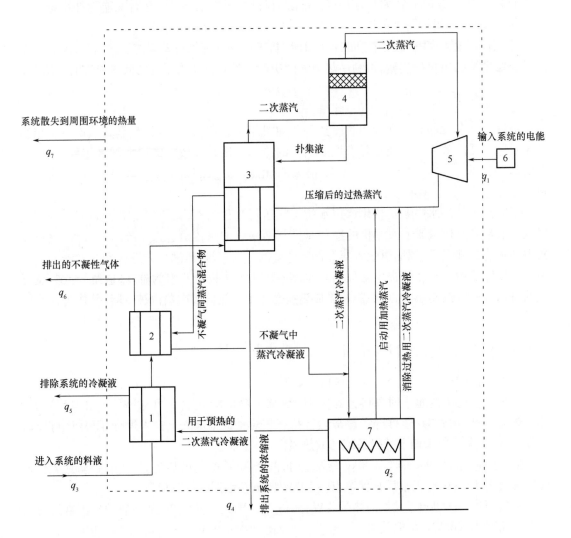

图 7 - 4　热量衡算框线图

1—第一预热器　2—第二预热器　3—蒸发器　4—乳化塔　5—压缩机　6—电动机　7—电热水箱

图 7 - 4 的虚线之内为系统的内部,虚线之外为系统的外部。根据能量平衡原则(即能量不灭定律),从系统之外部送入系统内部的能量应该等于由系统内部排出到系统之外的能量,也就是说,输入 = 输出。现就此框图的热量衡算如下。

（1）单位时间输入系统的总的热能为：

$$Q_1 = q_1 + q_2 + q_3 \qquad (7-1)$$

式中　Q_1——单位时间输入到系统内部总的热能，kJ/h

　　　q_1——电动机向系统内部输入的热能，kJ/h

　　　q_2——电加热水箱向系统内部输入的补偿热能，kJ/h

　　　q_3——料液带入系统内部的热能，kJ/h

（2）单位时间从系统输出的总的热能为：

$$Q_2 = q_4 + q_5 + q_6 + q_7 \qquad (7-2)$$

式中　Q_2——单位时间从系统输出到系统外部总的热能，kJ/h

　　　q_4——排出系统的浓缩液带出到系统外部的热能，kJ/h

　　　q_5——排出系统的二次蒸汽冷凝液带出到系统外部的热能，kJ/h

　　　q_6——排出系统的不凝性气体带出到系统外部的热能，kJ/h

　　　q_7——散失到系统外部周围环境中的热能损失，kJ/h

（3）最后计算结果应该是：

$$Q_1 = Q_2 \qquad (7-3)$$

根据式（7-1）和式（7-3）可以写出：

$$Q_2 = q_1 + q_2 + q_3$$

即　　　　　　　　　　　$q_2 = Q_2 - (q_1 + q_3) \qquad (7-4)$

从式（7-4）可以看出，系统在正常稳定运行情况下（$q_1 + q_3$）值一般保持恒定，所以要想减小补偿热量 q_2 值，使排出系统之外的热能 Q_2 减少。通常的做法是加强系统设备和管道的保温，更为重要的是把二次蒸汽冷凝液的热量充分利用，使其带出系统的热量越少越好，这就要让第一预热器的传热面积要大，效率要高。

7.4.2　启动热源及补偿热源的考虑

启动和补偿热源的选用，要根据具体生产情况及可利用的能源的方便条件而定。现以电启动和电补偿为条件来考虑，其功率的大小，主要取决于将蒸发器内第一批料液加热蒸发所需要的时间的长短，即启动时间。启动功率，P 的计算如下：

$$P = \frac{mc(t_2 - t_1)}{J_w T} \qquad (7-5)$$

式中　m——蒸发器第一批料液的质量，kg；

　　　c——料液的比热容，kJ/（kg·℃）

　　　t_1——料液的初时温度，℃

　　　t_2——料液的沸腾温度，℃

　　　T——启动时间，h

　　　J_w——热功当量，3600kJ/（kW·h）

启动时全功率投入运行，到进入正常运行后，功率要降低到满足系统的补偿要求，使系统能在热量平衡条件下运行即可。

7.5 选用适宜的压缩机及驱动装置

7.5.1 选用适宜的压缩机

在机械压缩式热泵蒸发过程中,从启动到进入正常运行状态后,系统启动热源就可关闭。维持系统连续不断的正常运行的推动力来自压缩机的做功。所以,要选用效率高耗能少的压缩机是理所当然的。

无论采用何种类型的压缩机,在相同的吸入压力和排出压力的情况下,对压缩机来说所做的理论功都是相同的。但是,随着压缩机的类型和结构的不同存在着不同的容积效率、机械效率、传动效率以及对外界的热损失等因素,因此对压缩一定量的蒸汽而言,其实际所需要的功率大有出入,而这所消耗的能量对热泵蒸发的经济价值有很大的影响。为了节约动力,提高经济价值,应根据具体情况合理地选择适宜的压缩机是很必要的。

目前,在化工、食品及制药工业上的热泵蒸发过程中所用地压缩机,一般蒸发量在5t以下的罗茨式压缩机较多,而蒸发量在5t以上到数10t甚至更大一些的生产过程中采用离心式压缩机为多,也有用螺杆式压缩机的,但不多。

压缩机出口压力越高,则其耗能越大,这对节能不利。所以压缩机的运转应在能维持正常生产运行的前提下,以耗能最小(出口压力最小)的极限条件下运行。

现在机械蒸汽压缩式热泵蒸发法在我国虽已有应用,但仍是处在起步状态。如辽宁锦西化肥厂,四川泸州和816化肥厂,山东济宁菱花味精厂以及石家庄化旭药业集团公司等都在使用这种蒸发技术进行生产,另外放射性废水的净化处理也已采用此项技术。一般的配套都为单效单机压缩,压缩机的压缩比均在1.5:1、1.8:1、2:1(出口压力比进口压力)因为我们是按绝对压力来计算的,所以1.5:1的压比就意味着压缩机吸入口的压力为0.1MPa(绝对大气压)饱和温度100℃水蒸气,而出口的压力则为0.15MPa(绝对大气压)其饱和温度为110℃,但蒸汽的实际测量温度是145℃(过热温度),而在出口压力为0.18MPa(绝对大气压)时其相应的饱和温度为116.33℃,过热温度会达到160℃左右。然而,在实际生产中还要把蒸汽的过热部分加以消除,使其降到饱和温度120℃,否则影响传热效果。从我们的实践经验及资料介绍1.5:1的压缩比在生产中节能效果较佳。

机械压缩式热泵蒸发配套用的压缩机,国内现在都可以自己加工制造。如辽宁的沈阳鼓风机厂制造的每小时可压缩15t蒸汽的离心式压缩机,长沙鼓风机厂及漳州鼓风机厂均可制造罗茨式水蒸气压缩机。

蒸汽压缩机的驱动装置(原动机):驱动装置性能的好坏对节能效果也有一定的影响;虽然任何一种原动机都可考虑选用,但由于某些条件和环境的限制,可能只有一种原动机最适用。有以下三种原动机可供选择。

7.5.2 选择压缩机的驱动装置

7.5.2.1 电动机

电动机在工业上用作原动机驱动气体压缩机及其他任何转动机器是极其普遍的;使用电动机驱动的优点是:设备费用投资少,操作及维护管理简便;一般机械蒸汽压缩式热泵蒸发采用的电机可配备调频器,以便在系统启动或停机时调节压缩机的速度。这当然还要看当地的电价如何,必须作出经济衡算。

7.5.2.2　柴油发动机

柴油发动机作为驱动压缩机的原动机,在前面系统启动热源段的叙述中已提到过,这里不再讨论。

7.5.2.3　工业汽轮机

采用背压式汽轮机驱动压缩机,这对大型化工业企业最适宜。因为这类企业里有高压蒸汽源,蒸汽消耗量大而又需要低压蒸汽。这样的组合背压式汽轮机实际起着蒸汽减压站的作用,而它本身又是效率高的动力机械,能够获得好的经济效果。对于一些转速高的压缩机,使用汽轮机直接驱动,可以省去笨重的变速设备。

对于那些由高压蒸汽,但并不需要低压蒸汽的场合,使用背压式汽轮机来驱动显然是不合适的,这时应选用冷凝式汽轮机作为驱动压缩机的原动机。

7.6　蒸发器考虑选用的要点

蒸发器的设计:蒸发器和压缩机一样也是热泵蒸发系统中的重要设备,一定要根据所浓缩的物料的性质来认真考虑,其具体情况见设备一章。

(1)热泵蒸发器的类型:工业用热泵蒸发器一般多采用外加热自然循环型,中央循环管式及升膜或降膜式蒸发器。其他型式较少。

(2)蒸发器材质的选择:要根据蒸煮溶液是酸性条件,还是碱性条件来确定。

(3)蒸发器内操作压力:食品和药物的浓缩一般要求蒸发器内沸腾溶液在负压条件下操作,以防浓缩物质在高温下变质,这就要求蒸发器的加工质量要高,以防外部空气向内渗漏。但在废水处理及无机盐类等的浓缩生产时,蒸发器一般最好常压操作。

(4)设备费和运行费的考虑:在同等的节能条件下,如果着眼点是减少运行费,那就要把蒸发器加热面积设计大一些,使传热推动力 Δt 变小。因而,驱动压缩机的电机耗电会减小,这样运行费便降低。从目前来看不锈钢材质已属普通材料。应使运行降低,则必须多用一些材料,但从总的经济效益来考虑还是合算的。

7.7　热泵蒸发系统的运行及控制

7.7.1　操作程序

热泵蒸发与其他化工单元的操作一样,系统的启动、运行和停车,都必须严格按操作程序进行。否则,将会损坏设备或者会发生危及人身安全事故。热泵蒸发系统的操作程序如下。

(1)启动供料泵:使料液通过第一预热器及第二预热器送入蒸发器的加热室,待液位达到分离室窥视玻璃镜能看到的规定液位时停止供料。此时,打开供料泵的回流循环阀门同时关闭供料阀门,使料液在供料泵和原液槽之间进行循环,等待蒸发器液位降低需要补充料液时再缓慢打开供料阀门,同时关小回流阀门使供料量调整到合适的量以保持蒸发液位恒定。

（2）开启启动热源：当蒸发器内液位已到达规定液位后，即可开启启动热源使蒸发器内的料液受热沸腾蒸发产生二次蒸汽。如果启动热源为系统自身带的电热水箱（锅炉），应事先将去离子水注入电热水箱到规定的量，通电满功率加热（正常运行后90%功率便可停掉），产生的二次蒸汽通入蒸发器的加热室。若为系统外的蒸汽或其他废热用作启动热源则可直接连接管线，将蒸汽引入蒸发器的加热室并用阀门进行调节。启动热源蒸汽通入加热室去加热列管内的料液，使其沸腾蒸发产生二次蒸汽。

（3）启动压缩机：启动热源使料液产生的二次蒸汽被压缩机吸入，经压缩提高压力温度后送往加热室。若压缩机是带变频可调式的，则由慢到快直到设计最大转速。再次打开供料阀门给蒸发器供料。通过流量计进行调节，使蒸发器的蒸发液位保持恒定。回收二次蒸汽的热量再加上压缩机运转消耗的电能所转变的热量，总起来的热量便可满足系统加热的需要热量，但由于系统热辐射的散热损失，可能造成系统的热量不平衡。

（4）调节电热水箱（锅炉）中的电功率：由于系统的散热损失，造成系统热量的不平衡，所以系统正常运行后，电热水箱中的电热功率90%停掉，只保留10%~20%作为系统散热的补充，以维持系统的热平衡，使系统始终处在正常运行条件下。若为热网蒸汽或其他废热气，将控制阀门调小到进汽量以满足补充系统的热损失即可。

（5）启动热水泵和浓缩液泵：电热水箱不只是起到启动热源和补充系统散热损失的作用，还起到收集二次蒸汽冷凝水进行周转的作用。二次蒸汽由压缩机送入蒸发器的加热室并将热量传给列管内的料液而自身则冷凝为冷凝水，靠自重流入电热水箱中，启动热水泵将热水箱中的热水送入第一预热器，去预热进入系统的冷料液并保持电热水箱中的水位始终恒定。若浓缩液为直排式的，只启动热水泵即可。

（6）打开不凝性气体排放阀门：系统中的不凝性气体，随二次蒸汽经压缩机进入到加热室的管壳之间，积累过多会影响传热，使蒸发效率大大降低。所以，必须定时排放。但是，在排放不凝性气体时，又不能把不凝性气体同蒸汽截然分开。因此，设置了第二预热器，这样便可将不凝性气体和蒸汽混合体通入第二预热器，使料液得到进一步的预热，蒸汽便冷凝下来而不凝性气体则得到排放。

（7）停车：停车时，首先关闭补充热源的电热元件，关闭供料泵停止供料。蒸发器内二次蒸汽的压力逐渐下降同时使压缩机慢慢减速直到停止运转。最后关闭热水泵，但必须保留足够水量在电热水箱中以备再启动时用。

热泵蒸发系统的操作，可采用自动或手动，也可用作处理机进行程序控制。热泵蒸发系统是很容易实现全自动化的。

7.7.2　监测与控制

热泵蒸发生产过程中的监测和其他产品生产过程里的监测一样，生产过程中各个监测点的测量数据可判别产品在过程和终端是否符合设计质量指标，也可以说它是生产过程的眼睛。控制是保证生产过程能够正常稳定运行的手段。

在热泵蒸发过程中监控的主要项目有：温度、压力、流量、液位以及压缩机的转速和功率。这些项目的参数在启动后，进入正常状态后应维持在相对恒定值的条件下。

（1）监控的温度点有：①电热水箱——温度；②预热器——冷、热流体进、出口温度；③蒸发器分离室内——液相、汽相温度；④乳化塔（除沫器）——进、出口温度；⑤蒸发器加热室（壳程）——二次蒸汽冷凝液的温度；⑥压缩机进、出口——温度；⑦排出的浓缩液——温度；⑧排出的不凝性气体——温度。

（2）压力控制点有：①电热水箱——压力；②蒸发器分离室——压力；③压缩机进、出口——压力。

（3）液位控制点有：①电热水箱——高、低、中液位；②原水槽——高、低液位；③蒸发器——高、低液位；④排放水槽——高、低液位。

7.7.3　控制方式

半自动控制和全自动控制。

总之，设计工作最终必须满足生产需要。但在热泵蒸发这个专业上的设计内容里还必须把节约能源、节约用水和环境保护这几个方面，尤其是节能这一重点作认真考虑，否则设计不算完美，当然也就不算是最成功的。

参 考 文 献

[1] J. HMallinson. Chemical Process Applications Evaporation[J]. Chem. Eng. ,1963. 70(18):75 – 82.

[2] 林迅. 热泵蒸发对节约蒸汽的作用[J]. 化学世界,1962. (11):519.

[3] (日)福永范一,著. 唐汉三,曲惠新,译. 制盐与苦卤工业[M]. 北京:轻工业出版社,1959,12 –
15.

第8章 热泵蒸发系统的主要设备

热泵蒸发系统是由各个设备串联在一起所组成,各设备之间要在热力学和传热学方面巧妙地匹配,以使整个系统达到最佳的效果。各个单体设备的性能和效果的好坏,对系统起着极其重要的影响。热泵蒸发系统中的主要设备有:压缩机、蒸发器、热交换器和启动装置等,现将几个主要设备简单介绍如下。

8.1 蒸汽压缩机

蒸汽压缩机是热泵蒸发系统中的主要设备之一,热泵蒸发系统节约热能效果的好坏与蒸汽压缩机的性能有着密切关系。下面来讨论一下用于热泵蒸发系统的几种压缩机。

8.1.1 离心式水蒸气压缩机[1]

8.1.1.1 离心式水蒸气压缩机的工作原理及其结构

离心式压缩机(如图8-1所示)的工作原理,是依靠叶轮旋转所产生的离心力的作用将汽体压缩而排出。通常转速很高,每分钟数千到数万转。它的单机压比1.2~2.2对排气压力要求更高时,需采用多级离心式压缩机。

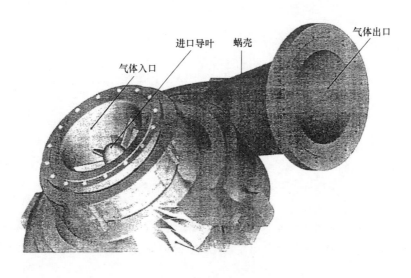

图8-1 离心式压缩机

以沈鼓集团为大唐阜新煤化高盐水处理设计的型号为SVK70-IH的水蒸气压缩机为例:在紧凑型压缩机设计中,是一级的整体齿轮增速离心式压缩机。压缩机由电机来驱动,并通过大齿轮轴端的膜片联轴器与电机相连接。压缩机本体,驱动电机安装在润滑油站上,润滑油站安装在水泥基础上(图 8 - 2)。齿轮箱、蜗壳为焊接结构。SVk70 - IH 设计流量为 46579kg/h,压比设计为 1.685,从压缩机端看电机,电机为逆时针旋转。压缩机不允许反转。

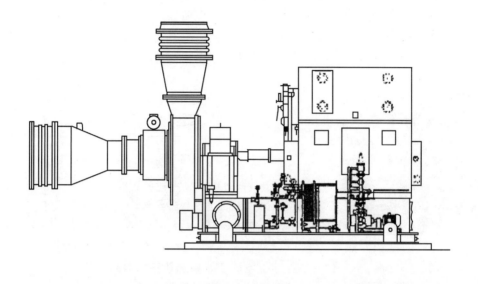

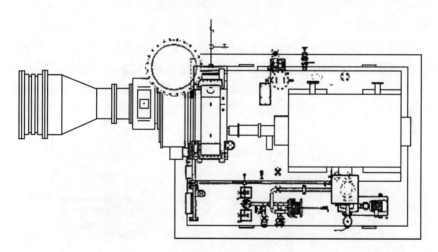

图 8 - 2　SVK70 - IH 离心压缩机装置图

由于不同要求和环境条件,压缩机须能在一定范围内适应在其设计点以外的情况下工作。这种操作的灵活性是,通过使用进口导叶控制第一级叶轮,为调整局部负荷的最经济方法。

8. 1. 1. 2　整套转子

(1)叶轮:SVK70 - IH 压缩机配备有现代化的半开式三元后弯叶片、高气动效率的叶轮。叶轮(图 8 -3)用优质不锈钢加工而成。

叶轮后弯式倾斜叶片能保证好的效率。并且其特性曲线显示出了明显的压力升高到喘振的限制点。因此,保证了一个稳定的控制范围。

(2)齿轮和轴:单个斜齿轮组装由一个大齿轮和一个被驱动的高速轴组成。

(3)转速:这种高效率车轮装配的重要特点取决于推力盘的作用。可以使用推力来吸收小齿轮产生的轴向力。因此,轴向齿轮力可以保持在旋转部件内。所有的与推力盘相接触的轴向推力可通过此种方法来补偿。剩余的轴向力可通过大齿轮轴的止推轴承来吸收。整套转子如图8-4所示。

图8-3 叶轮　　　　　　　　　　　图8-4 转子

8.1.1.3 进口导叶装置

该导叶装置是在第一级叶轮前的进口调节装置(IGV),如图8-5所示。它不但拓宽压缩机的操作工况范围,而且可优化非设计条件下的压缩机的性能。

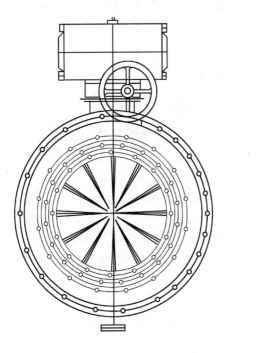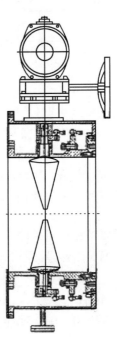

图8-5 叶片调节器

导叶与气体流动方向平行位置为零点起,导叶可实现正预旋和负预旋两个方向。IGV 的自动控制装置可以实现在不同介质流量要求下,保证压缩机在出口的恒压条件下运行。开车时,导叶调整到最大允许的正向导向位置,如图 8 - 6 所示。

IGV 由气动执行器驱动,导叶材料为不锈钢材质。进口导叶装置用螺栓把合在一级端板上。

由于使用了导叶装置,其结果是在恒定的出口压力时的某一限定值的范围内,流量可以减小或增大。

图 8 - 6　叶片调节器初始状态

8.1.1.4　壳体/蜗壳

(1)齿轮箱:如图 8 - 7 和图 8 - 8 所示,齿轮箱是刚性的,整体焊接,用螺栓固定到润滑油站的结构,并且是沿其中心轴线水平剖分的。大齿轮和小齿轮轴承的镗孔位于壳体的水平剖分线。轴承盖和箱体的顶部部件密封轴承和齿轮,使其不漏油。高速转子轴承和轴承压盖上带有螺纹孔的探头架,以调整轴震动测量的传感器。

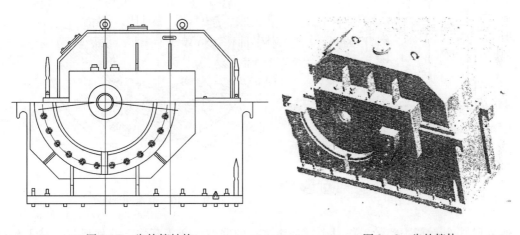

图 8 - 7　齿轮箱结构　　　　　　　　　　图 8 - 8　齿轮箱体

齿轮箱的侧板上配备润滑大齿轮和小齿轮轴承的供油管线及喷油装置。油从轴承和齿轮处进入齿轮箱的底部,直接流回油箱。主油泵固定在齿轮箱上随轮驱动。齿轮箱上部的每个小齿轮上部配备有检测孔。

(2)蜗壳:蜗壳是根据工作中气体的实际流量的流动情况而设计的,是焊接式的。相应的叶轮在封闭式的蜗壳室(即定子组如图 8 - 9 所示)内旋转,叶轮把转动的机械能传向工作介质,然后工作介质再将这些能量转换成压力能。介质从叶轮通过,再通过叶片扩压器进入蜗室,并输送到带有法兰的扩压管。

蜗室出气口通过伸缩节直接与用户管网连接,蜗壳上带有碳环密封的充气接口 A、引气接口 B 及排气接口 C,此外蜗壳还设计了用于机组停车及暖机阶段的冷凝水排放口 D。SVK70 - IH 离心压缩机的蜗壳为焊接型式,材料采用 2205 材料以满足压力和防腐蚀要求。

8.1.1.5　轴承

（1）高速轴轴承——径向轴承：如图 8 - 10 所示，普通的径向轴承（也称作轴颈轴承）由轴承体、阻油环和五个径向的轴承瓦块组成。这些是对称倾斜的具有规则几何图形的瓦块，这种设计能够保证压缩机稳定可靠地工作。以使轴承适应任何给定时间的工作条件（油温、转速、由于脏污而造成的轻微不平衡等）。这些轴承不会由于转子的短暂逆转而毁坏。

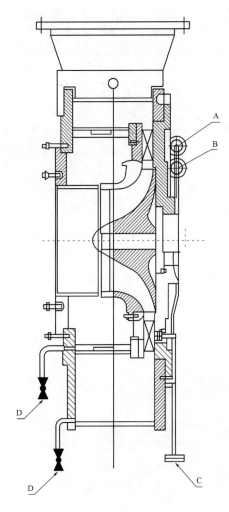

图 8 - 9　定子组

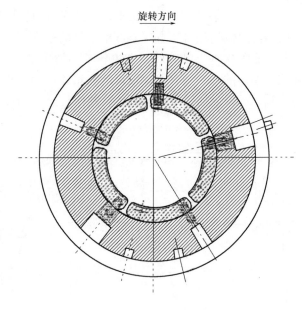

图 8 - 10　高速轴轴承

通过刮削、旋转或类似的工作对个别瓦块进行的修整改变了瓦块的几何形状是被不允许的。在重新装配期间，一定按照专用瓦块上标志的顺序进行。压缩机的启动和停机期间，下部瓦块的边缘压力（沿轴向方向）是受到限制的。阻油环用螺栓连接到轴承体的两侧，一般情况是不允许拆卸的，如拆卸则安装时必须在螺栓上涂抹放松胶。要特别注意，在安装小齿轮之前，必须弄清楚轴承的旋向和安装位置。

（2）大齿轮轴轴承：如图 8 - 11 和图 8 - 12 所示，大齿轮轴装入水平剖分的圆柱形液动轴承表面，该轴承是用浇铸的巴氏合金制成的。

轴承架是钢制的。从动轴的轴承是轴颈轴承，而自由端的轴承是复合的轴颈和止推轴承。

8.1.1.6　密封元件

压缩机与齿轮箱通过碳环密封分隔开，并可以保证介质正在压缩时绝对无油。齿轮箱由一个润滑油甩油环和油迷宫来密封。

首先，从该轴承漏出的油留在低间隙的挡盘处，并经过大的镗孔返回到齿轮箱，迷宫尖

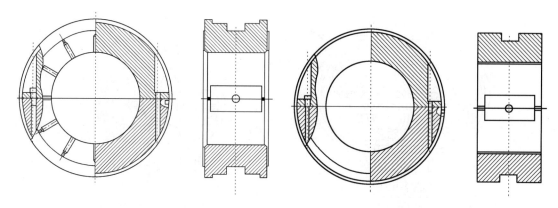

图 8-11 大齿轮支推轴承   图 8-12 大齿轮支撑轴承

端紧靠着润滑油甩油环。

流向齿轮箱较低的密封工作介质流在润滑油甩油环和迷宫密封之间的间隙内出现。

泄漏的油通过齿轮端处密封尖端之间的排泄槽,返回到齿轮箱。

大齿轮轴油密封环应安装在驱动机端的轴孔旁。紧挨着是轴上的润滑油环和防止油泄漏的密封环。密封系统的结构图如图 8-13 所示。

除上述 SVK-IH 型号外,沈鼓集团还为化肥厂生产 15t/h 的离心式水蒸气压缩机(例如,锦西、816 化肥厂都在使用)。

这种压缩机的容积效率高、操作简便,适于在蒸汽量大而排出压力不高情况下使用。

离心压缩机的外形尺寸及质量均较小,占用空间少,操作可靠,排气均匀无脉动。它的易损件少,维修工作量小,润滑部位同处理介质蒸汽不直接接触,不会污染蒸汽,适用于热泵蒸发系统。它对液滴敏感,一有液滴,叶片就会受到侵蚀,只能用来压缩干饱和蒸汽。

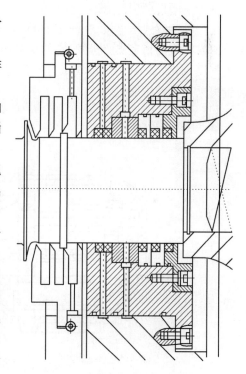

图 8-13 密封系统的结构图

8.1.2 罗茨式水蒸气压缩机[2]

罗茨式水蒸气压缩机是回转式压缩机的一种,如图 8-14 所示,即表示整机轴向断面示意图,显示罗茨压缩机的机壳和转子的形状。图 8-15 表示汽体在壳体内从吸入到排出的流动状况。罗茨式水蒸气压缩机的基本结构是一对"8"字形转子,依靠同步齿轮相向旋转,带动转子不断运转,使机壳内形成两个密闭空间,即吸入空间及排出空间,由于转子之间以及转子与机壳之间的缝隙都很小,因而可将蒸汽从低压部分吸入,并从高压部分排出,在排气腔达到升压和升温的目的。渐开线形转子的面积利用系数较高,加工较易,应用较广。

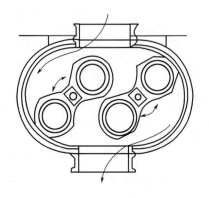

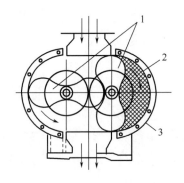

图 8 – 14　罗茨式压缩机轴向端面示意图　　　图 8 – 15　气体在壳体内的流动方向
1—工作叶轮　2—所输送的气体体积　3—机壳

　　这种压缩机结构(如图 8 – 16)简单,制造方便,转子不需要油润滑,可保持水蒸气的洁净。是一种定容式压缩机,在一定的转速下,其输气量不因排出压力的变动而发生变化,可维持蒸发溶液的稳定沸腾蒸发,它的单级压比可达到 2,当排气压力在 0.118～0.137MPa(绝对大气压)时效率最高,随排气压力的升高,泄漏量增大,其容积效率降低。中小型热泵蒸发装置可采用这种压缩机。

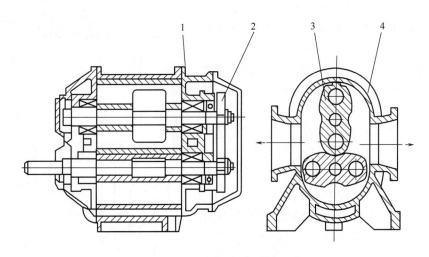

图 8 – 16　罗茨式压缩机结构图
1—盖板　2—同步齿轮　3—转子　4—汽缸

　　罗茨式压缩机的转子齿合过程互不接触,在汽缸、端盖与转子以及转子与转子之间均保持一定的间隙。但这种压缩机的几何尺寸较大,噪声也较大,检修过程调整间隙的工作量大。

　　目前,我国有长沙鼓风机厂已为使用单位生产了 1t、1.3t 等的不锈钢罗茨式水蒸气压缩机。已生产的水蒸气压缩机其结构有两叶型转子和三叶型转子(图 8 – 17)两种形式。基本运行参数为压缩机进口水蒸气:0.1MPa(绝对大气压)、100℃;压缩机出口水蒸气:0.15MPa(绝对大气压)、145℃。压缩比为 1:1.5。

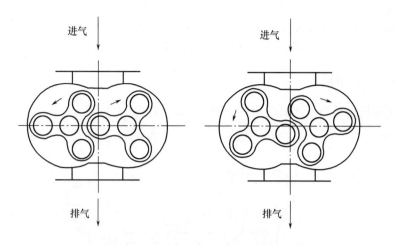

图 8 - 17　三叶式转子水蒸气压缩机简图

该厂历史悠久,经验丰富,有强有力的技术队伍,售后服务周到及时。

8.1.3　螺杆式压缩机

螺杆压缩机也属于回转式压缩机的一种,其结构如图 8 - 18 所示。在"∞"字形汽缸内,平行放置一个阳螺杆与一个阴螺杆,两者按一定的转动比相互齿合并高速回转,在汽缸内完成吸气、压缩和排气过程。两种螺杆均为螺旋形,螺杆的型线有对称型线和非对称型线两种。不对称型线的轴向气密性较好,比功率及噪声较低,应用较广。

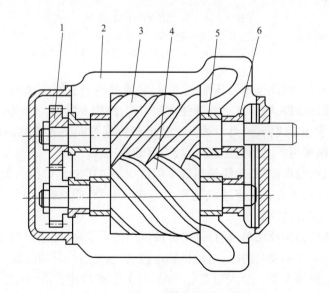

图 8 - 18　螺杆压缩机结构示意图

1—轴承　2—壳　3—阴螺杆　4—杨螺杆　5—轴　6—轴承

这种压缩机零件较少,结构紧凑,运行平稳,寿命长,维护管理简单。它以应用于压缩多种气体,包括有液滴的气体,故可用于压缩湿蒸汽。他的单级压比可达到 4。他的流量和功率正比于转速,对负荷变动的适应性较强,可以方便地进行调节。

螺杆压缩机的螺杆型线复杂,加工要求较高,噪声较大,价格也比罗茨式的高。它适于中小型热泵蒸发装置采用。国内的螺杆式蒸汽压缩机仍处在研制试验过程中。

8.1.4 轴流式压缩机

轴流式压缩机也是透平式压缩机的一种,其结构如图8-19所示。

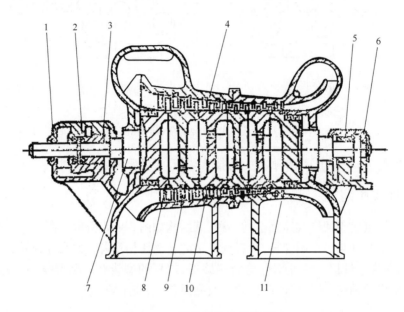

图8-19 轴流压缩机的结构图

1—轴承前座 2—推力轴承 3—前轴承 4—汽缸 5—后轴承 6—后轴承座
7—转子 8—进口导叶 9—动叶 10—静叶 11—出口导叶

这种压缩机的工作原理与离心压缩机相同,它通过转子上的动叶把机械能转变为压力能。转子是高速旋转部件,要求有足够的强度和刚度,结构要紧凑,工作区要避开临界转速。叶片一般较薄,要求加工线精确,叶片光滑。静叶沿圆周方向装入汽缸,有可调和不可调两种,使用可调静叶时便可扩大稳定工况区,减少启动功率。

轴流式压缩机的效率较高,单级绝热效率可达0.84~0.89。单位面积流通量大,径向尺寸小,适用于流量大的场合。亚声速级压比为1.05~1.28;单级压比可达17。与离心式压缩机相比,其稳定工况区较窄。

轴流式压缩机的结构较简单,运行维护方便但工艺要求高,叶片型线复杂。

压缩机的驱动装置主要有两种:电动机和内燃机,参见前一章的内容。

气体压缩机是机械工业一个大门类的产品,有关它的结构参数、强度计算、制造工艺等等方面,可查找专门论著。我们这里主要通过对压缩机的简单比较,来选用适合于机械蒸汽压缩式热泵蒸发工艺过程中的水蒸气压缩机。

目前,国内的机械蒸汽压缩式热泵蒸发工艺过程中,一般应用较多的为罗茨式水蒸气压缩机(生产能力1~2t/h)及离心式水蒸气压缩机(生产能力15~50t/h)。

8.2　蒸发器

蒸发器是蒸发操作单元中极为重要的设备,它在热泵蒸发过程中和压缩机一样重要。要想使稀溶液变成浓溶液,也即让溶液中的溶剂(一般多为水)从溶液中分离出来,常用的方法就是用蒸发器进行蒸发。我们知道采用热泵蒸发技术的目的在于节约热能,为此对蒸发器的设计要考虑采用大的加热面积和小的温差(Δt)。这样,才能使压缩机投入的功率比较小,实现节能的目的。所以本节来介绍一下蒸发器的类型,以便选择适用于热泵蒸发工艺的蒸发器及其设计要点。

8.2.1　蒸发器的类型和应用[3-4]

在热泵蒸发工艺过程中,采用何种蒸发器,对能不能满足工艺要求和生产需要,以及节能效果,经济收益均有影响。所以,对蒸发器的选型必须认真考虑和研究,现将一些蒸发器的型式介绍如下。

8.2.1.1　自然循环蒸发器

自然循环蒸发器,料液的循环是借助于加热时设备内部的料液受热不均匀而形成其密度的不同来进行的,常用的有以下 4 种。

(1)中央循环管式蒸发器(标准式蒸发器):这种蒸发器历史悠久,至今仍广泛应用。它的基本结构由带有中央循环管的列管加热室和汽液分离室所组成,如图 8-20 所示。

中央循环管的截面积大约等于加热管束总截面积的 40% ~ 100%。中央循环管内的溶液多、受热少、温度低、溶液密度大、向下流。而加热管束中细管内溶液受热多、密度小、向上流,这样中央循环管和加热管就形成了自然循环流动,从而提高了传热系数 K 值,增加了水分蒸发量。循环速度一般不高于 0.4 ~ 0.5m/s,传热系数比较小,结构简单、紧凑、制作方便、应用广泛、操作可靠,有标准蒸发器之称。由于溶液不断循环,管内溶液始终接近完成液浓度,故溶液黏度大、沸点高、蒸发室不易清洗,这是他的缺点。所以,中央循环管式蒸发器使用于结垢不严重,腐蚀性较小的溶液的蒸发。

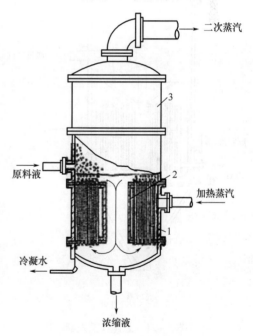

图 8-20　中央循环管式蒸发器
1—加热室　2—中央循环管　3—蒸发室

(2)悬筐式蒸发器:它是由中央循环管改进而成。加热室像个篮筐,挂在蒸发器壳体内的下部,因而取名悬筐式,如图 8-21 所示,加热蒸汽从中央进汽管进入加热室加热管的管隙间,冷凝水由加热室底部放出。原料液由加热室环隙循环通道侧送入,从底部进入加热室的管内,受热沸腾上升,从悬筐与蒸发器内壁形成的环形通道下降,构成连续循环。完成液由蒸发器底部排出。循环原理同中央循环管蒸发器,循环通道的截面积一般为加热管总面积的 100% ~150% 。因此,循环速度大,约为 1 ~1.5m/s。悬筐式蒸发器的优缺点如下:

①悬筐式蒸发器的优点:加热室可从顶部取出便于清洗和更换;溶液循环速度大,改善了结垢情况,提高了 K 值,强化了传热过程;由于加热室内与外壳直接接触的是循环溶液,它的温度比加热蒸汽低,所以外壳表面温度低,热损失少。

②悬筐式蒸发器的缺点:单位传热面的金属材料消耗量大,装置较复杂。使用于有结晶的溶液,可在下部设置析盐器,如图 8 - 22 所示。这样的蒸发器常称为结晶蒸发器,在此设备上蒸发与结晶两个单元操作同时进行。

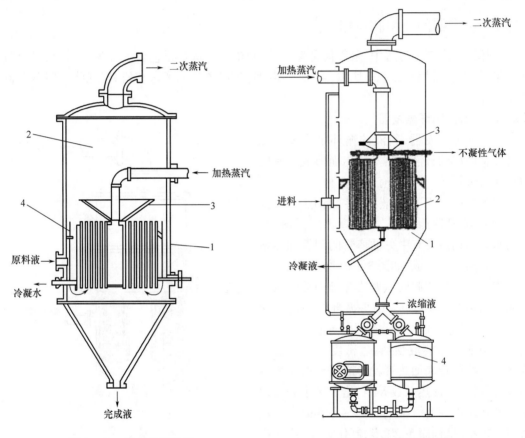

图 8 - 21　悬筐式蒸发器
1—加热室　2—分离式　3—除沫器　4—环形循环

图 8 - 22　结晶蒸发器
1—加热室　2—循环通道　3—蒸发室　4—析盐器

(3)外加热式蒸发器:它是由外循环管、列管加热室、汽液分离室所组成,如图 8 - 23 所示。加热室是一个间壁式换热器,料液在底部引入到加热列管内受热沸腾上升,进入分离室,在此汽液两相分离,分离出的二次蒸汽从顶部引出,未汽化的料从外循环管下降鲜料液混合再进入加热室,形成连续不断的循环。这也是靠溶液受热温度不同形成密度不同而自然循环。加热蒸汽冷凝液从加热列管的管隙间低部侧面排出;浓缩液从分离室低部排出。但也有料液从分离室进入,浓缩液从加热室底部排出。这种蒸发器由于外循环管没有受到蒸汽加热,加大了自然循环推动力的温差。因此,比前两种蒸发器的循环速度要快,可达

1.5~2m/s。这种蒸发器的优点是结构简单,适用范围广,操作稳定,能处理黏度较大和易结晶的溶液;其缺点是设备体积较大,金属材料消耗量大。

(4)列文蒸发器:前述几种自然循环型蒸发器内,溶液的循环速度都比较小(一般在2m/s以下),均在管内沸腾、汽化、浓缩。当遇蒸发黏度大或易结晶溶液时,传热系数大为降低。蒸发易结晶液体时,极易在加热管壁上析出结晶,这不仅影响传热还要经常清洗。列文式蒸发器正是针对这些问题,对前述蒸发器进行改进后研制出来的。其结构如图8-24所示,主要特点是,在加热室1的上方设一段高为2.7~5m的圆筒作为沸腾室2,这样加热管内溶液较一般蒸发器内的溶液多承受一段液柱静压,液体只有上升到压强较低的沸腾室内才能沸腾汽化,避免溶液在加热管内结垢或析出结晶。实践证明沸腾室2中纵向挡板不起作用,已去掉为空管。循环管4的截面积约为加热管总截面积的2~3.5倍,所以料液循环阻力大大降低,循环速度则进一步提高,一般为2~3m/s,传热系数大,其数值接近于强制循环数值。适用于有结晶析出或易结垢的溶液。循环管高度在7~8m,设备高大,静压大,沸点高,要求加热蒸汽的压强较高。

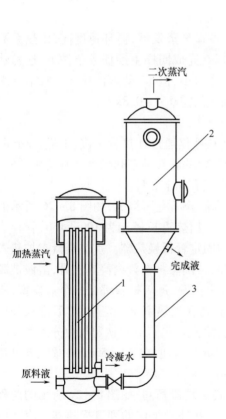

图8-23　外加热式蒸发器
1—加热室　2—分离室　3—循环管

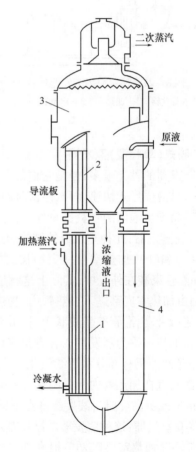

图8-24　列文蒸发器
1—加热段　2—沸腾段　3—分离室　4—循环管

8.2.1.2　强制循环蒸发器

前面介绍的几种蒸发器,都是自然循环型蒸发器,其循环速度较低。若要处理黏度大、

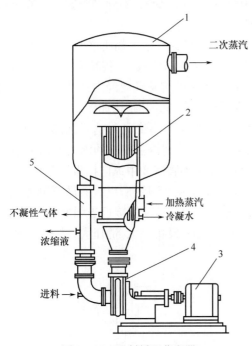

图 8-25　强制循环蒸发器
1—蒸发器　2—加热室　3—电动机
4—循环泵　5—循环管

易析出结晶和结垢的溶液,必须加大循环速度,以提高传热系数 K 值。为此,需要采用强制循环蒸发器,如图 8-25 所示,这种蒸发器的特点是溶液的循环靠循环泵的抽送实现的。循环的速度取决于泵的能力,其速度可达 2~5m/s(通过加热管的速度)。循环管在加热室外,上通分离室下端与泵的吸入口相连,泵出口连在加热室底部。强制循环蒸发器的基本组成由列管式加热室、外循环管、分离室和循环泵组成。溶液的循环过程是:溶液—泵—加热室(加热沸腾成汽液混合物)—高速进入分离室进行汽液分离—分离的二次蒸汽进入除沫器—除沫后从分离室顶部侧面排出;在分离室分离出二次蒸汽后的溶液(即没有汽化的液体)—进入外循环管到循环泵的吸入口—再次送入加热室。

强制循环蒸发器,循环速度高,传热系数大,所以在完成同样生产任务条件下,这种蒸发器要小得多;但是,动力消耗大。每平方米加热面积约需 0.4~0.8kW。

8.2.1.3　膜式(单程型)蒸发器

膜式蒸发器的种类很多,但是它们的共同特点是料液仅通过加热管一次,不进行循环,在加热管上呈薄膜形式快速上升,停留时间很短,传热效率高,对处理热敏性物料特别适宜。对黏度大容易产生泡沫的物料也较好。目前常用的形式有如下 3 种。

(1)升膜蒸发器:此种蒸发器的结构由加热室和汽液分离室所组成,如图 8-26 所示的两种形式(a)和(b),加热室由一束很长的加热管组成,加热管长径比为 100~150,管径为 25~50mm。管束装在外壳中,实际上这就是一台式的固定管板换热器。加热蒸汽走加热管外,溶液则由加热室底部进入加热管内,受热沸腾汽化,二次蒸汽在管内高速上升,溶液被高速上升气流所带动,沿管壁呈膜状上升,并且边上升,边蒸发,每一根管都是一个蒸发室,所以图中又将加热室称为蒸发室。各管出来的汽液混合物在加热室上部汇集,然后进入分离室进行分离(此处仍有部分水继续汽化),完成液由分离室底部排出,二次蒸汽由分离室顶部排出。二次蒸汽在加热管内上升的速度一般不小于 10m/s,一般在 20~50m/s,减压下可达 100~160m/s 或更高。原料液要在沸点下进入加热室。

(2)降膜蒸发器:这种蒸发器的结构基本上同升膜蒸发器相同,如图 8-27 所示的两种型式(a)和(b),加热室可以是单根套管,也可以是管束和外壳组成的列管换热器。溶液由加热室顶部加入,经管端的液体分布器均匀地流入加热管内,在重力的作用下,液体呈膜状沿管壁下流,边流边蒸发,为使液体均匀分布而成膜,汽液混合物从蒸发室底部进入分离室,二次蒸汽从分离室顶部引出,浓缩液则从底部排走。为防止二次蒸汽由加热室顶部冲出,加热室顶部必须设置加工良好的液体分布器。

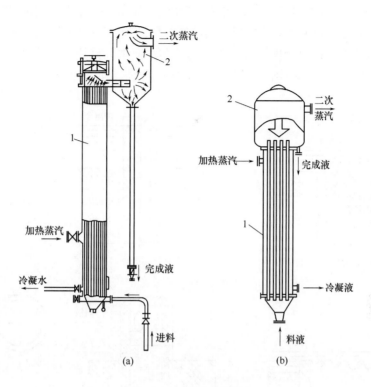

图 8 - 26　升膜蒸发器

1—蒸发室　2—汽、液分离室

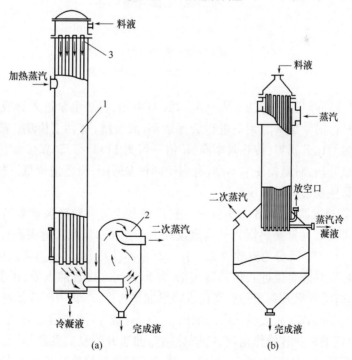

图 8 - 27　降膜蒸发器

1—蒸发室　2—汽液分离室　3—料液分布装置

降膜蒸发器液体分布器的结构如图 8-28 所示,降膜蒸发器中常用的几种液体分布器如图 8-28(a)的导流管为一有螺旋形沟槽的圆柱体;图 8-28(b)为导流管下部是圆锥体,圆锥体的底部向内凹,以免沿椎体斜面流下的液体再向中央聚集;图 8-28(c)是靠齿缝使液体沿加热管壁呈膜状下流;图 8-28(d)为旋液式装置。

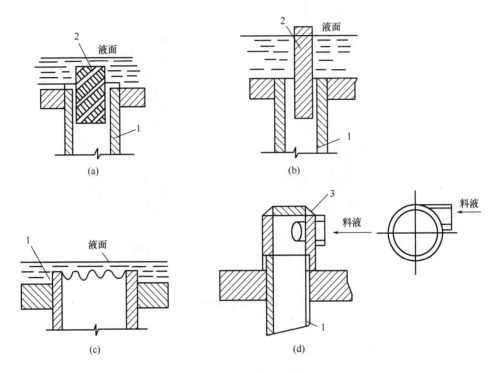

图 8-28　膜分布器

1—加热管　2—导流管　3—旋液分配头

在使用强制循环降膜蒸发器中,从图 8-28(d)可知,料液由泵送入旋液式分配头,以切线方向进入加热管,沿管壁从上到下进行旋流运动,液膜薄,有利于传热。降膜蒸发器的优点是,料液停留时间比升膜短,传热效率高,K 值一般为 $1163 \sim 2326 \mathrm{W/(m^2 \cdot ℃)}$,没有静液压,不会造成沸点升高,对温差要求不高,有利于同热泵匹配,设备造价低。缺点是液膜分布不易均匀,部分管壁易形成干壁现象。

(3)升—降膜蒸发器:如图 8-29 所示。它是将升膜管束和降膜管束结合而成,旁边另加一个预热器(即常规间壁换热器),分离室设在下部。在蒸发底部封头内有一块隔板,将加热室分成两个部分,即一部分为升膜管束,另一部分为降膜管束。加热蒸汽同时进入升降膜加热室和预热器,原料液直接进入预热器底部,经预热到或接近沸点后,再引入升膜管束不断加热,沸腾汽化,沿管上升到顶部后又转入降膜加热管束,在管内同样加热,沸腾汽化。汽液混合物最后进入分离室,完成液从底部取出,二次蒸汽经除沫器后由分离室顶部引出。液体在升降膜管束内的布膜和操作情况,特征分别与前述升降膜蒸发器相同。这种蒸发器适用于黏度大、厂家高度受限制的场合。因升—降膜蒸发器的高度比单独升降膜的高度要低。黏度变化大,最好常压操作。

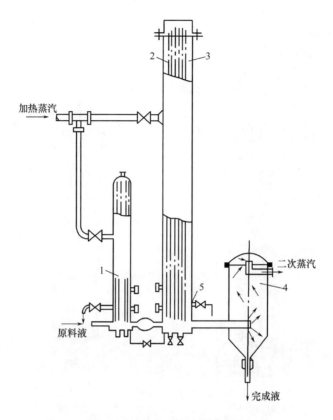

图 8 - 29　升—降膜式蒸发器

1—预热器　2—升膜加热室　3—降膜加热室　4—分离室　5—加热蒸汽冷凝液排出口

8.2.1.4　刮板搅拌薄膜蒸发器

通常也称为回转式薄膜蒸发器,其结构如图 8 - 30 所示。

大致可分为两类:一类为采用带有叶片或刮板的转子作为搅拌桨的,称为搅拌薄膜蒸发器。另一类加热面是旋转的,料液在离心力作用下,以薄膜形式分布在回转加热面上,进行蒸发。本文只介绍第一类搅拌薄膜蒸发器。搅拌薄膜蒸发器形式很多,有立式、卧式、圆筒形、圆锥形。常见的有刮板式和转子式,如图 8 - 30(a)和(b)所示。

不论何种形式的搅拌薄膜蒸发器,料液被转动的刮板或转子沿圆周方向刮动,挤成均匀地薄膜沿蒸发面向下滑移,进行蒸发。二次蒸汽从蒸发器顶部引出,完成液从底部排走。

搅拌桨是这种蒸发器的关键部件,其结构与固定方式对蒸发效率有很大影响,根据操作条件,有多种形式,现介绍如下 3 种结构型式:

(1)固定间隙式(Luwa 式):刮板或转子固定在旋转轴上,它与蒸发器壁之间有 0.7 ~ 2.5mm 的固定间隙。转子的圆周速度为 5 ~ 12m/s。

(2)活动叶片式(Sambay 式):叶片是以弹簧或活动节装在旋转轴上,可以是径向,斜向或切向配置,组成滑动板组如图 8 - 31 所示。在离心力作用下沿蒸发面滑动旋转,从而将料液刮成极薄的薄膜。转子的圆周速度为 1 ~ 3m/s。

(3)滑动沟槽式转子(Smith 式):也叫旋转模式蒸发器。转子元件是一组齿条状的斜沟

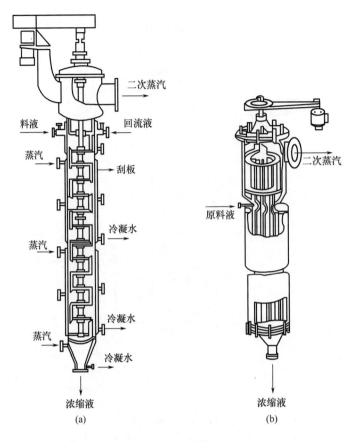

图 8-30 搅拌薄膜蒸发器
(a)转子式 (b)刮板式

槽刮板,可在 U 形槽中自由滑动,如图 8-32 所示。在蒸发过程中,斜沟槽刮板在离心力作用下沿蒸发器内壁作径向滑动,把料液挤压成薄膜。刮板上的沟槽用来防止刮板前面料液的飞溅,并对料液产生向下的推动力,在流量很小的情况下也能形成液膜,以保证运行良好。

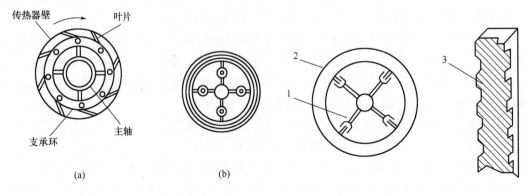

图 8-31 活动叶片式转子
(a)切向式 (b)径向式

图 8-32 滑动沟槽转子
1—转子 2—腔体 3—斜沟槽刮板

搅拌沟槽蒸发器的优点是两相分离精度高,传热系数大,适用范围广,物料停留时间短,蒸发速度快,没有静液压,沸点不会升高,污垢能及时被刮除。缺点是结构复杂,转子要耗费电能。

8.2.1.5　板式蒸发器

板式蒸发器如图 8-33 所示,它主要由蒸发流动片、密封垫圈、端板、随动板、带有导轨支架及圆筒形汽液分离室等组成。

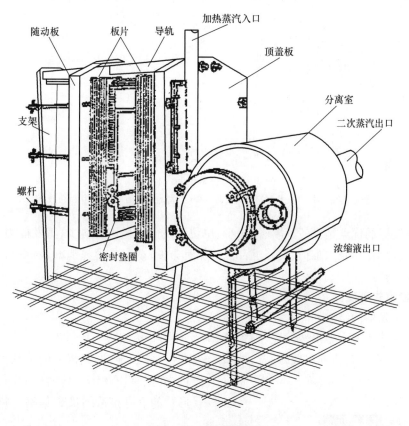

图 8-33　板式蒸发器

图 8-34 是物料走向流程图,料液从短板下部左右两个进料口引入蒸发器内,穿过 A 型蒸汽流动片,到达 B 型料液流动片,在 A、B 片间受热沸腾,沿板片表面形成薄膜上升蒸发(相当于升膜蒸发),再从 B 片上部的进料孔穿过 C 型蒸汽流动片,到达 D 型料液流动片,在C、D 片间以膜状下降并进一步蒸发浓缩(相当于降膜蒸发)。浓缩物和二次蒸汽一同从板片下部的方形出料口排到与蒸发器切向联结的圆筒形分离室中,进行汽液分离。二次蒸汽从分离室中心管引出,浓缩液从其底部排出。

加热蒸汽从端板左上方入口通入分配到所有的 A、C 蒸汽流动片上,沿着横向转折波纹沟槽向下流动,将热量通过片壁传递给料液后,冷凝下来,从板片左下方冷凝液口排出。

上述 A、B、C、D 四种形式的片子,组成一组,构成组装单元,称为“组对”。每个“组对”中的物料走向及蒸发过程完全相同。根据蒸发量的大小,决定“组对”的数量,生产量变化时可随时调整“组对”的数量。板片之间用耐热橡胶垫密封,用导轨固定,用螺栓夹紧。

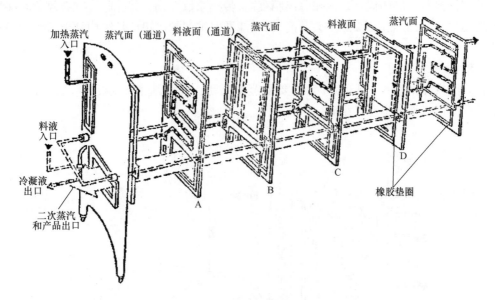

图 8 – 34　物料走向流程图

A—A 型蒸汽流动片　B—B 型料液流动片　C—C 型蒸汽流动片　D—D 型料液流动片

板式蒸发器的优点是设备紧凑、体积小、单位蒸发面积耗用材料少,蒸发能力灵活,传热效率高,物料停留时间短,维护、检修、清洗、除垢都方便;缺点是容易泄漏,对密封要求高,适于热泵蒸发工艺。

8.2.1.6　喷膜式蒸发器

喷膜式蒸发器的结构如图 8 – 35 所示。

喷膜蒸发器主要由方形蒸发壳、喷管、喷嘴及 U 形管束组成。U 形管束是喷膜蒸发器的核心部件,由薄壁细管排列组成,通常横卧放置,上、下各三排,形成很大的传热面积。U 形管的上方装设有喷嘴,其结构如图 8 – 36 示,U 形管的下方是浓缩液聚集槽。料液进入喷

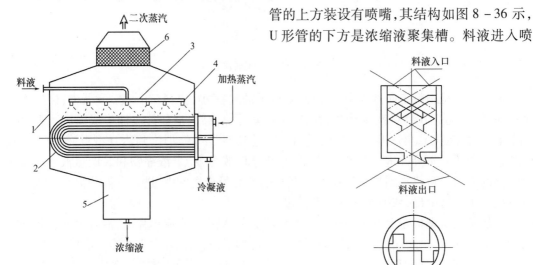

图 8 – 35　喷膜式蒸发器

1—方形壳体　2—U 形管束　3—喷淋管　4—喷嘴
5—浓缩液槽　6—丝网扑沫器

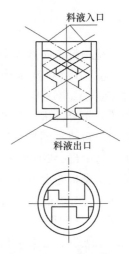

图 8 – 36　喷嘴结构图

淋管,通过喷嘴以重叠液膜形状淋洒到 U 形管束上,部分料液立即汽化。没有汽化的料液从 U 形管束上面几排以薄膜形状沿管外壁继续往下淋洒同时不断汽化。最后浓缩液汇集于锥形槽中,从底部排出。二次蒸汽通过丝网除沫器,从顶部引出。通入 U 形管中的加热蒸汽,将热量传给管外壁液膜后,在管内壁以膜状凝结成水。这就是膜状蒸发薄膜冷凝的主要原理。

喷膜式蒸发器的优点是传热效率高,K 值可达 $11630 \sim 17445 \mathrm{W}/(\mathrm{m}^2 \cdot ℃)$,结构紧凑,卧式安装,管内通蒸汽不易结垢和堵塞,清洗方便,操作容易,运行稳定;缺点是对喷嘴要求严格,否则淋洒不均匀。

从上可知蒸发器的类型确实很多,但在热泵蒸发过程中,就我国目前所采用的蒸发器有:中央循环管式蒸发器(即标准式蒸发器),外加热自然循环蒸发器,升膜蒸发器和降膜蒸发器;我们曾在海洋钻油平台上见到过用喷膜式热泵蒸发器从海水制备淡化水。

8.2.2　选用蒸发器的考虑

蒸发器设计的主要程序为:①根据物料特性及生产工艺条件,选择与压缩机相匹配的蒸发器型式;②根据所选蒸发器的型式进行计算;③根据计算参数,进行蒸发器的结构设计。

8.2.2.1　蒸发器的选型设计

可参考表 8 – 1,但具体设计中应考虑如下主因素:

(1)尽量提高冷凝给热系数 $α_1$ 和沸腾给热系数 $α_2$,确保有较大的总传热系数 K 值;

(2)尽量减少温差损失,强化传热过程,提高蒸发量;

(3)结构简单、紧凑,设备体积小,占空间少;

(4)要适合物料的特性,如黏度、发泡、腐蚀、放射性、热敏性等;

(5)要能很好地分离泡沫,这一点在放射性废水处理中十分重要;

(6)尽量抑制传热面上污垢的形成,能顺利地排除蒸发过程所析出的结晶体;

(7)要能与选定的压缩机有良好的匹配性;

(8)运行稳定,操作方便;

(9)便于拆装、清洗、除垢、易于检修;

(10)有足够的强度,加工安装方便。要求同时满足上述所有条件,往往是很困难的。所以具体设计中,应分清主次,加以综合考虑。

表 8 – 1　　　　　　　　　　　　　　　蒸发器选型表

蒸发器型式	制造价格比较	传热总系数 稀薄溶液	传热总系数 高黏度	料液在管内速度/(m/s)	停留时间比较	料液循环与否	浓缩液浓度是否稳定	浓缩比	设备处理量	对料液性质适合与否 稀薄溶液	高黏度溶液	易产生泡沫	易结垢	有结晶析出	热敏性
标准型	最低	良好	低	0.1 ~ 0.5	长	循环	可	良好	较小	适合	可	可	尚可	稍适合	尚可
悬筐式	较低	良好	好	1 ~ 1.5	较长	循环	可	良好	较小	适合	可	可	可	适合	尚可
外加热式 (自然循环)	低	高	良好	0.4 ~ 1.5	较长	循环	可	良好	较大	适合	尚可	较好	尚可	稍适合	尚可
列文式 (管外沸腾式)	高	高	良好	1.5 ~ 2.5	较长	循环	可	良好	较大	适合	尚可	较好	尚可	稍适合	尚可

续表

蒸发器型式	制造价格比较	传热总系数		料液在管内速度/(m/s)	停留时间比较	料液循环与否	浓缩液浓度是否稳定	浓缩比	设备处理量	对料液性质适合与否					
		稀薄溶液	高黏度							稀薄溶液	高黏度溶液	易产生泡沫	易结垢	有结晶析出	热敏性
强制循环	高	高	高	2.0~3.5	—	循环	可	较高	大	适合	好	好	适	适合	尚可
升膜式	低	高	良好	0.4~1.0	短	不	较难	高	大	适合	尚可	好	尚可	不适合	良好
降膜式	低	良好	高	0.4~1.0	短	不	尚可	高	大	较适合	好	可	不适合	不适合	良好
刮板式	最高	高	高	—	短	不	尚可	高	较小	较适合	好	较好	不适合	不适合	良好
甩盘式	较高	高	低	—	较短	不	尚可	较高	较小	适合	尚可	可	不适合	不适合	较好
板式	高	高	良好	—	短	不	尚可	良好	灵活	适合	尚可	可	可	尚可	良好
喷膜式	较高	高	低	—	较短	不	尚可	良好	较小	适合	尚可	可	可	不适合	可
旋液式	最低	高	良好	—	短	不	尚可	良好	较大	适合	适合	可	可	适合	可

8.2.2.2　蒸发器的计算

蒸发器计算的主要项目有:①蒸发水量;②加热蒸汽消耗量;③蒸发器的传热面积。现介绍如下:

(1)蒸发水量:在蒸发过程中,从料液中蒸发出来的水分量用 q_{m,W_0} 表示,则可用物料衡算方程式求出为:

$$q_{m,W_0} = q_{m,S_0}\left(1 - \frac{w_1}{w_2}\right)$$

式中　　q_{m,S_0}——料液量,kg/h

q_{m,W_0}——蒸发水分量,kg/h

w_1——料液初始浓度,%(质量分数)

w_2——浓缩液浓度,%(质量分数)

(2)加热蒸汽消耗量:加热蒸汽所提供的热量,主要是用于加热料液到沸点温度并使其沸腾蒸发,产生二次蒸汽以及补偿热损失。所以,加热蒸汽要满足上述几个方面的热量需要,就需相应量的加热蒸汽量。所需蒸汽量(蒸汽消耗量)可通过下面热衡算式求出:

$$q_{m,D} \cdot h + q_{m,S_0} \cdot c \cdot t_0 = q_{m,W_0} \cdot h + [q_{m,S_0} \cdot c - q_{m,W_0}]t + q_{m,D} \cdot \theta + Q$$

由此,求出所需要的加热蒸汽量(即蒸汽消耗量)为

$$q_{m,D} = \frac{q_{m,W_0}(h' - t) + q_{m,S_0} \cdot c(t - t_0) + Q}{h - \theta}$$

式中　　$q_{m,D}$——加热蒸汽消耗量,kg/h

h——加热蒸汽的焓,kJ/h

θ——加热蒸汽冷凝液排出温度,℃

q_{m,W_0}——蒸发水量,kg/h

h'——二次蒸汽的焓,kJ/h

q_{m,S_0}——料液量,kg/h

c——料液的比热容,kJ/(kg·℃)

t——料液沸点温度,℃

t_0——料液的初始温度,℃

Q——蒸发器的热损失,W

(3)蒸发器的传热面积:蒸发器的传热面积,可由传热速率方程式求得,方程式如下:

$$Q = KA\Delta t$$

则传热面积为

$$A = \frac{Q}{K\Delta t}$$

式中　Q——传热速率,W

　　　A——蒸发器的传热面积,m^2

　　　K——蒸发器的总传热系数,W/($m^2 \cdot$℃)

　　　Δt——加热蒸汽的饱和温度和料液的沸点温度之差,℃

蒸发器的总传热系数 K 值,是蒸发器设计中的一个重要参数,它与很多情况有关,变化范围较大,通常可参考经验数据进行计算,如表 8 - 2 所示,也可通过实验测定。

表 8 - 2　　　　　　　　　　蒸发器传热总系数经验数据范围[5]

蒸发器的型式				传热总系数/[kcal/($m^2 \cdot h \cdot$℃)]
	锅式			300 ~ 2000
夹套式	刮板式	溶液黏度	$(1 \sim 5) \times 10^{-3} Pa \cdot S$	5000 ~ 6000
			$0.1 Pa \cdot S$	1500
			$1 Pa \cdot S$	1000
			$10 Pa \cdot S$	600
管状加热方式	直管	外部加热式(长管型)	自然循环	1000 ~ 5000
			强制循环	2000 ~ 6000
			无循环膜式	500 ~ 5000
		内部外热式	标准式 自然循环	500 ~ 3000
			标准式 强制循环	1000 ~ 5000
			悬筐式	500 ~ 3000
	水平管式	管内蒸汽冷凝(浸没式)		500 ~ 2000
		管外蒸汽冷凝		2000 ~ 4000

K 值的计算公式如下:

$$K = \frac{1}{\frac{1}{\alpha_1} + \frac{1}{\alpha_2} + \frac{\delta_1}{\lambda_1} + \frac{\delta_2}{\lambda_2}} [\text{W}/(m^2 \cdot ℃)]$$

式中　α_1——加热蒸汽冷凝给热系数,W/($m^2 \cdot$℃)

　　　α_2——沸腾料液给热系数,W/($m^2 \cdot$℃)

　　　δ_1/λ_1——管壁热阻,δ_1 为管壁厚度,m;λ_1 为导热系数,W/($m \cdot$℃)

　　　δ_2/λ_2——污垢热阻,δ_2 为污垢层厚度,m;λ_2 为导热系数,W/($m \cdot$℃)

温度差 Δt 是表征传热过程的推动力,它等于加热蒸汽的饱和温度 T 和料液沸点温度 t 之差,即

$$\Delta t = T - t(\text{℃})$$

在此必须要说明的是:纯溶剂水的沸点 t(常压下为100℃),如果在纯溶剂水中加 NaCl 变为20%(质量分数)盐溶液,该溶液的沸点 t(常压下为105℃)。可以看出盐溶液的沸点要比纯水的沸点高5℃(实际还有溶液的静压存在),所以在蒸发过程中,上式内的 t 一般都指溶液的沸点。除非在用纯水制备蒸馏水时,式中的 t 才表示纯溶剂水的沸点。有关无机盐水溶液的沸点,可在附表8(无机盐水溶液在大气压下的沸点)中查找。T 为所用加热蒸汽的温度,在热泵蒸发过程中,T 即为压缩蒸汽的饱和温度。上述情况,在蒸发器的设计时应加注意,否则对加热蒸汽压力的要求就会出偏差。在热泵蒸发工艺中,一般希望小的 Δt,这样压缩机出口压力就不会太高,对节能有利;但相应的要求蒸发器的加热面积要加大。

8.2.2.3 蒸发器结构设计[6]

蒸发器结构的设计是按照所选定的蒸发器型式,物料及热量衡算之后,进一步确定蒸发器主体内主要部件的工艺尺寸,通常包括三个方面的内容:

(1)在对蒸发过程的工艺计算中,已计算出蒸发器为完成一定加热任务所需要的传热面积 A,因而当设计者选定加热管的直径(d)和管长(L)后,即可按下式求出列管的根数 n:

$$n = \frac{A}{\pi d L}$$

为使设计管数 n 偏多,确保加热任务的完成,上式中的管径 d 常取内径。

管子的数目确定后就要选择管子在管板上的排列方法。管子的排列方法有正三角形(六角形),正方形和同心圆形三种,最常用的为正三角形法,如图 8 – 37 所示。

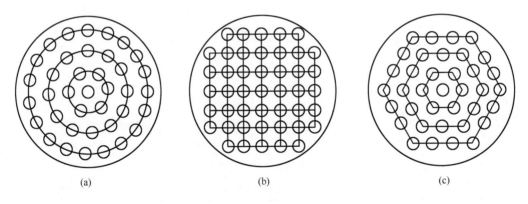

图 8 – 37 管子的排列方法
(a)同心圆排列 (b)正方形排列 (c)正三角形排列

实际的排管数是要通过作图求得。实际排管数 n' 与计算的管数 n 的关系为 $n' \geqslant n$。当 n' 比 n 大得太多时,可均匀抽走部分管子,使 n' 接近于 n。

通过作图确定加热管实际数目后,可按下式计算加热室壳体内径:

$$D_i = (n_b - 1)\delta_t + 2\delta_e$$

式中 D_i ——加热室壳体内径,mm

n_b ——最外层六角形对角线上的管数

δ_t——管间距，mm

δ_e——六角形最外层管中心到壳体内壁距离，mm

管间距 δ_t，指相邻两管的中心距离，δ_t 的大小随管子与管板连接方法不同而异。通常，胀接法取 $\delta_t = (1.3 \sim 1.5)d_0$，且相邻两管外壁间距不小于 6mm；焊接法 $\delta_t = 1.25d_0$；此外 d_0 均为管子外径（mm）。

最外层六角形对角线上的管数 n_b 可从布管图上计数，也可按下式计算：

$$n_b = 1.1\sqrt{n}$$

δ_e 值，一般可取为 $(1 \sim 1.5)d_0$。外壳直径确定后，还要根据计算值按国家系列标准进行圆整，常用蒸发器壳体标准尺寸见表 8-3。

表 8-3　　　　　　　　　　　　加热室壳体标准尺寸

壳体外径/mm	325	400,500,600,700	800,900,1000	1100,1200
最小壁厚/mm	8	10	12	14

（2）分离室（蒸发室）尺寸的确定：分离室的作用为，一方面给溶液的沸腾汽化提供场所；另一方面提供足够的空间使水蒸气从溶液中分离出来，并尽量减少二次蒸汽所夹带的液滴。分离室的直径和高度目前尚无可靠公式计算，一般根据经验方法计算。在此只介绍一种蒸发体积强度法，蒸发体积强度法指的是每秒钟从 $1m^3$ 蒸发室排出的二次蒸汽的体积。实践证明一般蒸发器的容许体积强度为 $1.1 \sim 1.5 m^3/(m^3 \cdot s)$。根据每个蒸发器在单位时间内所产生的二次蒸汽的体积，由经验数据即可求出蒸发室的体积。而蒸法室的高度 h 与直径 D 之比可取 $\dfrac{h}{D} = 1 \sim 2$

每个蒸发器在单位时间内所产生的二次蒸汽的体积，可按下式计算：

$$q_v = q_{m,W} \cdot v$$

式中　　q_v——单位时间内所产生的二次蒸汽的体积，m^3/h

$q_{m,W}$——蒸发器的水分蒸发量，kg/h

v——蒸发室压力、温度下蒸汽的比体积，m^3/kg

为了提高蒸发室的汽液分离效果，蒸发室的直径应适当取大一些，降低蒸汽流动速度以减少液滴夹带，高度适当高一些。

8.2.3　汽液分离装置

蒸发设备的分离器，又称为汽、液分离器。溶液在沸腾、汽化过程中，有大量液滴被二次蒸汽夹带，常称雾沫夹带，而夹带的大量液滴不仅造成物料损失，还可能腐蚀、污染下一道工序。为此二次蒸汽在进入下一工序前，应设法去除其所夹带的雾滴。蒸发器的蒸发室（分离室），是一个较大的空间，可让二次蒸汽在此有一定的停留时间，利用重力将二次蒸汽与液滴分离（称重力沉降），但仅此是不能达到汽、液完全分离的效果的。实际生产中在蒸发器分离室的上方二次蒸汽出口之前，设置专门的汽、液分离装置，其作用为：①将雾沫中的溶液聚集成液滴，②把液滴与二次蒸汽分离。这些专门装置又称为捕沫器、捕液器、除沫器。生产中的除沫器有装在蒸发器分离室内和分离室外的两种类型,但其原理完全相同。结构型式如图8-38所示。

8.2.3.1 分离室内除沫器

结构形式如图8-38所示。

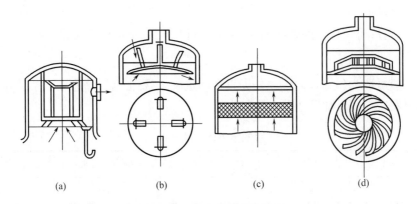

图8-38 分离室内的除沫器

(a)折流板式 (b)球形捕沫器 (c)丝网捕沫器 (d)离心式捕沫器

图8-38中(a)和(b)两种除沫器是通过改变二次蒸汽流动方向来把雾沫分离的。图(c)为目前广泛使用的丝网捕沫器,其分离效率较高,是用金属丝或塑料丝编织成网带后卷成圆盘而成。二次蒸汽通过时雾沫被丝网带捕集。图(d)所示为离心式分离器。

还有一种分离室内用的除沫器,即填料除沫器。原理与丝网除沫器相同,结构与其近似。如图8-39所示,在蒸发器的顶部,有两个顶部密封多孔同心圆筒所构成的环形空间内,不规则地堆放瓷环或不锈钢环(填料),填料层高为200mm(可根据实际情况适当变动)。二次蒸汽由下部进入内圆筒内,通过筒壁上的小孔,进入环隙中的填料层,液滴被黏附在瓷环表面而与蒸汽分离。由于单位体积填料的表面积(比表面积)大,所以填料式除沫器的分离效率较高。

8.2.3.2 分离室外除沫器

结构形式如图8-40所示为蒸发器外的除沫器,(a)为隔板式,是通过改变二次蒸汽流动方向将雾滴除去的。(b)、(c)、(d)均为旋风分离式除沫器。

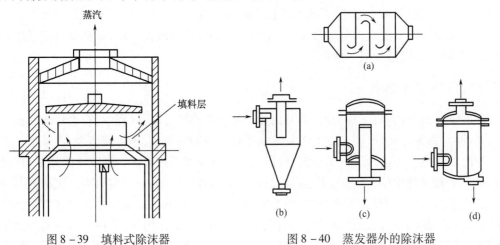

图8-39 填料式除沫器   图8-40 蒸发器外的除沫器

除此,还有一类塔式除沫装置,如板式塔、填料塔、乳化塔和乳化丝网混合塔,这类装置在一些专著中有详细论述,在此不加讨论。

8.2.3.3　广泛使用的丝网除沫器

它是由金属丝或塑料丝以及金属丝和塑料丝混合编成的网带重叠几层而成。每层网都成波状相邻两层的波动方向相反。因为网丝的直径很小,所以除沫器的孔隙率很大(约为98%),流体阻力很小,分离效率高。

丝网除沫器的除沫原理:夹带在二次蒸汽中的雾滴,通过丝网时,因碰撞丝网而突然改变其运动方向和速度,使小雾滴聚积,变大,在重力作用下从丝网中脱落下来,起到了汽液分离作用。这不是过滤作用,丝网孔眼大小与捕集雾滴粒径没有关系,它是机械和物理作用结合的汽,液分离除沫过程。

金属丝网的结构和规格:结构型式很多,常见的有"Ω"字形和"V"形,一般先编织成圆筒状,再压扁成带状,根据需要进一步绕卷折叠成各种形状。国产"Ω"字形带状丝网结构的规格列于表 8 – 4。

表 8 – 4　丝网规格

名称	规格*		类型	尺寸/mm	
	n	b		圆丝	扁丝
不锈钢丝	40	100	标准型	$\phi 0.23$	0.1×0.4
磷铜丝	60	100	特殊型	$\phi 0.12$	0.1×0.4
镀锌铁丝	40	100	标准型	$\phi 0.20$	0.1×0.4
尼龙丝	40	100	标准型	$\phi 0.20$	0.1×0.4

* n—圆筒一周丝网孔眼数;b—圆筒形压缩成带状的宽度。

金属丝网除沫器,通常安装在蒸发室顶部和二次蒸出口处,形状随容器形状而定,工业上常用的形状有:圆盘状如图 8 – 41 所示,由圆筒状丝网压扁后绕卷成圆盘,圆盘除沫器的高度有 100mm、150mm 两种,其直径以设备内径而定。折叠形如图 8 – 42 所示,用带状金属丝网竖立折叠而成,高度也有 100mm、150mm 两种,安装时应与水平方向成 30°的倾角。床垫形如图 8 – 43 所示。

图 8 – 41　圆盘形丝网捕沫器

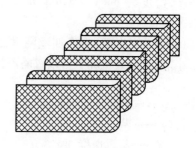

图 8 – 42　折叠形丝网捕沫器

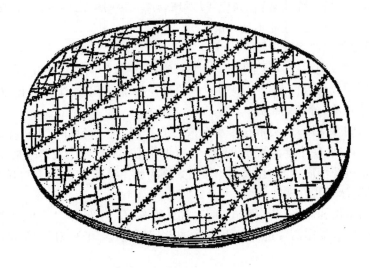

图 8 - 43　床垫式丝网捕沫器

8.2.3.4　丝网除沫器的设计

丝网除沫器的设计,主要从以下三个方面来考虑:

(1)选型:根据除沫及对产品回收率的要求,参照表 8 - 5 中的丝网主要技术性能进行选型。表 8 - 5 中 150 型、200 型、270 型是常用型号,350 型可除去 5μm 以上的雾滴,600 型可除去 1μm 以上的雾滴。

表 8 - 5　　　　　　　　　　　　　金属丝网主要性能

型号	比表面积/(m²/m³)	自由空隙度/%	密度 * /(kg/m³)
150	150	98. 9	82
200	200	98. 6	110
270	265	98. 2	145
350	350	97. 6	190
600	590	95. 6	320

* 密度与选用的丝网材料有关。本表中的密度是指不锈钢丝网。

除表中的数据外,直径更细的细丝为 0. 076 ~ 0. 46mm,其自由体积(孔隙率)92% ~ 94.4%,密度为 48. 1 ~ 528kg/m³,自由表面积为 164 ~ 1968m²/m³,编织丝网厚度仍为 100 ~ 150mm。

(2)阻力的计算:在金属丝网里,由于自由空间比较大,一般蒸汽运行速度范围内压力降是很小的,大多数情况下可以忽略不计。阻力计算公式如下:

$$\Delta p = 9.8K_1\rho v^2$$

式中　　Δp——阻力(压力降),Pa

　　　　ρ——蒸汽密度,kg/m³

　　　　v——蒸汽速度,m/s

　　　　K_1——特性系数(列于表 8 - 6)

表 8 – 6　　　　　　　　　　　　　特性系数 K_1

型号	150	200	270	350	600
特性系数 K_1	1.5	2.0	2.5	3.0	5.0

（3）气流速度：气流速度是很主要的设计参数,通过丝网的汽流速度过高,则引起金属丝网捕沫器饱和阻碍液滴从丝网上滴落,使金属丝网变得很潮湿,致使雾滴夹带再次发生;气流速度太低时,就会使粒径较小的雾滴没有被捕集就通过了丝网,使捕沫效率大大下降。

所以,设计汽速应低于最大允许速度 U_{max} 值

一个除沫器常安装两层丝网。丝网除沫器的直径,可通过其蒸汽的最大允许速度来确定。

最大速度的计算式为:

$$v_{max,} = k\left(\frac{\rho_L - \rho_V}{\rho_V}\right)^{\frac{1}{2}}$$

式中　v_{max}——除沫器内蒸汽的最大允许速度,m/s

　　　ρ_L——溶液密度,kg/m³

　　　ρ_V——蒸汽密度 kg/m³

　　　k——系数,其值取决于雾沫表面张力、黏度、粒度和除沫器的直径。常取经验值如表 8 – 7 所示

表 8 – 7　　　　　　　　　　　　　k 的经验值

丝网高度 h/m	0.0762	0.1016	0.127	0.1524	0.1776	0.254	0.3048	0.36
k 值	0.037	0.046	0.058	0.067	0.088	0.1158	0.122	0.131

分离层高度,即指蒸发液面至捕沫器下表面之距离,通常不得小于 0.4m,而允许操作汽流速度范围 $(1 \sim 1.5) \leqslant v \leqslant (4 \sim 4.5)$ m/s,相应的 k 值范围为 $0.035 \sim 0.14$,一般取 $k = 0.11$。图 8 – 44 所示为 k 值与除沫效率关系曲线图,供设计时参考。由图 8 – 44 可以看出,低 k 值时的效率下降比高 k 值时得快,因此,设计时宜采用高 k 值。

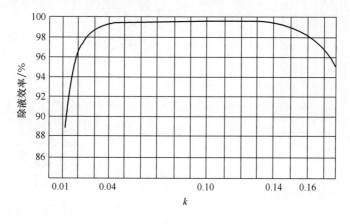

图 8 – 44　k 值与除沫效率的关系曲线

金属丝网的高度 h 可由下式计算:

$$h = \frac{q_v}{3600 \times \pi D v \times 0.5}(\text{m})$$

式中　q_v——进入除沫器的二次蒸汽体积流量,m^3/h

　　　D——除沫器内径,m

　　　v——进入除沫器的蒸汽速度($<v_{max}$),m/s

8.3　热交换器(预热冷凝器)

在热泵蒸发工艺过程中,所使用的换热器多为间壁式换热器。在这种换热器内,冷热流体不直接接触,而是通过间壁进行换热。生产中常用的间壁式换热器其类型有:列管换热器,又称管壳式换热器,波纹板式换热器和螺旋板式换热器。也是蒸发过程中作为料液预热的常用设备,所以在此介绍如下:

8.3.1　管式换热器[6]

8.3.1.1　列管换热器的主要结构

列管式换热器在实际生产中用得较多,其主要结构部件为管板(花板)、管束、壳体(外壳)、顶盖(封头)。如图 8-45 所示,为这简单的单程换热器。在圆筒形外壳中由若干根小直管组成的管束 3 所组成。管束两端固定在花板上,这就形成了列管内和列管外两个空间,管子用胀管或焊接方式连接在花板上,顶盖 4 用螺栓 6 和法兰 5 固定在外壳上,以便检修时拆卸。

热交换时,一种流体从顶盖入口进入,经管束从另一顶盖流出,即走管程。另一流体从壳体接管进入,经管束与壳体间空隙,从壳体另一接管流出,称为走壳程。管束内所有管子的表面积,即为两流体间的传热面积。

管子在花板上的排列方式如图 8-46 所示,其中正三角的排列方式用的较多。

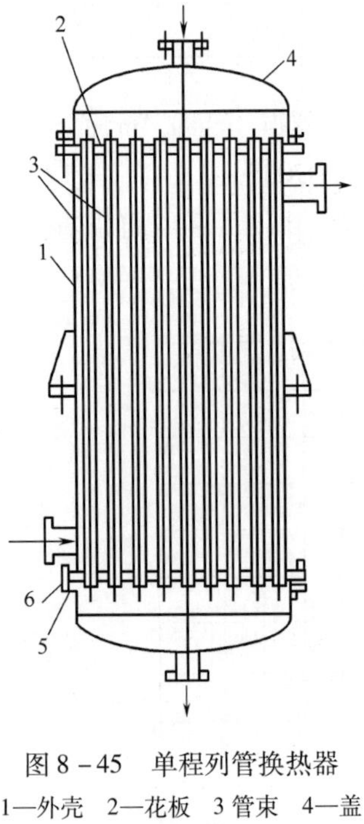

图 8-45　单程列管换热器

1—外壳　2—花板　3—管束　4—盖

5—法兰　6—螺栓

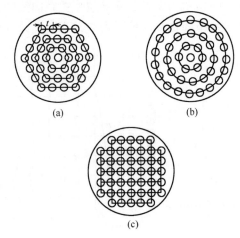

图 8-46　管子在管板上的排列

(a)正三角形排列　(b)同心圆排列　(c)正方形排列

8.3.1.2　列管换热器的程数

在图 8 -45 所示的列管换热器中,管内流体只经过管束一次,管外流体也经过壳体一次,这称为单管程单壳程换热器。

如果在换热器的花板和顶盖之间安装若干块与管束平行的隔板,将管束分成几个部分,则流体进入换热器后,只能从一部分管子通过,再进入另一部分管子。这样,依次流经各部分管子,最后由出口管流出,这就称为多管程换热器。图 8 - 47 所示为单壳程双管程换热器,管内流体两次经过管束。如果在壳体内与管束平行的方向上装置挡板,将壳体分成几个空间,走壳程的流体进入后要依次经过这些空间,最后从出口管流出,称为多壳程换热器。如果,只装一块纵向挡板,则流体在壳体内流经两次,称为双壳程,如图 8 -48 所示为双壳程四管程换热器。

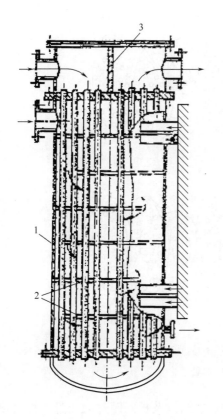

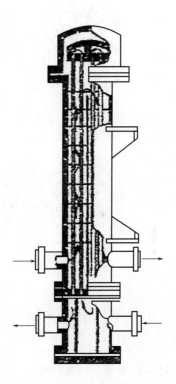

图 8 -47　双管程列管换热器　　　　图 8 -48　双壳程四管程列管换热器

1—外壳　2—挡板　3—隔板　　　　　　（管方 4 程,壳方 2 程）

8.3.1.3　列管换热器的横向挡板

为了提高壳程传热系数,常在垂直于管束的方向上装折流挡板以促进流体的湍流流动程数,图 8 -49 为常见的折流挡板形式由于有折流挡板,改变了壳程流体流动情况,如图 8 -50 所示。

换热器内最常用的是圆缺形挡板,切去弓形部分的高度,一般为内径的 20% ~25%,板间距 0.2 ~1 倍壳内径。为了减少流体在壳程流动的损失,最好使弓形切口的流通面积与挡

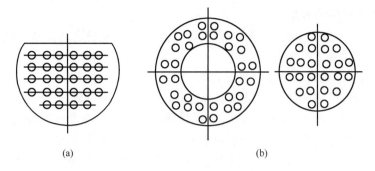

图 8 - 49 折流挡板的形式
（a）圆缺形 （b）圆盘形

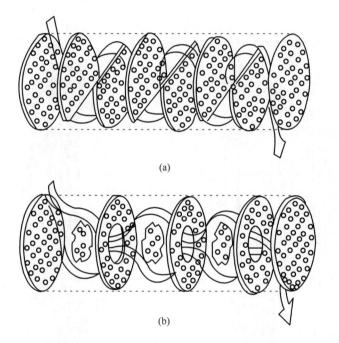

（a）

（b）

图 8 - 50 流体在壳内流动情况
（a）圆缺形 （b）圆盘形

板间错流流通面积相等。切去的弓形高度过大或过小，以及板间距过大或过小都会使壳程流体流动状况恶化，不利传热，也易在流动的死角处积垢。图 8 - 51 表示弓形高度及板间距对壳程流体流动的影响。

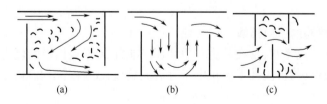

（a）   （b）   （c）

图 8 - 51 弓形部分高度及板间距对流动状况的影响
（a）弓形高度过小，板间距过大 （b）正常 （c）弓形高度过大，板间距过小

8.3.1.4　列管换热器的热补偿

由于外壳和管束的温度不同或材料膨胀系数不同,将产生热应力,严重时会使管子发生弯曲变形,或从管板上脱掉,造成泄漏,甚至损坏整个换热器。当外壳和管束温度相差较大(大于 50℃)时,应采取热补偿措施。常用的热补偿措施有:补偿圈补偿,U 形管补偿和浮头补偿。

(1)补偿圈补偿:图 8 - 52 为补偿圈补偿(又称膨胀节)的固定管板换热器。依靠补偿圈的弹性变化,以适应外壳与管子之间的不同热膨胀。此方法适应两流体温差小于 60 ~ 70℃,壳程压力小于 588kPa 场合。

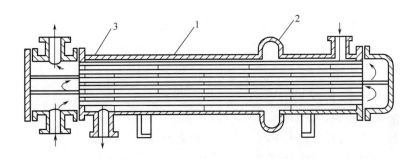

图 8 - 52　具有补偿圈的固定管板式换热器
1—挡板　2—补偿圈　3—放气嘴

(2)U 形管补偿:图 8 - 53 是用 U 形管补偿的换热器,两端均固定在同一块管板上,因此每根管子均可自由伸缩,以解决热补偿问题。这种换热器结构简单,质量轻,适用于高温高压情况。主要缺点是管程清洗困难;且因管子弯曲需一定半径,管板利用率较差。

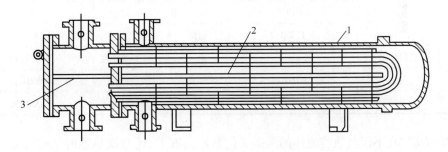

图 8 - 53　U 形管换热器
1—U 形管　2—壳程隔板　3—管程隔板

(3)浮头式补偿:这种换热器中两端的管板,有一块不与壳体相连,可以沿管束方向自由浮动,称为浮头,所以这种换热器称为浮头换热器,如图 8 - 54 所示。当壳体与管束温差较大而膨胀不同时,管束连同浮头就可在壳体内自由伸缩,从而解决热补偿问题。另外一端的管板用法兰与壳体相连,整个管束可由壳体中拆卸出来,便于清洗和检修。因此,应用比较广泛,但其结构比较复杂,金属材料耗量较多,造价高。

8.3.1.5　列管换热器的计算[7]

列管换热器中进行的换热过程遵循传热速率方程,即:

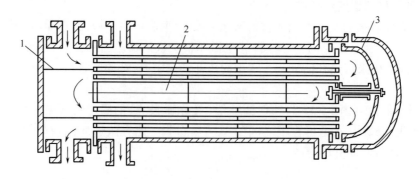

图 8－54　浮头式换热
1—管程隔板　2—壳程隔板　3—浮头

$$Q = K \cdot A \cdot \Delta t_{\mathrm{m}}$$

式中　Q——传热速率，W 或 kW

　　　K——传热总系数，$\mathrm{W/(m^2 \cdot ℃)}$

　　　A——传热面积，常取管束中所有管子的外表面，$\mathrm{m^2}$

　　Δt_{m}——热、冷两流体平均温差，℃

　　　传热总系数 K 可以通过计算或实验测定而取得，但工程实际中常取经验值，这是长期生产实践的总结。表 8－8 列出了一些常见列管式换热器内进行换热过程的传热系数 K 的经验值，可供选用。

表 8－8　　　　　　　　　　　列管换热器中传热系数 K 的经验值

冷流体	热流体	传热系数 $K/[\mathrm{W/(m^2 \cdot ℃)}]$	冷流体	热流体	传热系数 $K/[\mathrm{W/(m^2 \cdot ℃)}]$
水	水	8601700	水	水蒸气冷凝	14204250
水	气体	17280	气体	水蒸气冷凝	30300
水	有机溶剂	280850	水	低沸点烃类冷凝	4551140
水	轻油	340910	水沸腾	水蒸气冷凝	20004250
水	重油	60280	轻油沸腾	水蒸气冷凝	4551020

　　　平均温差 Δt_{m} 不仅与热冷流体的温度变化和流向有关，还与换热器的结构有关，如间壁两侧流体均无相变，并且为并流或逆流如图 8－55 所示，在换热器内，间壁两侧的流体朝着相同的方向流动，称为并流；朝着相反方向流动，称为逆流。

　　　设 T_1 和 T_2 分别代表热流体的初温和终温，t_1 和 t_2 分别代表冷流体的初温和终温。如图 8－55 所示，在换热器两端会出现一个温差较大的值 $\Delta t_{大}$，一个温差较小的值 $\Delta t_{小}$。

　　　此时冷、热流体的平均温度差 Δt_{m} 可用以下公式计算：

$$\Delta t_{\mathrm{m}} = \frac{\Delta t_{大}}{\ln \dfrac{\Delta t_{大}}{\Delta t_{小}}} - \frac{\Delta t_{小}}{\ln \dfrac{\Delta t_{大}}{\Delta t_{小}}}$$

　　　同样，在 $\dfrac{\Delta t_{大}}{\Delta t_{小}} \leq 2$ 时，可用算术平均温度差表示。

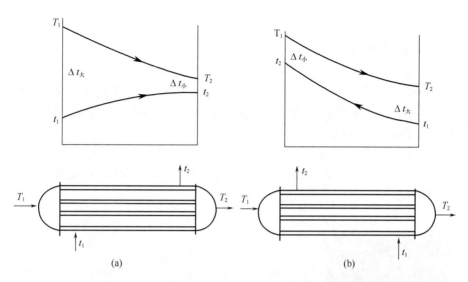

图 8 - 55　间壁两侧无相变并流和逆流时的温度变化

（a）并流　（b）逆流

$$\Delta t_{\mathrm{m}} = \frac{\Delta t_{大}}{2} + \frac{\Delta t_{小}}{2}$$

例题 8 - 1：现用逆流式换热器来预热料液，热源为废热水；料液进出口温度分别为，20℃和 40℃，热水进出口温度分别为 80℃ 和 45℃，求平均温差。

解：热流体：80℃ ——→45℃

　　冷流体：40℃ ←——20℃

端面温差 $\Delta t_{大} = 40℃$，$\Delta t_{小} = 25℃$

所以，$\Delta t_{\mathrm{m}} = \dfrac{40 - 25}{\ln\dfrac{40}{25}} = \dfrac{15}{\ln 1.6} = \dfrac{15}{0.47} = 31.9℃$

由于 $\dfrac{\Delta t_{大}}{\Delta t_{小}} = \dfrac{40}{25} = 1.6 < 2$，根据式 $\Delta t_{\mathrm{m}} = \dfrac{\Delta t_{大}}{2} + \dfrac{\Delta t_{小}}{2} = \dfrac{40 + 25}{2} = 32.5℃$

从计算可以看出，对数计算的平均温差 Δt_{m} 和用算术平均计算的温差 Δt_{m} 基本相同。

实际应用中，一般都用逆流操作。因为逆流条件的传热推动力比并流时大，在热负荷一定的情况下，其所需要的传热面积较小，设备制造费用较低。

间壁两侧流体无相变情况下，使用错流和折流的示意图如图 8 - 56 所示，其平均温度差可以根据逆流时温度的计算法计算，然后再乘以修正系数 ϕ，即

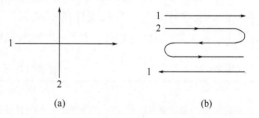

图 8 - 56　间壁两侧流体错流和折流的示意图

（a）错流　（b）折流

$$\Delta t_{\mathrm{m}} = \phi_{\Delta t} \cdot \Delta t_{逆}$$

式中　$\Delta t_{逆}$——热、冷流体逆流流动时的平均温差，℃

　　　$\phi_{\Delta t}$——温差校正系数，取决于换热器的结构，可从手册和专业书中查取

8.3.2 板式换热器

8.3.2.1 波纹板式换热器

板式换热器是一种新型、高效、结构紧凑的换热装置,如图8-57所示:(a)整体装配图,(b)板式换热器中流体的流动情况。它是由一系列平行排列的带有波纹的金属薄板、垫片、固定支架、端板及夹紧螺栓装配而成。板与板之间的空隙即为流体通道,每块板的四角上各开有一个通孔,借助于垫片的配合,使两个对角方向的孔与板面上的流道相通,而另外的两个孔与板面上的通道隔开,这样使冷、热流体分别在同一块板的两侧流过。根据热量的需要,将不同数量的板组合在一起,便构成了一个换热器,除了两端的两块夹紧用板外每一板面就是一个换热面。

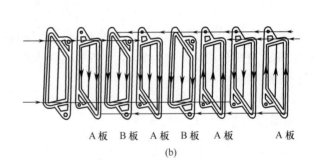

A板　B板　A板　B板　A板　　A板

(a)　　　　　　　　　　(b)

图8-57　板式换热器

(a)整体装配图　(b)板式换热器中流体的流动情况

(1)传热波纹板:它是用不锈钢或其他金属薄板冲压成长方形波纹板,板片的厚度1～1.2mm。波纹为等腰三角形,常用的有平直波纹和人字形波纹板两种,如图8-58所示。传热版做成波纹状是为了加强流体的扰动程度,以提高传热效率,同时也增加了板片刚性和耐压强度,并增加了传热面积。表8-9列出目前国内常用的板片规格及技术特性。

表8-9　　　　　　　　　　　　波纹板片规格及技术特性

板片名称	规格 (长×宽×厚) /mm	材料	波形	波纹高度 /mm	角孔直径 /mm	流道间距 /mm	波纹条数	流道宽度 /mm	单流道截面积 /m²	实际换热面积 /m²	板片质量 /kg
平直波纹板片	1370×500×1.2	不锈钢,铜合金,铝合金,碳钢	等腰三角形	7.3	112	4.8	31	4300	0.0021	0.52	6.7
人字形波纹板片	1150×360×1(1.2)	不锈钢,铜合金,铝合金,碳钢	等腰三角形	6	90	6	42	300	0.0018	0.294	4.22

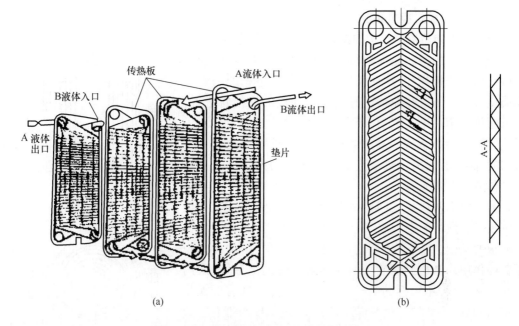

图 8 -58 板式换热器组合及板片结构图

(a)组合示意图 (b)人字形波片结构

(2)密封垫圈:这也是关键部件,选用何种材料的垫圈,应根据操作温度和物料特性而定。通常天然橡胶、丁苯橡胶和氯丁橡胶的使用温度在 85℃以下,硅橡胶可达 150℃,压缩石棉和压缩石面橡胶的使用温度可达 260℃和 360℃。

(3)固定支架和端板:固定支架上带有导轨,它与固定端板、随动夹紧端板及压紧螺栓一起,用以固定板片和垫圈,再通过夹紧螺栓将其压紧密封,防止两种流体泄露和相混。

(4)流程组装方式:如图 8 -59 所示,基本有三种方式:(a)并联,(b)串联以及(c)混联,在实际生产中可根据具体情况任选其中之一。

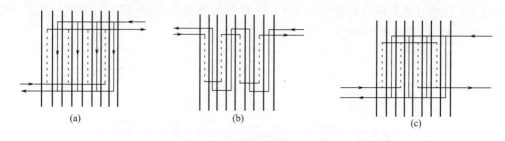

图 8 -59 板式换热器流程组装方式

(a)并联 (b)串联 (c)混联

(5)板式热交换器的优缺点:它的优点是,传热效率高,K 值可高达 6978W/(㎡·℃),结构紧凑,体积小,单位传热面积约为 $250m^2/m^3$,单位传热面积的金属量仅为 $7kg/m^2$;适应性强,灵活性大,可根据生产量的变化增减传热版片的数量。拆装、清洗、检修都很方便。其不足之处,密封性能较差,易泄漏,操作温度和压力不能过高。

8.3.2.2 螺旋板式换热器

螺旋板式换热器的结构如图8-60所示,它是用焊在中心分隔挡板上的两块金属薄板在专用卷板机上卷成,卷成之后两端用盖板焊死,这样便形成了两条互不相通的螺旋形通道。冷流体或热流体由螺旋通道外层的连接管进入,沿着螺旋通道向中心流动,最后由中心室的连接管流出;另一流体则由中心室另一端的接管进入,顺螺旋通道作相反方向向外流动,最后由外层连接管流出。两种流体在换热器中作逆流方式流动。

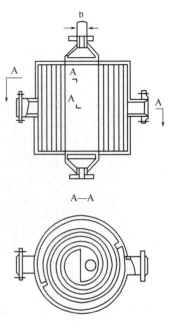

为了保证两块板之间始终保持一定的间距,在板上预先焊上一定数量的定距撑。定距撑还具有在这种装置增强螺旋板的刚度、扰动流体流动、破坏层流内层、增加传热膜系数的作用。考虑到螺旋板两端的盖板焊死之后,通道内无法清洗(这种不可拆的结构称为 I 型结构),在有的换热器中,将其改为两端与法兰焊死,法兰通过螺栓与带有接管的封头相接,其结构形式和列管式换热器相似,这种可拆卸的结构称为 II 型结构。 I 型、II 型在我国均有生产,并订有系列标准可供选用。螺旋板式换热器的主要优点是结构紧

图 8-60　螺旋板式换热器

凑,单位体积所提供的传热面积大,流体在器内作严格的逆流流动,流体的流速较高(液体可达 2m/s,气体可达 20m/s),污垢不易沉积。而且,流体在流道内的方向不断变化,故传热系数高,其 K 值大约为列管换热器的 $1\sim2$ 倍。缺点是制造和检修都比较困难,操作压力和温度不能太高,特别是承受的压强较低,一般只能在 2MPa 以下,另外,流体的阻力比较大,在同样物料和流速下,其阻力约为直管阻力的 $3\sim4$ 倍。

8.3.3 其他类型的换热器

除了上述列管式和板片式换热器之外,还有以下类型的热交换器:套管式换热器如图 8-61 所示,蛇管式换热器如图 8-62 所示。

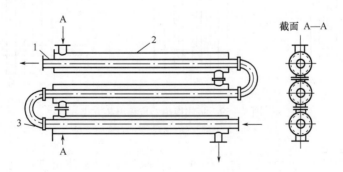

图 8-61　套管式换热器

1—内管　2—外管　3—U 形肘管

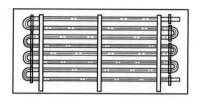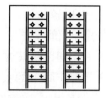

图 8 – 62　蛇管式换热器

8.3.3.1　套管式换热器

套管式换热器由两种直径大小不同的直管连接或焊接成的同心圆套管组成,内管表面积可以视为传热面。

根据工艺上的要求,可以将几段这样的套管串联起来组成换热器。上下排列固定在一个管架上,每一段套管常常称为一程,图 8 –61 所示的是一个三程的套管式换热器。如图所示每程的内管用 U 形肘管与下一程的内管相连,外管之间则通过接管上的法兰相接。每程的有效长度一般为 4 ~6m,否则,管子太长容易弯曲,使环隙中的流体分布不均。如果要求的传热面较大,可以将几排串列的套管并列在一起,每排与总管相连。进行热交换时一种流体在内管流动,另一种流体则在套管的环隙中流动,冷热两流体一般呈逆流流动。由于套管的两个管经都可以适当选择,以使内管与环隙间的流体呈湍流状态,因此一般具有较高的传热系数,同时减少了垢层的形成。由于设备均由管子构成,所以能耐较高压力,制造也较方便,传热面易于增减。其缺点是单位传热面积耗费材料多,占地面积大。适用于中小流量,传热面不大的情况,特别适合于高压情况。

8.3.3.2　蛇管式换热器

蛇管换热器有两类,一类是由肘管连接的直管组成如图 8 – 62 所示,另一类是由直管盘成螺旋形或其他形状所组成,如图 8 – 63 所示。蛇管的形状主要决定于容器的形状,图 8 – 63 所示为常见的几种形状。图 8 – 64 为常见浸没在装有液体容器内的形状之一。它们多数是沉没在充满水的容器内,具体形状则主要由容器的形状决定。蛇管的材料有不锈钢管、碳钢管或其他有色金属管、陶瓷管、石墨管等。由于容器的体积很大,容器内料液的流动速度

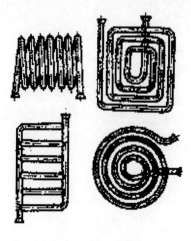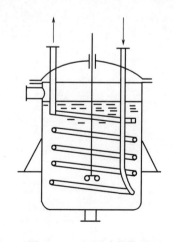

图 8 – 63　蛇管的形状　　　　　　图 8 – 64　沉浸式换热器

很小。此外,容器内的温度大体接近,降低了冷、热流体的平均温度差,所以沉浸式蛇管换热器的传热效果差,设备也比较笨重。为了改善传热效果,通常在容器里装设搅拌器。沉浸式蛇管换热器具有结构简单、价格便宜、材料范围广、能承受高压、操作管理方便等优点,常在传热量不大的反应釜中作辅助加热器用。

以上对各种换热器都作简单的叙述,在热泵蒸发过程中,一般采用较多的有列管式换热器,波纹板式换热器和螺旋板式换热器。因为,热泵蒸发工艺过程的应用其目的在于节约热能,所以通过压缩机的帮助回收了系统二次蒸汽的热能,作为系统的主要加热热源,还是要选用传热效率高的换热器,以便把将要排出系统各流体的余热加以充分回收再用于系统,从而达到节约能源的目的。板式换热器在目前来说属于传热效率高的一种换热器。我们曾在热泵蒸发法实验研究过程中采用了可拆式板式换热器(现在有不可拆的型式用于防泄漏),取得了很好的效果。

参 考 文 献

[1]郑惠君. 沈鼓集团离心式水蒸气压缩机业绩介绍报告[R]. 非出版资料,2013. 1 – 7.

[2]庞合鼎,王守谦,阎克智. 高效节能的热泵技术[M]. 北京:原子能出版社,1985. 48 – 67.

[3]化学工业部人事教育司和化学工业部教育培训中心编写. 蒸发器[M]. 北京:化学工业出版社,1997.

[4]《化学工程手册》编辑委员会. 蒸发与结晶[C]. 化学工程手册,第九篇[M]. 北京:化学工业出版社,1985. 4 – 8.

[5]上海化工学院. 基础化学工程(上册)[M]. 上海:上海科学技术出版社,1978. 4 – 8.

[6]陈英南,刘玉兰. 常用化工单元设备的设计[M]. 上海:华东理工大学出版社,2005. 31 – 47.

[7]赵锦全. 化工过程及设备[M]. 北京:化学工业出版社,1985. 210 – 216.

第9章 节约能源及热泵的未来

能源是人类现代生活和工业现代化生产与发展的基础。如果没有能源,现代生活和现代化工业就无从谈起。可是,我们知道常规能源(如煤炭、石油和天然气)的储存量是有限的,在未来的某个时候总会耗尽,并且在消耗能源的同时又带来了环境的污染。所以,在消耗能源的同时必须要提高能源利用效率和重视节约能源,这不但可以减少能源消耗而且也减少了环境的污染。

9.1 节约能源的意义[1]

能源是经济发展和人类生活的物质基础。社会生产的发展,特别是现代化工业的高速发展,人类生活水平的不断提高以及人口数量的增长,对能源的需求量逐步加大,能源问题越来越显得突出,成为举世瞩目的一个全球性的重大问题。

党的十八大提出,到 2020 年我国将实现全面建设小康社会的目标。随着人口增加,工业化和城镇化进程的加快,特别是重化工业和交通运输业的快速发展,能源需求量将大幅度的上升,经济发展面临的能源约束矛盾和能源使用带来的环境污染问题更加突出。

我国能源资源丰富,煤炭资源居世界第三位,石油资源居世界第八位,水力资源居世界第一位,太阳能据世界第二位,其他如天然气、地热、风力和核燃料资源也很丰富。但是,我国人口众多,按人口平均所拥有的能量资源并不很多。自然界能源可分为两大类,一类为可再生能源,是指每年可重复产生的自然能源,如太阳能、水能、风能和生物燃料等,这类能源可以说是取之不尽。另一类是非再生能源,是指那些不能每年重复再生的自然能源,如煤炭、石油、天然气、油页岩和核燃料(铀,钍),这类能源只会在使用过程中一天天的减少,最终总会有一天要耗尽的。

目前,人类使用的能源主要是非再生能源,约占能源总消费量的 90%。我国是能源消费大国之一,当然在使用能源方面毫不例外的也是以煤炭、石油和天然气为主。煤炭、石油和天然气都是工业生产的主要原料,但是,这种工业主要原料的 90% 都用作燃料而烧掉是非常可惜的;不仅如此,燃烧的同时又带来了环境严重污染问题。

我国是世界上最大煤炭生产国、消费国及出口国。但是,石油、天然气的储量并不像煤炭那样富裕,要靠进口来弥补使用中的短缺。改革开放以来,由于经济的快速发展,能源需求量随之大量增加,这样对外的依存度也在不断加大。

上述情况,使得我们必须做到合理地开发能源,并且在使用能源的同时要提高能源利用效率和节约能源。这不仅可减少能源开发投资,取得好的经济效益,而且还能减少能耗和环境污染。这还不只是利国利民于当前,而且造福于后代,为子孙后代创造一个清水蓝天的优质生态环境。

9.2　我国能源资源的现状及存在问题[2-3]

9.2.1　我国能源资源发展的现状

众所周知,能源工业是国民经济的基础,对社会发展、经济发展以及人民生活水平提高具有举足轻重的作用。那么,我国能源资源发展的现状如何呢? 如前所述,我国工业和经济的快速发展,能源需求急剧增加就出现能源供应不足,这个现实形成了要依赖其他地区的能源来补充本地能源的格局。

根据国际能源署的预测,到 2035 年中国将巩固自身作为世界最大能源消费国的地位,能源消费总量将比第二大能源消费国的美国高出 70% ,即使届时中国的人均能源消费依然不足美国的一半。

中国能源依存度在不断增加。1993 年中国首度成为石油净进口国,当时的原油对外依存度为 6% 。2004 年依存度上升到 26.7% ,2009 年超过 50% ,2010 年达到 53.8% 。2011 年8 月 15 日,国家发展和改革委员会公布,上半年中国石油资源对外依存度达到 54.8% 。国际能源署预测的形势更为严峻,认为中国的进口依存度或升至 80% 。

中国社科院 2010 年发布的《能源蓝皮书》预测 10 年后中国的原油对外依存度将达到 64.5% 。

所以,国际形势的变化和地区局势的动荡就将会给我国进口能源的安全性带来一定的风险。

9.2.2　我国能源资源利用存在的问题

在经济飞速发展的当今时代,中国能源工业的发展面临着环境保护、资源节约、资源的科学开发和利用等多方面的压力,如能源消费量大,环境污染严重,供需矛盾突出和消费结构不合理等问题。

9.2.2.1　能源消耗量大

低下的技术水平和粗放的经济增长方式导致了资源消耗多。据统计,我国能源利用率只有 32% (其中煤炭只有 6%),比发达国家低 10 个百分点。中国火力发电每千瓦小时耗煤427g 标准煤,比美、日高 20% ~30% 。我国单位国民生产总值的能耗为日本的 6 倍,美国的3 倍,韩国的 4.5 倍。我国单位 GNP 的能源消耗量是西方发达国家的 4 ~14 倍。主要能耗产品的单位能耗远远高于工业发达国家,平均煤炭利用率只有 30% 左右,比国际平均水平低 10% 。

9.2.2.2　能源利用率低

中国能源利用效率呈上升趋势,但仍然较低。中国单位 GDP 能耗处于下降态势,由2001 年的 11.47t 标煤/万美元降到 2007 年的 8.06t 标煤/万美元,年均下降为 5.7% ,尤其2004 年以来下降更快,2004—2007 年 4 年间单位 GDP 能耗下降了 3.89t 标煤/万美元,年均下降 12.3% ,这表明国家近几年来十分重视节能减排工作,并取得了很大成效。但同世界其他国家相比,中国的能源利用率还比较低。

2006 年单位 GDP 能耗是世界平均水平的 2.9 倍,分别为美国、日本的 3.7 倍和 5.4 倍,是印度和巴西的 1.4 倍和 3.3 倍。

单位产品能耗,2000 年与 1990 年相比较,火电供电耗煤由每千瓦小时的 427g 标煤下降到 392g 标煤;吨钢可比能耗由 997kg 标准煤下降到 784kg 标准煤;水泥综合能耗由每吨的 201kg 标准煤下降到 181kg 标准煤;大型合成氨(以油气为原料)综合能耗由每吨的 1343kg 标准煤下降到 1237kg 标准煤。

9.2.2.3 环境污染严重

我国由于能源消耗而引起的环境污染问题相当严重,以燃煤型为主的大气污染导致的酸雨覆盖区域已扩大到占国土总面积的约 30%。此外煤炭资源的开采利用带来了严重的地面污染,空气污染,有时出现的雾霾天气笼罩着较大的面积;无雨、无风雾霾很难消散。这直接影响着人们生活和健康。

9.2.2.4 供需矛盾

随着经济及现代化工业的飞速发展,能源紧缺的矛盾日益突出,尤其石油,天然气供需矛盾更加突出。我国能源具有:"多煤、贫油、少气"特点。数据显示 2000—2009 年中国原油消费量由 2.41 亿 t 上升到 3.88 亿 t,年增长 6.78%,原油净进口量 5969 万 t 上升到 1.99 亿 t,对外依存度也由 24.8% 飙升到 51.29%,同时中国石油进口源和石油运输线路相对单一,进一步加剧了国家能源风险。我国石化工业协会的数据显示,2009 年我国生产天然气830 亿 m^3,同上年相比增长 7.7%,2009 年我国天然气表观消费量为 874.5 亿 m^3,同比增长 11.5%。与国内生产量相比,国内天然气供需缺口达 40 亿 m^3,呈现供需不平衡状态。

9.2.2.5 消耗结构不合理

中国能源主要以煤为主,中国是世界上最大煤炭生产国、消费国及出口国;石油为中国第二大能源且比例不断增长;水力、风力和核电等新能源仅占很小比例(如表 9-1)。我国能源结构长期存在着过度依赖煤炭的问题,一直没有得到根本性解决,能源结构优化对能源需求总量影响很大。能源消费结构中煤炭的比例每下降 1%,相应的能源需求总量可降低 2000 万 t 标煤。中国一次能源消费结构中煤炭占的比例 70%,煤炭采收和利用总效率只达到世界先进水平的一半左右,碳排放强度大。这既表明中国节能减排的空间大,也显示目前清洁煤技术应用水平落后,需要通过加快技术研发,加大国际技术合作力度来实现化石能源的清洁化。

表 9-1   中国能源消费总量及构成(数据源于《中国统计年鉴》)

年份	能源消费总量 /万 t 标煤	占能源消费总量的比例/%			
		煤炭	石油	天然气	新能源
2005	224682	69.1	21.0	2.8	7.1
2006	246270	69.4	20.4	3.0	7.2
2007	265583	69.5	19.7	3.5	7.3
2008	285000	68.7	18.7	3.7	8.9
2009	306643	70.4	17.9	3.9	7.8

9.3 高效节能热泵技术在我国发展的广阔前景

9.3.1 节能要靠国家重视和推广要有具体政策

9.3.1.1 国家十分重视节约能源工作

每当能源供需紧张时,节能技术就得到重视,否则重视程度大大下降。如在第二次世界大战期间或战后一段时期内,因为表面上似乎能源很丰富的原因使热泵节能技术下降到很低的程度。在1973年石油危机后,1979年再次出现第二次石油危机,这才使人们又深深认识到了热泵的重要性。石油价格的猛烈增长,从1973年前的1美元/桶到1973年后的7美元/捅,在1982年达到了30~40美元/桶;这种状况完全改变了人们对能源利用及设计节能装置的看法。

当今,我国能源资源的紧缺状况及其利用效率如上节所述,能源对外的依存度逐年加大,由于国家的重视,能源利用效率也在不断提高,但同先进国家相比较还有一定的差距。

改革开放以来,能源供需矛盾显得更加突出。国家对这种能源形势十分重视。在党中央、国务院"能源开发与节约并举,把节约放在首位"及当党的十八大提出的,"坚持节约资源和保护环境的基本国策,坚持节约优先,保护优先,低碳发展,形成节约资源保护环境的空间格局、产业结构、生产方式、生活方式,从源头上扭转生态环境恶化。"的方针指引下,各地区、各部门和各企业单位大力开展节能工作取得了明显的效果。

节约能源已成为我国社会和经济持续发展的一项长远战略方针。为了节约能源保护环境,缓解能源供需矛盾,1998年颁布实施了《节约能源法》。

9.3.1.2 节能技术的推广要有具体政策[4]

前面已提到过"能源开发与节约并举,把节约放在首位"和"坚持节约资源和保护环境的基本国策,坚持节约优先,保护优先,……"。这对开发和推广节约能源的新技术起到了极大的推动作用。

节约热能与80%~90%的高效节能技术(工业用热泵蒸发技术)和其他节能技术一样,也会在这些政策的激励下得到快速的发展。

热泵蒸发技术是一项技术成熟,应用可靠的技术。20世纪四五十年代国外已把这项技术用于工业生产上,前面章节已有叙述(无机盐类的制备,造纸黑液回收烧碱以及放射性废液的净化等),并积累有很好的经验。我国在20世纪70代开始了这方面研究工作,通过研究和验证,虽然已掌握热泵生产工艺这项技术,但配套设备中的蒸汽压缩机国内不能制造,这便制约了这项技术的发展。随着压缩机问题的解决,2000年后这技术的工业应用发展较快。在食品、制药、制盐等领域得到了应用,有从国外引进压缩机同国内设备配套的(如河北石家庄化旭药业集团公司及山东济宁市菱花味精集团公司),四川泸州天然气化肥厂合成氨工段引进了国外的热泵技术,已取得了很好的社会效益和经济效益。目前这项技术所用设备多数都是国内自己加工制造的,如放射性废水的净化(中国原子能科学研究院)及化肥厂的合成氨工段(如锦西天然气化肥厂和816化肥厂)。

9.3.2　提高全民节约能源的意识

节约能源是我国经济社会发展的长远战略方针。不是能源紧张时我们重视节能,能源缓和时就放松节能。要使全民都能重视节能,首先各级领导,特别是那些企事业单位的领导要重视。接下就是开展广泛、深入、持久地宣传,不断提高全民节约能源的意识,认识到人人都是能源消费者又是节约能源保护环境的执行者。由于国家政策的贯彻执行,宣传工作的深入,我国的节能工作取得了很好的效果。但是,国家大,企事业生产单位多,免不了有地方,有技术,有设备甚至已有具备生产运行节能的整套生产系统也不把它用起来(体制问题)。

9.4　热泵蒸发技术在我国有着广阔的发展前景

综上所述可以得出在我国推广应用热泵蒸发技术的有利条件:

(1)广阔的应用市场:常规蒸发操作单元几乎遍及我国化工、食品、制药、造纸、海水淡化、无机盐制备、废水处理以及放射性废水的净化等生产领域。所以,热泵蒸发代替常规蒸发便有着广阔的天地。

(2)我国的能源状况:我国能源供需矛盾突出,对从国外进口能源的依赖度不断增加。在这种形势下,推广节能技术的应用也是一条必走之路。

(3)国家重视,政策到位:已有节能政策和节能规划(如《节约能源法》等)。

(4)热泵蒸发生产系统的设备国内完全可以加工制造。

(5)在一些生产领域已有应用并积累了好的经验。这为热泵蒸发技术的推广奠定了基础。

以上几个方面会促使高效节能的热泵蒸发技术,在我国得到快速发展和推广应用,并一定能在我国经济快速发展的进程中为节约能源,节约水资源以及环境保护做出贡献。

参 考 文 献

[1]庞合鼎,王守谦,阎克智. 高效节能的热泵技术[M]. 北京:原子能出版社,1985. 155 - 160.

[2]李润东,可欣. 能源于环境概论[M]. 北京:化学工业出版社,2013.

[3]本书编写组. 人民日报社重要言论汇编[G]. 北京:人民出版社,2012. 62 - 65.

附　　录

附表1　　　　　　　　　　　　　饱和水蒸气表（按温度排列）

温度 /℃	绝对压力		蒸汽比体积	蒸汽密度	液体焓		蒸气焓		汽化热	
	kgf/cm²	kN/m²	m³/kg	kg/m³	kcal/kgf	kJ/kg	kcal/kgf	kJ/kg	kcal/kgf	kJ/kg
t	p		v	ρ	h′		h″		r	
0	0.0062	0.61	206.5	0.00484	0	0	595.0	2491.3	595.0	2491.3
5	0.0089	0.87	147.1	0.00680	5.0	20.94	597.3	2500.9	592.3	2480.0
10	0.0125	1.23	106.4	0.00940	10.0	41.87	599.6	2510.5	589.6	2468.6
15	0.0174	1.71	77.9	0.01283	15.0	62.81	602.0	2520.6	587.0	2457.8
20	0.0238	2.33	57.8	0.01719	20.0	83.74	604.3	2530.1	584.3	2446.3
25	0.0323	3.17	43.40	0.02304	25.0	104.68	606.6	2538.6	581.6	2433.9
30	0.0433	4.25	32.93	0.03036	30.0	125.60	608.9	2549.5	578.9	2423.7
35	0.0573	5.62	25.25	0.03960	35.0	146.55	611.2	2559.1	576.2	2412.6
40	0.0752	7.37	19.55	0.05114	40.0	167.47	613.5	2568.7	573.5	2401.1
45	0.0977	9.58	15.28	0.06543	45.0	188.42	615.7	2577.9	570.7	2389.5
50	0.1528	14.98	12.064	0.0830	50.0	209.34	618.0	2587.6	568.0	2378.1
55	0.1605	15.74	9.589	0.1043	55.0	230.29	620.2	2596.8	565.2	2366.5
60	0.2031	19.92	7.687	0.1301	60.0	251.21	622.5	2606.3	562.5	2355.1
65	0.2550	25.01	6.209	0.1611	65.0	272.16	624.7	2615.6	559.7	2343.4
70	0.3177	31.16	5.052	0.1979	70.0	293.08	626.8	2624.4	556.8	2331.2
75	0.393	38.5	4.139	0.2416	75.0	314.03	629.0	2629.7	554.0	2315.7
80	0.483	47.4	3.414	0.2929	80.0	334.94	631.1	2642.4	551.2	2307.3
85	0.590	57.9	2.832	0.3531	85.0	355.90	633.2	2651.2	548.2	2295.3
90	0.715	70.1	2.365	0.4229	90.0	376.81	635.3	2660.0	545.3	2283.1
95	0.862	84.5	1.985	0.5039	95.0	397.77	637.4	2668.8	542.4	2271.0
100	1.033	101.3	1.675	0.5970	100.0	418.68	639.4	2677.2	539.4	2258.4
105	1.232	120.8	1.421	0.7036	105.1	439.64	641.3	2685.1	536.3	2245.5
110	1.461	143.3	1.212	0.8254	110.1	460.97	643.3	2693.5	533.1	2232.4
115	1.724	120.0	1.038	0.9635	115.2	481.51	645.2	2702.5	530.0	2221.0
120	2.025	198.6	0.893	1.1199	120.3	503.67	647.0	2708.9	526.7	2205.2

续表

温度 /℃	绝对压力		蒸汽比体积	蒸汽密度	液体焓		蒸气焓		汽化热	
	kgf/cm²	kN/m²	m³/kg	kg/m³	kcal/kgf	kJ/kg	kcal/kgf	kJ/kg	kcal/kgf	kJ/kg
t	p		v	ρ	h′		h″		r	
125	2.367	232.1	0.7715	1.296	125.4	523.38	648.8	2716.5	523.5	2193.1
130	2.755	270.2	0.6693	1.494	130.5	546.38	650.6	2723.9	520.1	2177.6
135	3.192	313.0	0.5831	1.715	135.6	565.25	652.3	2731.2	516.7	2166.0
140	3.685	361.4	0.5096	1.962	140.7	589.08	653.9	2737.8	513.2	2148.7
145	4.238	415.6	0.4469	2.238	145.9	607.12	655.5	2744.6	509.6	2137.5
150	4.855	476.1	0.3933	2.543	151.0	632.21	657.0	2750.7	506.0	2118.5
160	6.303	618.1	0.3075	3.252	161.4	675.75	659.9	2762.9	498.5	2087.1
170	8.080	792.4	0.2431	4.113	171.8	719.29	662.4	2773.3	490.6	2054.0
180	10.23	1003	0.1944	5.145	182.3	763.25	664.6	2782.6	482.3	2019.3
190	12.80	1255	0.1568	6.378	192.9	807.63	666.4	2790.1	473.5	1982.5
200	15.85	1554	0.1276	7.840	203.5	852.01	667.7	2795.5	464.2	1943.5
210	19.55	1917	0.1045	9.567	214.3	897.23	668.6	2799.3	454.4	1902.1
220	23.66	2320	0.0862	11.600	225.1	942.45	669.0	2801.0	443.9	1858.5
230	28.53	2797	0.07155	13.98	236.1	988.50	668.8	2800.1	482.7	1811.6
240	34.13	3347	0.05967	16.76	247.1	1034.56	668.0	2796.8	420.8	1762.2
250	40.55	3976	0.04998	20.01	258.3	1081.45	666.4	2790.1	408.1	1708.6
260	47.85	4693	0.04199	23.82	269.6	1128.76	664.2	2780.9	394.5	1652.1
270	56.11	5503	0.03538	28.27	281.1	1176.91	661.2	2760.3	380.1	1591.4
280	63.42	6220	0.02988	33.47	292.7	1225.48	657.3	2752.0	364.6	1526.5
290	75.88	7442	0.02525	39.60	304.4	1274.46	652.6	2732.3	348.1	1457.8
300	87.6	8591	0.02131	46.93	316.6	1325.54	646.8	2708.0	330.2	1382.5
310	100.7	9876	0.01799	55.59	329.3	1378.71	640.1	2680.0	310.8	1301.3
320	115.2	11300	0.01516	65.95	343.0	1436.07	632.5	2648.2	289.5	1212.1
330	131.3	12880	0.01273	78.53	357.5	1446.78	623.5	2610.5	266.6	1113.7
340	149.0	14510	0.01064	93.98	373.3	1562.93	613.5	2568.6	240.2	1005.7
350	168.6	16530	0.00884	113.2	390.8	1632.20	601.1	2516.7	210.3	880.5
360	190.3	18660	0.00716	139.6	413.0	1729.15	583.4	2442.6	170.3	713.4
370	214.5	21030	0.00585	171.0	451.0	1888.25	549.8	2301.9	98.2	411.1
374	225.0	22060	0.00310	322.6	501.1	2098.0	501.1	2098.0		

附表 2A 　　　　　　　　　**饱和水蒸气表(按压力排列)**

A. 以国际制压力单位为准

绝对压力		温度/℃	蒸汽的比体积/(m³/kg)	蒸汽的密度/(kg/m³)	焓/(kJ/kg)		汽化热/(kJ/kg)
kN/m²	kgf/cm²				液体	蒸汽	
p		t	v	ρ	h′	h″	r
1.0	0.00987	6.3	129.37	0.00773	26.48	2503.1	2476.8
1.5	0.0148	12.5	88.26	0.01133	52.26	2515.3	2463.0
2.0	0.0197	17.0	67.29	0.01486	71.21	2524.2	2452.9
2.5	0.0247	20.9	54.47	0.01836	87.45	2531.8	2444.3
3.0	0.0296	23.5	45.52	0.02179	98.38	2536.8	2438.4
3.5	0.0345	26.1	39.45	0.02523	109.30	2541.8	2432.5
4.0	0.0395	28.7	34.88	0.02867	120.23	2546.8	2426.6
4.5	0.0444	30.8	33.06	0.03205	129.00	2550.9	2421.9
5.0	0.0493	32.4	28.27	0.03537	135.69	2554.0	2418.3
6.0	0.0592	35.6	23.81	0.04200	149.06	2560.1	2411.0
7.0	0.0691	38.8	20.56	0.04864	162.44	2566.3	2403.8
8.0	0.0790	41.3	18.13	0.05514	172.73	2571.0	2398.2
9.0	0.0888	43.3	16.24	0.06156	181.16	2574.8	2393.6
10	0.0987	45.3	14.71	0.06798	189.59	2578.5	2388.9
15	0.148	53.5	10.04	0.09956	224.03	2594.0	2370.0
20	0.197	60.1	7.65	0.13068	251.51	2606.4	2354.9
30	0.296	66.5	5.24	0.19093	288.77	2622.4	2333.7
40	0.395	75.0	4.00	0.24975	315.93	2634.1	2312.2
50	0.493	81.2	3.25	0.30799	339.80	2644.3	2304.5
60	0.592	85.6	2.74	0.36514	358.21	2652.1	2393.9
70	0.691	89.9	2.37	0.42229	376.61	2659.8	2283.2
80	0.799	93.2	2.09	0.47807	390.08	2665.3	2275.3
90	0.888	96.4	1.87	0.53384	403.49	2670.8	2267.4
100	0.987	99.6	1.70	0.58961	416.90	2676.3	2259.5
120	1.184	104.5	1.43	0.69868	437.51	2684.3	2246.8
140	1.382	109.2	1.24	0.80758	457.67	2692.1	2234.4
160	1.579	113.0	1.21	0.82981	473.88	2698.1	2224.2
180	1.776	116.6	0.988	1.0209	489.32	2703.7	2214.3
200	1.974	120.2	0.887	1.1273	493.71	2709.2	2204.6
250	2.467	127.2	0.719	1.3904	534.39	2719.7	2185.4

续表

绝对压力		温度/℃	蒸汽的比体积/(m³/kg)	蒸汽的密度/(kg/m³)	焓/(kJ/kg)		汽化热/(kJ/kg)
kN/m²	kgf/cm²				液体	蒸汽	
p		t	v	ρ	h'	h''	r
300	2.961	133.3	0.606	1.6501	560.38	2728.5	2168.1
350	3.454	138.8	0.524	1.9074	583.76	2736.1	2152.3
400	3.948	143.4	0.463	2.1618	603.61	2142.1	2138.5
450	4.44	147.7	0.414	2.4152	622.42	2747.8	2125.4
500	4.93	151.7	0.375	2.6673	639.59	2752.8	2113.2
600	5.92	158.7	0.316	3.1686	670.22	2761.4	2091.1
700	6.91	164.7	0.273	3.6657	696.27	2767.8	2071.5
800	7.90	170.4	0.240	4.1614	720.96	2773.7	2052.7
900	8.88	175.1	0.215	4.6525	741.82	2778.1	2036.2
1×10^3	9.87	179.9	0.194	5.1432	762.68	2782.5	2019.7
1.1×10^3	10.86	180.2	0.177	5.6339	780.34	2785.5	2005.1
1.2×10^3	11.84	187.8	0.166	6.1241	797.92	2788.5	1990.6
1.3×10^3	12.83	191.5	0.151	6.6141	814.25	2790.9	1976.7
1.4×10^3	13.82	194.8	0.141	7.1038	829.06	2792.4	1963.7
1.5×10^3	14.80	198.2	0.132	7.5935	843.86	2794.5	1950.7
1.6×10^3	15.79	201.3	0.124	8.0814	857.77	2796.0	1938.2
1.7×10^3	16.78	204.1	0.117	8.5674	870.58	2797.1	1926.5
1.8×10^3	17.76	206.9	0.110	9.0533	883.39	2798.1	1914.8
1.9×10^3	18.75	209.8	0.105	9.5392	896.21	2799.2	1903.0
2×10^3	19.74	212.2	0.0997	10.0338	907.32	2799.7	1892.4
3×10^3	29.61	233.7	0.0666	15.0075	1005.4	2798.9	1793.5
4×10^3	39.48	250.3	0.0498	20.0969	1082.9	2789.8	1706.8
5×10^3	49.35	263.8	0.0394	25.3663	1146.9	2776.2	1629.2
6×10^3	59.21	275.4	0.0324	30.8494	1203.2	2759.5	1556.3
7×10^3	69.08	285.7	0.0273	36.5744	1253.2	2740.8	1487.6
8×10^3	79.95	294.8	0.0235	42.5768	1299.2	2720.5	1403.7
9×10^3	88.82	303.2	0.0205	48.8945	1343.5	2699.1	1356.6
10×10^3	98.69	310.9	0.0180	55.5407	1384.0	2677.1	1293.1
12×10^3	118.43	324.5	0.0142	70.3075	1463.4	2631.2	1167.7
14×10^3	138.17	336.5	0.0115	87.3020	1567.9	2583.2	1043.4
16×10^3	157.90	347.2	0.00927	107.8010	1615.8	2531.1	915.4
18×10^3	177.64	356.9	0.00744	134.4813	1699.8	2466.0	766.1
20×10^3	197.38	365.6	0.00566	176.5961	1817.8	2364.2	544.9

附表 2B

饱和水蒸气表（按压力排列）

B. 以工程制压力为准

绝对压力		温度	蒸汽比体积	蒸汽密度	液体焓		蒸汽焓		液化热		液体熵		蒸汽熵	
kgf/cm²	kN/m²	/℃	/(m³/kg)	/(kg/m³)	kcal/kgf	kJ/kg	kcal/kgf	kJ/kg	kcal/kgf	kJ/kg	kcal/(kgf·℃)	kJ/(kg·℃)	kcal/(kgf·℃)	kJ/(kg·℃)
p		t	v	ρ	h'		h"		r		s'		s"	
0.01	0.981	6.6	131.60	0.00760	6.6	27.63	598.0	2503.71	591.4	2476.07	0.0243	0.1016	2.1450	8.9661
0.015	1.471	12.7	89.64	0.01116	12.7	53.17	600.9	2515.85	588.2	2462.68	0.0457	0.1910	2.1098	8.8190
0.02	1.961	17.1	68.27	0.01465	17.1	71.59	602.9	2523.74	585.8	2452.63	0.0612	0.2558	2.0849	8.7149
0.025	2.45	20.7	55.28	0.01809	20.7	86.67	604.6	2531.34	583.9	2444.67	0.075	0.3072	2.0658	8.6350
0.03	2.94	23.7	46.53	0.02149	23.7	99.23	606.0	2537.20	582.3	2437.97	0.0837	0.3499	2.0501	8.5694
0.04	3.92	28.6	35.46	0.02820	28.6	119.74	608.2	2546.41	579.6	2426.67	0.0999	0.4176	2.0254	8.4662
0.05	4.90	32.5	28.73	0.03481	32.5	136.07	610.0	2550.17	577.5	2417.88	0.1127	0.4711	2.0065	8.3872
0.06	5.88	35.8	24.19	0.04133	35.8	149.89	611.5	2560.23	575.8	2410.76	0.1233	0.5154	1.9909	8.3220
0.08	7.85	41.4	18.45	0.05420	41.1	172.08	614.0	2570.70	572.8	2398.20	0.1402	0.8660	1.9665	8.2137
0.10	9.81	45.4	14.96	0.06686	45.4	190.08	615.9	2579.76	570.5	2388.57	0.1540	0.6437	1.9679	8.1422
0.12	11.77	49.0	12.60	0.07937	49.0	205.15	617.6	2585.77	568.5	2380.20	0.1652	0.6905	1.9326	8.0783
0.15	14.71	53.6	10.22	0.09787	53.6	224.41	619.6	2594.14	566.0	2369.73	0.1790	0.7482	1.9141	8.0009
0.20	19.61	59.7	7.797	0.1283	59.7	249.95	622.3	2605.45	562.7	2355.91	0.1976	0.7357	1.8961	7.9257
0.30	29.4	68.7	5.331	0.1876	68.7	287.63	626.3	2621.69	557.6	2334.56	0.2242	0.9372	1.8567	7.7610
0.40	39.2	75.4	4.072	0.2456	75.4	315.68	629.2	2634.75	553.8	2318.65	0.2438	1.0191	1.8333	7.6632
0.50	49.0	80.9	3.304	0.3027	80.9	338.71	631.5	2643.96	550.6	2305.25	0.2593	1.0839	1.8152	7.5875
0.60	58.8	85.5	2.785	0.3590	85.5	357.97	633.4	2651.92	548.0	2294.37	0.2722	1.1378	1.8004	7.5257

0.70	68.6	89.3	2.411	0.4147	89.5	374.72	635.1	2659.04	545.6	2284.32	0.2833	1.1842	17878	7.4730
0.80	78.5	93.0	2.128	0.4699	93.0	389.37	636.5	2664.90	543.6	2275.94	0.2931	1.2252	1.7771	7.4283
0.90	88.3	96.2	1.906	0.5246	96.2	402.77	637.8	2670.34	541.7	2267.99	0.3019	1.619	1.7677	7.3890
1.0	98.1	99.1	1.727	0.5790	99.1	414.91	639.0	2675.37	539.9	2260.45	0.3097	1.2946	1.7592	7.3535
1.2	117.7	104.2	1.457	0.6865	104.3	436.68	641.1	2684.16	536.7	2247.06	0.3236	1.3527	1.7447	7.2929
1.4	137.2	108.7	1.261	0.7931	108.9	455.94	642.8	2691.30	533.9	2235.33	0.3355	1.4024	1.7322	7.2406
1.6	157.0	112.7	1.113	0.898	112.9	472.69	644.3	2697.56	531.4	2224.87	0.3460	1.4254	1.7216	7.1963
1.8	176.5	116.3	0.997	1.003	116.6	488.18	645.7	2703.42	529.1	2215.24	0.3554	1.4856	1.7123	7.1574
2.0	196.1	119.6	0.903	1.107	119.9	502.00	646.9	2708.44	527.0	2206.44	0.3640	1.5215	1.7039	7.1223
3.0	294	132.9	0.6180	1.618	133.4	558.52	651.6	2728.12	518.1	2169.18	0.3976	1.6595	1.6716	6.9873
4.0	392	142.9	0.4718	2.120	143.7	601.64	654.9	2741.94	511.1	2139.87	0.4226	1.7665	1.6488	6.8920
5.0	490	151.1	0.3825	2.614	152.2	637.23	657.3	2751.98	505.2	2115.17	0.4426	1.8501	1.6310	6.8176
6.0	588	158.1	0.3222	3.104	159.4	667.38	659.3	2760.36	499.9	2092.98	0.4594	1.8977	1.6163	6.7561
7.0	686	164.2	0.2785	3.591	165.7	693.75	660.9	2767.06	495.2	2073.30	0.4740	1.9813	1.6039	6.7043
8.0	785	169.6	0.2454	4.075	171.4	717.62	662.3	2772.92	490.9	2055.30	0.4868	2.0348	1.5931	6.6592
9.0	883	174.5	0.2195	4.556	176.6	739.39	663.4	2777.52	486.8	2038.13	0.4983	2.0829	1.5834	6.6186
10	981	179.0	0.1985	5.037	181.3	759.07	664.4	2781.71	483.1	2022.64	0.5088	2.1268	1.5748	6.5827
11	1079	183.2	0.1813	5.616	185.7	777.49	665.2	2785.06	479.5	2007.57	0.5184	2.1669	1.5669	6.5496
12	1177	187.1	0.1668	5.996	189.8	794.65	665.9	2788.00	376.1	1574.66	0.5272	2.2037	1.5508	6.5200
13	1274	190.7	0.1545	6.474	193.6	810.56	666.6	2790.92	472.8	1979.52	0.5356	2.2388	1.5531	6.4920
14	1373	194.1	0.1438	6.952	197.3	826.06	667.0	2792.60	469.7	1966.54	0.5435	2.2718	1.5468	6.4706
15	1471	197.4	0.1346	7.431	200.7	840.29	667.4	2794.27	466.7	1953.98	0.5508	2.3023	1.5410	6.4414

续表

绝对压力		温度	蒸汽比体积	蒸汽密度	液体焓		蒸汽焓		液化热		液体熵		蒸汽熵	
kgf/cm²	kN/m²	/℃	/(m³/kg)	/(kg/m³)	kcal/kgf	kJ/kg	kcal/kgf	kJ/kg	kcal/kgf	kJ/kg	kcal/kgf	kJ/kg	kcal/(kgf·℃)	kJ/(kg·℃)
	p	t	v	ρ	h'		h''		r		s'		s''	
16	1569	200.4	0.1264	7.909	204.0	854.11	667.8	2795.95	463.8	1941.84	0.5577	2.3312	1.5355	6.4184
17	1667	203.4	0.1192	8.389	207.1	867.09	668.1	2797.20	460.9	1929.70	0.5642	2.3584	1.5303	6.3967
18	1765	206.2	0.1128	8.868	210.1	879.65	668.3	2798.04	458.2	1918.39	0.5705	2.3847	1.5254	6.3762
19	1863	208.8	0.1070	9.349	213.0	891.79	668.5	2798.88	455.5	1907.09	0.5764	2.7667	1.5206	6.3561
20	1961	211.4	0.1017	9.83	215.8	903.51	668.7	2799.71	452.9	1896.20	0.5822	2.4336	1.5161	6.3373
30	2942	232.8	0.06802	14.70	239.1	1001.06	668.6	2799.29	429.5	1798.23	0.6295	2.6313	1.4794	6.1839
40	3923	249.2	0.05069	19.73	257.4	1077.68	666.6	2790.92	409.2	1713.24	0.6654	2.7814	1.4517	6.0681
50	4904	262.7	0.04007	24.96	272.7	1141.74	663.4	2777.52	390.7	1635.78	0.6950	2.9051	1.4288	5.9724
60	5884	274.3	0.03289	30.41	286.1	1197.84	659.5	2761.19	373.5	1563.77	0.7203	3.0109	1.4089	5.8892
70	6864	284.5	0.02769	36.12	298.0	1247.67	655.3	2743.61	357.3	1495.94	0.7428	3.1049	1.3911	5.8148
80	7846	293.6	0.02374	42.13	308.8	1292.88	650.6	2723.93	341.8	1431.05	0.7632	3.1902	1.3746	5.7458
90	8826	301.9	0.02064	48.45	319.0	1335.59	645.6	2703.00	326.7	1367.83	0.7817	3.2675	1.3588	5.6798
100	9807	309.5	0.01815	55.11	328.7	1402.29	640.5	2681.65	311.8	1305.44	0.7992	3.3407	1.3440	5.6179
120	11770	323.1	0.01437	69.60	343.7	1439.00	629.7	2636.43	282.4	1182.35	0.81316	3.4761	1.3152	5.4975
140	13730	335.0	0.01164	85.91	365.3	1529.44	618.6	2589.95	253.3	1060.52	0.8614	3.6007	1.2872	5.3805
160	15690	345.7	0.00956	104.6	383.4	1604.91	606.3	2538.46	222.8	932.82	0.8901	3.7206	1.2581	5.2589
180	17650	355.4	0.00782	128.0	401.9	1682.67	592.6	2481.10	190.7	798.42	0.9192	3.8423	1.2260	5.1247
200	19610	364.2	0.00614	162.9	425.6	1781.90	572.8	2398.20	147.3	616.72	0.9515	3.9772	1.1865	4.9596
225	22070	374.0	0.00310	322.6	501.1	2098.00	501.1	2098.00	0	0	1.0332	4.3188	1.0866	4.5420

附表3　　　　　　　　　　　水的饱和蒸汽压（－20℃至100℃）

温度/℃	压力/mmHg	温度/℃	压力/mmHg	温度/℃	压力/mmHg	温度/℃	压力/mmHg
－20	0.772	－11	1.780	2	3.876	7	7.51
19	0.850	－10	1.946	－1	4.216	8	8.05
18	0.935	9	2.125	0	4.579	9	8.61
17	1.027	8	2.321	+1	4.93	10	9.21
16	1.128	7	2.532	2	5.29	11	9.84
15	1.238	6	2.761	3	5.69	12	10.52
14	1.357	5	3.008	4	6.10	13	11.23
13	1.486	4	3.276	5	6.54	14	11.99
12	1.627	3	3.566	6	7.01	15	12.79
16	13.63	37	47.07	58	136.1	79	341.0
17	14.53	38	49.65	59	142.6	80	355.1
18	15.48	39	52.44	60	149.4	81	369.3
19	16.48	40	55.32	61	156.4	82	334.9
20	17.54	41	58.34	62	163.8	83	400.6
21	18.65	42	61.50	63	171.4	84	416.8
22	19.83	43	64.80	64	179.3	85	433.6
23	21.07	44	68.26	65	137.5	86	450.9
24	22.38	45	71.88	66	196.1	87	466.1
25	23.76	46	75.65	67	205.0	88	487.1
26	25.21	47	79.60	68	214.2	89	506.1
27	26.74	48	83.71	69	223.7	90	525.8
28	28.35	49	88.02	70	233.7	91	546.1
29	30.04	50	92.51	71	243.9	92	567.0
30	31.82	51	97.20	72	254.6	93	588.6
31	33.70	52	102.1	73	265.7	94	610.9
32	35.66	53	107.2	74	277.2	95	633.9
33	37.73	54	112.5	75	289.1	96	657.6
34	39.90	55	118.0	76	301.4	97	682.1
35	42.18	56	123.8	77	314.1	98	707.3
36	44.56	57	129.8	78	327.3	99	733.2
						100	760.0

注：1mmHg = 133.322Pa。

附表4（水和过热蒸汽）中各参数所用的单位为：s（熵）/[kcal/(kg·℃)]；h（焓）/（kcal/kg）；p（压力）/（kgf/cm²）；v（比体积）/（m³/kg）；t_s 饱和温度/℃。

附表4

水和过热蒸汽

t	0.04kgf/cm²（绝对大气压） $t_s=28.041$ $v''=35.46$ $h''=609.8$ $s''=2.0255$			0.05kgf/cm²（绝对大气压） $t_s=32.55$ $v''=28.72$ $h''=611.5$ $s''=2.0065$			0.08kgf/cm²（绝对大气压） $t_s=41.16$ $v''=18.45$ $h''=615.2$ $s''=1.9667$		
	v	h	s	v	h	s	v	h	s
1	0.0010002	0.0	0.0002	0.0010002	0.0	0.0000	0.0010002	0.0	0.0000
10	0.0010003	10.0	0.0361	0.0010003	10.0	0.0361	0.0010003	10.0	0.0361
20	0.0010013	20.0	0.0708	0.0010018	20.0	0.0708	0.0010018	20.0	0.0708
30	35.61	610.4	2.0272	0.0010044	30.0	0.1042	0.0010044	30.0	0.1042
40	36.79	614.9	2.0412	29.42	614.8	2.0164	0.0010079	40.0	0.1365
50	37.98	619.4	2.0549	30.36	619.4	2.0303	18.94	619.2	1.9783
60	39.16	623.9	2.0684	31.31	623.9	2.0439	19.53	623.8	1.9919
70	40.34	628.4	2.0818	32.25	628.4	2.0573	20.15	628.3	2.0053
80	41.51	633.0	2.0949	33.19	632.9	2.0703	20.74	632.9	2.0183
90	42.69	637.6	2.1077	34.14	637.5	2.0830	21.33	637.5	2.0309
100	43.87	642.1	2.1199	35.08	642.1	2.0953	21.92	642.1	2.0432
110	45.05	646.6	2.1319	36.02	646.6	2.1073	22.51	646.6	2.0552
120	46.23	651.1	2.1436	36.96	651.1	2.1190	23.10	651.1	2.0669
130	47.40	655.6	2.1550	37.91	655.6	2.1304	23.69	655.6	2.0784
140	48.58	660.2	2.1661	38.85	660.2	2.1415	24.28	660.1	2.0896
150	49.76	664.3	2.1770	39.79	664.8	2.1524	24.87	664.7	2.1005
160	50.94	669.4	2.1877	40.73	669.4	2.1631	25.46	669.3	2.1112
170	52.11	674.0	2.1982	41.63	674.0	2.1736	26.05	673.9	2.1217
180	53.28	678.6	2.2085	42.62	688.6	2.1839	26.64	678.5	2.1319

190	54.46	683.2	2.2186	43.56	683.2	2.1940	27.23	683.1	2.1419
200	56.64	687.8	2.2284	44.50	687.8	2.2039	27.82	687.8	2.1518
210	56.81	692.4	2.2381	45.44	692.4	2.2136	28.40	692.4	2.1615
220	57.99	697.0	2.2476	46.39	697.0	2.2231	28.99	697.0	2.1711
230	59.17	701.7	2.2569	47.33	701.7	2.2324	29.58	701.6	2.1805
240	60.34	706.4	2.2661	48.27	706.4	2.2415	30.17	706.3	2.1897
250	61.52	711.1	2.2752	49.21	711.1	2.2505	30.76	711.0	2.1987
260	62.70	715.8	2.2841	50.15	715.8	2.2595	31.35	715.7	2.2076
270	63.88	720.5	2.2929	51.09	720.5	2.2683	31.93	720.4	2.2163
280	65.05	725.2	2.3015	52.04	725.2	2.2769	32.52	725.1	2.2249
290	66.23	729.9	2.3100	52.98	729.9	2.2854	33.11	720.8	2.2334
300	67.41	784.5	2.3184	53.92	734.6	2.2988	33.70	734.5	2.2418
310	68.58	739.3	2.3266	54.86	739.3	2.3021	34.29	739.3	2.2501
320	69.76	744.1	2.3347	55.80	744.1	2.3102	34.88	744.1	2.2582
330	70.94	749.0	2.3427	56.74	749.0	2.3182	35.47	748.9	2.2062
340	72.12	753.8	2.3506	57.69	753.8	2.3261	36.05	753.8	2.2742
360	74.47	763.5	2.3663	59.57	763.5	2.3418	37.23	763.4	2.2898
380	76.82	773.3	2.3815	61.46	773.3	2.3569	38.41	773.2	2.3049
400	79.18	783.1	2.3963	63.83	783.1	2.3717	39.59	783.1	2.3198
420	81.53	793.1	2.4109	65.21	793.1	2.3863	40.76	793.0	2.3343
440	83.88	803.1	2.4252	67.09	803.1	2.4006	41.04	803.0	2.3486
460	86.23	813.2	2.4391	68.98	813.2	2.4146	43.12	813.1	2.3626
480	88.59	828.4	2.4529	70.86	823.4	2.4283	44.30	823.4	2.3764
500	90.94	833.6	2.4664	72.74	833.6	2.4417	45.47	833.6	2.3899
520	93.30	844.0	2.4796	74.62	844.0	2.4550	46.65	844.0	2.4031
540	95.65	854.5	2.4927	76.51	854.5	2.4981	47.82	854.5	2.4162
550	96.83	859.6	2.4991	77.45	859.6	2.4745	48.41	859.6	2.4226
600	102.7	885.5	2.5300	82.17	885.5	2.5054	51.35	885.5	2.4536

续表

t	0.10kgf/cm² (绝对大气压) $t_s=45.45$ $v''=14.95$ $h''=617.0$ $s''=1.9480$			0.20kgf/cm² (绝对大气压) $t_s=59.67$ $v''=7.789$ $h''=623.1$ $s''=1.8902$			0.30kgf/cm² (绝对大气压) $t_s=68.68$ $v''=5.324$ $h''=626.8$ $s''=1.8568$		
	v	h	s	v	h	s	v	h	s
0	0.0010002	0.0	0.0000	0.0010002	0.0	0.0000	0.0010002	0.0	0.0000
10	0.0010003	10.0	0.0361	0.0010003	10.0	0.0361	00010003	10.0	0.0361
20	0.0010018	20.0	0.0708	0.0010018	20.0	0.0708	0.0010018	20.0	0.0708
30	0.0010044	30.0	0.1042	0.0010044	30.0	0.1042	0.0010044	30.0	0.1042
40	0.0010079	40.0	0.1365	0.0010079	40.0	0.1365	0.0010079	40.0	0.1365
50	15.16	619.1	1.9537	0.0010121	50.0	0.1679	0.0010121	50.0	0.1679
60	15.64	623.7	1.9672	7.797	623.2	1.8903	0.0010171	60.0	0.1984
70	16.11	628.2	1.9805	8.038	627.8	1.9036	5.345	627.4	1.8583
80	16.58	632.8	1.9935	8.277	632.5	1.9166	5.507	632.1	1.8713
90	17.06	637.4	2.0062	8.515	637.1	1.9293	5.667	636.8	1.8840
100	17.53	642.0	2.0186	8.752	641.7	1.9417	5.826	641.4	1.8965
110	18.00	646.5	2.0306	8.989	646.2	1.9537	5.984	646.0	1.9086
120	18.47	651.0	2.0423	9.226	650.8	1.9655	6.143	650.6	1.9204
130	18.94	655.5	2.0537	9.463	655.3	1.9770	6.301	655.2	1.9319
140	19.42	660.1	2.0649	9.699	659.9	1.9882	6.459	659.8	1.9431
150	19.89	664.7	2.0758	9.935	664.5	1.9991	6.617	664.4	1.9541
160	20.36	669.3	2.0865	10.17	669.1	2.0098	6.776	669.0	1.9648
170	20.83	673.9	2.0970	10.40	673.7	2.0203	6.934	673.6	1.9753
180	21.30	678.5	2.1073	10.64	678.3	2.0306	7.092	678.2	1.9856
190	21.77	683.1	2.1174	10.88	682.9	2.0407	7.249	682.8	1.9958

200	2.0058	687.5	7.407	2.0506	687.6	11.11	2.1273	687.7	22.24
210	2.0155	692.1	7.564	2.0603	692.2	11.35	2.1370	692.3	22.72
220	2.0250	696.8	7.722	2.0698	696.9	11.58	2.1465	697.0	23.19
230	2.0344	701.4	7.880	2.0792	701.5	11.82	2.1558	701.6	23.66
240	2.0436	706.1	8.038	2.0885	706.2	12.06	2.1650	706.3	24.13
250	2.0527	710.8	8.195	2.0986	710.9	12.29	2.1741	711.0	24.60
260	2.0616	715.5	8.352	2.1065	715.6	12.53	2.1830	715.7	25.07
270	2.0704	720.3	8.510	2.1152	720.4	12.76	2.1917	720.4	25.54
280	2.0790	725.0	8.667	2.1238	725.1	13.00	2.2003	725.1	26.02
290	2.0875	729.7	8.824	2.1324	729.7	13.24	2.2088	729.8	26.49
300	2.0950	734.4	8.981	2.1409	734.4	13.47	2.2172	734.5	26.96
310	2.1042	739.2	9.138	2.1492	789.2	13.71	2.2255	739.3	27.43
320	2.1124	744.0	9.296	2.1573	744.0	13.94	2.2337	744.1	27.90
330	2.1205	748.7	9.453	2.1653	748.8	14.17	2.2418	748.8	28.37
340	2.1285	753.6	9.610	2.1732	753.7	14.40	2.2497	753.7	28.84
360	2.1441	763.3	9.924	2.1887	763.3	14.87	2.2652	763.3	20.78
380	2.1592	773.1	10.24	2.2040	773.1	15.34	2.2804	773.1	30.72
400	2.1741	782.9	10.56	2.2189	783.0	15.82	2.2953	783.0	31.67
420	2.1887	792.9	10.87	2.2334	792.9	16.29	2.3098	792.9	32.61
440	2.2030	802.9	11.18	2.2476	802.9	16.76	2.3240	802.9	33.55
460	2.2171	813.0	11.50	2.2617	813.0	17.23	2.3381	813.0	34.49
480	2.2308	823.2	11.81	2.2754	823.2	17.70	2.3519	823.3	35.43
500	2.2443	833.4	12.13	2.2889	833.5	18.17	2.3654	833.5	36.38
520	2.2576	843.8	12.44	2.3022	843.9	18.64	2.3786	848.9	37.32
540	2.2706	854.8	12.75	2.3153	854.4	19.11	2.3916	854.4	38.26
550	2.2770	859.4	12.91	2.3217	859.5	19.35	2.3980	859.5	38.73
600	2.3078	885.5	13.69	2.3526	885.5	20.54	2.4290	885.5	41.08

续表

t	0.40 kgf/cm² (绝对大气压) $t_s=75.42$, $v''=4.066$, $h''=629.5$, $s''=1.8333$			0.50 kgf/cm² (绝对大气压) $t_s=80.86$, $v''=3.299$, $h''=631.6$, $s''=1.8152$			0.60 kgf/cm² (绝对大气压) $t_s=85.45$, $v''=2.782$, $h''=633.5$, $s''=1.8004$		
	v	h	s	v	h	s	v	h	s
0	0.0010002	0.0	0.0000	0.0010002	0.0	0.000	0.0010002	0.0	0.0000
10	0.0010003	10.0	0.0361	0.0010003	10.1	0.0361	0.0010003	10.1	0.0361
20	0.0010018	20.0	0.0708	0.0010018	20.0	0.0708	0.0010018	20.0	0.0708
30	0.0010044	30.0	0.1042	0.0010044	30.0	0.1042	0.0010044	30.0	0.1042
40	0.0010079	40.0	0.1365	0.0010079	40.0	0.1365	0.0010079	40.0	0.1365
50	0.0010121	50.0	0.1680	0.0010121	50.0	0.1680	0.0010121	50.0	0.1680
60	0.0010171	60.0	0.1984	0.0010171	60.0	0.1984	0.0010171	60.0	0.1984
70	0.0010228	70.0	0.2280	0.0010228	70.0	0.2280	0.0010228	70.0	0.2280
80	4.123	631.7	1.8389	0.0010290	80.0	0.2567	0.0010290	80.0	0.2567
90	4.244	636.4	1.8520	3.390	836.1	1.8270	2.820	635.6	1.8057
100	4.365	641.2	1.8646	3.487	640.8	1.8397	2.902	640.4	1.8186
110	4.485	645.7	1.8768	3.583	645.5	1.8520	8.983	645.2	1.8311
120	4.604	650.3	1.8887	3.679	650.1	1.8639	3.063	649.9	1.8432
130	4.723	654.9	1.9003	3.775	654.7	1.8754	3.143	654.5	1.8549
140	4.842	659.5	1.9116	3.870	659.3	1.8866	3.223	659.2	1.8662
150	4.961	664.2	1.9226	3.965	664.0	1.8976	3.302	663.9	1.8772
160	5.079	668.8	1.9334	4.060	668.6	1.9084	8.382	668.5	1.8880
170	5.198	673.4	1.9439	4.155	673.3	1.9190	3.461	673.1	1.8986
180	5.317	678.0	1.9542	4.250	677.9	1.9294	3.540	677.7	1.9089
190	5.435	682.7	1.9643	4.345	682.5	1.9395	3.620	682.4	1.9190
200	5.553	687.4	1.9742	4.440	687.2	1.9494	3.700	687.1	1.9289

210	1.9387	691.8	3.779	1.9591	691.9	4.535	1.9839	692.0	5.672
220	1.9483	696.5	3.858	1.9686	696.6	4.629	1.9934	696.7	5.790
230	1.9577	701.2	3.937	1.9780	701.2	4.724	2.0028	701.4	5.908
240	1.9669	705.9	4.016	1.9873	705.9	4.819	2.0120	706.1	6.026
250	1.9760	710.6	4.095	1.9964	710.6	4.913	2.0211	710.8	6.145
260	1.9849	715.3	4.174	2.0053	715.4	5.008	2.0300	715.4	6.263
270	1.9937	720.1	4.252	2.0141	720.2	5.102	2.0388	720.2	6.382
280	2.0023	724.8	4.331	2.0228	724.9	5.197	2.0475	724.9	6.500
290	2.0108	729.5	4.410	2.0313	729.6	5.292	2.0560	729.6	6.618
300	2.0193	734.2	4.489	2.0397	734.3	5.387	2.0644	734.4	6.736
310	2.0277	739.1	4.568	2.0479	739.1	5.482	2.0726	739.2	6.854
320	2.0359	743.8	4.646	2.0560	743.9	5.577	2.0807	743.9	6.971
330	2.0440	748.6	4.725	2.0641	748.6	5.672	2.0888	748.7	7.089
340	2.0519	753.5	4.804	2.0721	753.5	5.767	2.0968	753.6	7.207
360	2.0675	763.1	4.961	2.0876	763.2	5.955	2.1124	763.2	7.443
380	2.0827	772.9	5.118	2.1029	773.0	6.144	2.1276	773.0	7.679
400	2.0976	782.8	5.277	2.1177	782.9	6.333	2.1425	782.9	7.916
420	2.1122	792.8	5.434	2.1323	792.8	6.521	2.1570	792.8	8.151
440	2.1265	802.8	5.591	2.1466	802.8	6.710	2.1713	802.8	8.387
460	2.1405	812.9	5.750	2.1606	812.9	6.898	2.1854	812.9	8.623
480	2.1542	823.1	5.906	2.1744	823.2	7.087	2.1991	823.2	8.858
500	2.1677	833.3	6.063	2.1879	833.4	7.275	2.2126	833.4	9.093
520	2.1810	843.8	6.220	2.2011	843.8	7.464	2.2259	843.8	9.329
540	2.1941	854.3	6.376	2.2142	854.3	7.652	2.2389	854.3	9.564
550	2.2006	859.4	6.454	2.2206	859.5	7.746	2.2453	859.5	9.682
600	2.2315	885.4	6.846	2.2515	885.4	8.215	2.2762	885.4	10.269

续表

t	0.70 kgf/cm² (绝对大气压) $t_s=89.45$, $v''=2.408$, $h''=635.1$, $s''=1.7879$			0.80 kgf/cm² (绝对大气压) $t_s=92.99$, $v''=2.125$, $h''=636.4$, $s''=1.7772$			0.90 kgf/cm² (绝对大气压) $t_s=96.18$, $v''=1.903$, $h''=637.6$, $s''=1.7677$		
	v	h	s	v	h	s	v	h	s
0	0.0010002	0.0	0.0000	0.0010002	0.0	0.0000	0.0010002	0.0	0.0000
20	0.0010018	20.1	0.0708	0.0010018	20.1	0.0708	0.0010018	20.1	0.0708
40	0.0010079	40.0	0.1365	0.0010079	40.0	0.1365	0.0010079	40.0	0.1365
60	0.0010171	60.0	0.1984	0.0010171	60.0	0.1984	0.0010171	60.0	0.1984
70	0.0010228	70.0	0.2280	0.0010228	70.0	0.2280	0.0010228	70.0	0.2280
80	0.0010290	80.0	0.2567	0.0010289	80.0	0.2567	0.0010289	80.0	0.2567
90	2.412	635.2	1.7885	0.0010359	90.0	0.2848	0.0010359	90.0	0.2848
100	2.484	640.2	1.8012	2.169	639.9	1.7859	1.925	639.5	1.7722
110	2.554	645.0	1.8136	2.231	644.7	1.7985	1.980	644.4	1.7850
120	2.623	649.7	1.8257	2.292	649.4	1.8107	2.035	649.2	1.7973
130	2.692	654.3	1.8374	2.353	654.1	1.8225	2.089	653.9	1.8092
140	2.760	659.0	1.8488	2.413	658.8	1.8339	2.143	658.6	1.8206
150	2.828	663.7	1.8598	2.472	663.5	1.8450	2.196	663.3	1.8317
160	2.896	668.3	1.8706	2.532	668.2	1.8559	2.249	668.0	1.8426
170	2.965	673.0	1.8812	2.592	672.8	1.8665	2.302	672.7	1.8533
180	3.033	677.6	1.8916	2.652	677.5	1.8769	2.356	677.3	1.8637
190	3.101	682.3	1.9018	2.711	682.2	1.8871	2.409	682.0	1.8739
200	3.169	687.0	1.9118	2.771	686.9	1.8971	2.462	686.7	1.8839
210	3.236	691.7	1.9215	2.830	691.6	1.9069	2.515	691.4	1.8937
220	3.304	696.4	1.9311	2.890	696.3	1.9165	2.568	696.1	1.9033

230	1.9127	700.8	2.620	1.9259	701.0	2.949	1.9406	701.1	3.372
240	1.9220	705.6	2.673	1.9351	705.7	3.009	1.9499	705.8	3.440
250	1.9311	710.3	2.726	1.9442	710.4	3.068	1.9590	710.5	3.508
260	1.9400	715.0	2.779	1.9531	715.1	3.127	1.9679	715.2	3.576
270	1.9488	719.8	2.831	1.9619	719.9	3.186	1.9767	720.2	3.644
280	1.9575	724.5	2.884	1.9706	724.6	3.246	1.9853	724.7	3.711
290	1.9661	729.3	2.937	1.9792	729.3	3.305	1.9939	729.4	3.779
300	1.9745	734.1	2.989	1.9876	734.1	3.364	2.0024	734.2	3.847
310	1.9827	738.9	3.042	1.9958	738.9	3.423	2.0107	739.0	3.914
320	1.9908	743.7	3.095	2.0039	743.7	3.482	2.0189	743.8	3.982
330	1.9989	748.3	3.147	2.0119	748.5	3.542	2.0270	748.5	4.049
340	2.0069	753.2	3.200	2.0199	753.4	3.601	2.0349	753.4	4.117
350	2.0148	758.0	3.252	2.0278	758.2	3.660	2.0427	758.2	4.184
360	2.0226	762.9	3.305	2.0356	763.0	3.720	2.0504	763.1	4.252
370	2.0302	767.8	3.357	2.0432	767.9	3.779	2.0581	768.0	4.320
380	2.0377	772.7	3.410	2.0508	772.8	3.838	2.0657	772.9	4.388
390	2.0450	777.6	3.462	2.0583	777.7	3.897	2.0732	777.8	4.455
400	2.0526	782.6	3.515	2.0657	782.7	3.956	2.0806	782.8	4.522
420	2.0671	792.7	3.620	2.0803	792.7	4.074	2.0951	792.7	4.657
440	2.0813	802.7	3.725	2.0946	802.7	4.191	2.1094	802.7	4.792
460	2.0954	812.8	3.830	2.1086	812.8	4.309	2.1235	812.8	4.927
480	2.1092	823.0	3.936	2.1224	823.1	4.427	2.1372	823.1	5.061
500	2.1227	833.3	4.040	2.1359	833.3	4.545	2.1507	833.3	5.196
520	2.1360	843.7	4.145	2.1492	843.7	4.663	2.1640	843.7	5.331
540	2.1491	854.2	4.249	2.1623	854.2	4.781	2.1771	854.2	5.465
550	2.1556	859.3	4.302	2.1688	859.4	4.840	2.1836	859.4	5.532
600	2.1866	885.3	4.563	2.1996	885.4	5.134	2.2144	885.4	5.867

续表

t	1.0 kgf/cm²（绝对大气压） $t_s=99.09$, $v''=1.725$, $h''=638.8$, $s''=1.7593$			2.0 kgf/cm²（绝对大气压） $t_s=119.62$, $v''=0.9018$, $h''=646.3$, $s''=1.7039$			3.0 kgf/cm²（绝对大气压） $t_s=132.88$, $v''=0.6169$, $h''=650.7$, $s''=1.6717$		
	v	h	s	v	h	s	v	h	s
0	0.0010002	0.0	0.0000	0.0010001	0.0	0.0000	0.0010001	0.1	0.0000
20	0.0010018	20.1	0.0708	0.0010018	20.1	0.0708	0.0010017	20.1	0.0708
40	0.0010079	40.0	0.1365	0.0010078	40.0	0.1365	0.0010078	40.0	0.1365
60	0.0010170	60.0	0.1984	0.0010170	60.0	0.1984	0.0010170	60.0	0.1984
70	0.0010227	70.0	0.2280	0.0010227	70.0	0.2280	0.0010227	70.0	0.2279
80	0.0010289	80.0	0.2567	0.0010289	80.0	0.2567	0.0010288	80.0	0.2567
90	0.0010359	90.0	0.2848	0.0010358	90.0	0.2848	0.0010358	90.0	0.2847
100	1.780	639.2	1.7603	0.0010435	100.1	0.3121	0.0010434	100.1	0.3121
110	1.781	644.2	1.7729	0.0010515	110.2	0.3387	0.0010515	110.2	0.3387
120	1.830	649.0	1.7851	0.9027	646.5	1.7043	0.0010602	120.3	0.3647
130	1.878	653.7	1.7969	0.9291	651.5	1.7165	0.0010697	130.5	0.3901
140	1.926	658.4	1.8083	0.9545	656.5	1.7284	0.6296	654.5	1.6802
150	1.975	663.0	1.8194	0.9795	661.5	1.7401	0.6472	659.7	1.6926
160	2.023	667.8	1.8303	1.003	666.4	1.7515	0.6643	664.7	1.7044
170	2.071	672.5	1.8410	1.028	671.2	1.7625	0.6810	669.6	1.7156
180	2.119	677.2	1.8515	1.052	675.9	1.7732	0.6975	674.5	1.7263
190	2.166	681.9	1.8617	1.077	680.6	1.7836	0.7140	679.8	1.7368
200	2.214	686.6	1.8717	1.101	685.4	1.7937	0.7304	684.2	1.7471
210	2.262	691.3	1.8816	1.125	690.2	1.8036	0.7468	689.0	1.7572
220	2.310	696.0	1.8913	1.149	695.0	1.8133	0.7631	693.9	1.7671

1.7769	698.7	0.7793	1.8229	699.7	1.178	1.9008	700.7	2.357	230
1.7864	703.6	0.7956	1.8324	704.5	1.197	1.9101	705.5	2.405	240
1.7957	708.4	0.8119	1.8417	709.3	1.221	1.9193	710.2	2.452	250
1.8048	713.2	0.8281	1.8509	714.1	1.245	1.9284	714.9	2.500	260
1.8138	718.1	0.8442	1.8599	719.0	1.269	1.9373	719.7	2.547	270
1.8227	723.0	0.8603	1.8687	723.8	1.293	1.9461	724.5	2.595	280
1.8315	727.9	0.8763	1.8773	728.6	1.317	1.9548	729.2	2.642	290
1.8402	732.7	0.8923	1.8858	733.4	1.341	1.9634	734.0	2.690	300
1.8487	737.6	0.9083	1.8943	738.8	1.365	1.9718	738.8	2.737	310
1.8572	742.5	0.9243	1.9027	743.1	1.389	1.9800	743.6	2.784	320
1.8655	747.5	0.9403	1.9109	748.0	1.413	1.9881	748.3	2.832	330
1.8727	752.5	0.9562	1.9190	753.0	1.437	1.9961	753.2	2.880	340
1.8817	757.4	0.9722	1.9270	757.9	1.461	2.0040	758.0	2.927	350
1.8896	762.3	0.9881	1.9349	762.8	1.485	2.0118	762.9	2.975	360
1.8974	767.3	1.004	1.9427	767.8	1.509	2.0195	767.8	3.022	370
1.9051	772.2	1.020	1.9503	772.7	1.532	2.0271	772.7	8.068	380
1.9126	777.2	1.036	1.9578	777.6	1.556	2.0346	777.6	3.115	390
1.9200	782.2	1.052	1.9652	782.6	1.579	2.0421	782.6	3.163	400
1.9347	792.2	1.083	1.9799	792.6	1.626	2.0567	792.6	3.257	420
1.9490	802.3	1.115	1.9942	802.6	1.673	2.0709	802.6	3.352	440
1.9631	812.4	1.147	2.0081	812.7	1.721	2.0848	812.7	3.446	460
1.9768	822.6	1.179	2.0218	822.9	1.768	2.0985	823.0	3.540	480
1.9903	832.8	1.210	2.0352	833.1	1.815	2.1119	833.2	3.635	500
2.0034	843.1	1.242	2.0483	843.4	1.864	2.1250	843.6	3.729	520
2.0163	853.5	1.273	2.0612	853.8	1.911	2.1379	854.1	3.824	540
2.0227	858.7	1.288	2.0676	859.0	1.935	2.1442	859.2	3.871	550
2.0536	885.0	1.368	2.0984	885.1	2.052	2.1750	885.3	4.107	600

续表

t	4.0kgf/cm²（绝对大气压） $t_s=142.92$，$v''=0.4709$，$h''=653.9$，$s''=1.6488$			5.0kgf/cm²（绝对大气压） $t_s=151.11$，$v''=0.3817$，$h''=656.3$，$s''=1.6309$			6.0kgf/cm²（绝对大气压） $t_s=158.08$，$v''=0.3214$，$h''=658.3$，$s''=1.6164$			7.0kgf/cm²（绝对大气压） $t_s=164.17$，$v''=0.2778$，$h''=659.4$，$s''=1.6029$		
	v	h	s	v	h	s	v	h	s	v	h	s
0	0.0010000	0.1	0.0000	0.0009999	0.1	0.0000	0.0009999	0.1	0.0000	0.0009999	0.2	0.0000
20	0.0010017	20.1	0.0708	0.0010016	20.1	0.0708	0.0010016	20.2	0.0708	0.0010015	20.2	0.0708
40	0.0010077	40.1	0.1365	0.0010077	40.1	0.1365	0.0010077	40.1	0.1865	0.0010076	40.1	0.1365
60	0.0010169	60.0	0.1983	0.0010168	60.0	0.1983	0.0010168	60.1	0.1983	0.0010168	60.1	0.1983
70	0.0010226	70.0	0.2279	0.0010225	70.0	0.2279	0.0010225	70.1	0.2279	0.0010225	70.1	0.2279
80	0.0010288	80.0	0.2566	0.0010287	80.0	0.2566	0.0010287	80.1	0.2566	0.0010286	80.1	0.2566
90	0.0010357	90.0	0.2847	0.0010357	90.1	0.2847	0.0010356	90.1	0.2847	0.0010356	90.1	0.2847
100	0.0010433	100.1	0.3120	0.0010433	100.1	0.3120	0.0010432	100.1	0.3120	0.0010432	100.1	0.3120
110	0.0010514	110.2	0.3386	0.0010514	110.2	0.3386	0.0010513	110.2	0.3386	0.0010513	110.2	0.3386
120	0.0010602	120.3	0.3646	0.0010601	120.3	0.3646	0.0010601	120.3	0.3646	0.0010600	120.3	0.3646
130	0.0010697	130.5	0.3901	0.0010696	130.5	0.3901	0.0010696	130.5	0.3900	0.0010695	130.5	0.3900
140	0.0010798	140.7	0.4150	0.0010797	140.7	0.4150	0.0010797	140.7	0.4150	0.0010796	140.7	0.4150
150	0.4806	657.9	1.6573	0.0010906	151.0	0.4395	0.0010906	151.0	0.4395	0.0010904	151.0	0.4394
160	0.4940	663.1	1.6697	0.3917	661.3	1.6420	0.3232	659.4	1.6186	0.0011020	161.3	0.4637
170	0.5070	668.2	1.6815	0.4024	666.6	1.6548	0.3326	664.8	1.6310	0.2827	663.2	1.6110
180	0.5197	673.2	1.6927	0.4129	671.7	1.6659	0.3416	670.1	1.6431	0.2906	668.8	1.6235
190	0.5323	678.1	1.7035	0.4232	676.7	1.6769	0.3504	675.4	1.6546	0.2983	674.2	1.6354
200	0.5448	683.0	1.7139	0.4334	681.7	1.6875	0.3591	680.6	1.6656	0.3059	679.4	1.6467
210	0.5573	687.9	1.7241	0.4436	686.7	1.6978	0.3677	685.7	1.6761	0.3134	684.0	1.6575
220	0.5697	692.8	1.7341	0.4537	691.7	1.7079	0.3763	690.7	1.6864	0.3209	689.7	1.6680
230	0.5821	697.7	1.7439	0.4637	696.6	1.7179	0.3848	695.7	1.6965	0.3283	694.7	1.6782

240	1.6882	699.8	0.3356	1.7064	700.7	0.8932	1.7277	701.6	0.4736	1.7535	702.6	0.5944
250	1.6980	704.9	0.3429	1.7160	705.7	0.4016	1.7373	706.6	0.4836	1.7630	707.5	0.6067
260	1.7075	709.9	0.3501	1.7254	710.7	0.4099	1.7467	711.5	0.4935	1.7723	712.4	0.6190
270	1.7168	715.0	0.3573	1.7347	715.7	0.4181	1.7559	716.5	0.5033	1.7814	717.3	0.6312
280	1.7260	720.0	0.3644	1.7438	720.7	0.4264	1.7649	721.5	0.5131	1.7904	722.2	0.6433
290	1.7350	725.0	0.3715	1.7527	725.7	0.4346	1.7738	726.4	0.5229	1.7992	727.1	0.6555
300	1.7438	730.1	0.3785	1.7615	730.7	0.4428	1.7826	731.4	0.5327	1.8079	732.1	0.6676
310	1.7524	735.2	0.3856	1.7701	735.8	0.4509	1.7912	736.4	0.5424	1.8164	737.1	0.6796
320	1.7609	740.2	0.3926	1.7786	740.8	0.4591	1.7996	741.4	0.5521	1.8248	742.0	0.6917
330	1.7693	745.2	0.3996	1.7870	745.8	0.4672	1.8079	746.4	0.5618	1.8331	746.9	0.7037
340	1.7776	750.3	0.4066	1.7958	750.9	0.4753	1.8161	751.4	0.5715	1.8413	751.9	0.7158
350	1.7858	755.3	0.4136	1.8035	755.9	0.4834	1.8242	756.4	0.5812	1.8494	756.9	0.7278
360	1.7939	760.3	0.4206	1.8115	760.9	0.4915	1.8322	761.4	0.5908	1.8573	761.8	0.7398
370	1.8019	765.4	0.4276	1.8194	766.0	0.4996	1.8401	766.4	0.6005	1.8651	766.8	0.7518
380	1.8097	770.5	0.4345	1.8271	771.0	0.5077	1.8478	771.4	0.6101	1.8728	771.8	0.7637
390	1.8174	775.5	0.4414	1.8347	776.0	0.5157	1.8554	776.4	0.6197	1.8804	776.8	0.7756
400	1.8250	780.6	0.4483	1.8422	781.1	0.5237	1.8630	781.5	0.6294	1.8879	781.8	0.7875
420	1.8399	790.8	0.4621	1.8571	791.1	0.5398	1.8778	791.5	0.6485	1.9026	791.8	0.8114
440	1.8544	801.0	0.4759	1.8716	801.8	0.5558	1.8921	801.7	0.6676	1.9170	802.0	0.8352
460	1.8685	811.3	0.4896	1.8857	811.6	0.5717	1.9062	811.9	0.6867	1.9311	812.2	0.8590
480	1.8824	821.6	0.5033	1.8996	821.9	0.5876	1.9200	822.1	0.7058	1.9448	822.4	0.8828
500	1.8959	831.8	0.5169	1.9131	832.1	0.6036	1.9335	832.3	0.7248	1.9583	832.6	0.9066
520	1.9091	842.2	0.5306	1.9263	842.4	0.6194	1.9467	842.7	0.7439	1.9715	842.9	0.9304
540	1.9222	852.6	0.5442	1.9394	852.7	0.6352	1.9596	853.0	0.7629	1.9844	853.3	0.9542
550	1.9286	857.8	0.5510	1.9458	857.9	0.6432	1.9660	858.2	0.7724	1.9907	858.5	0.9660
600	1.9596	884.3	0.5851	1.9767	884.4	0.6829	1.9970	884.6	0.8198	2.0117	884.8	1.025

续表

t	8.0 kgf/cm²（绝对大气压）$t_s=169.61$ $v''=0.2448$ $h''=661.2$ $s''=1.5931$			9.0 kgf/cm²（绝对大气压）$t_s=174.53$ $v''=0.2189$ $h''=662.3$ $s''=1.5834$			10.0 kgf/cm²（绝对大气压）$t_s=179.04$ $v''=0.1980$ $h''=663.3$ $s''=1.5748$		
	v	h	s	v	h	s	v	h	s
0	0.0009998	0.2	0.0000	0.0009997	0.2	0.0000	0.0009997	0.2	0.0000
20	0.0010015	20.2	0.0708	0.0010015	20.2	0.0707	0.0010014	20.3	0.0707
40	0.0010076	40.2	0.1365	0.0010075	40.2	0.1364	0.0010075	40.2	0.1364
60	0.0010167	60.1	0.1983	0.0010167	60.1	0.1983	0.0010166	60.1	0.1982
80	0.0010286	80.1	0.2566	0.0010285	80.1	0.2565	0.0010285	80.1	0.2565
100	0.0010431	100.2	0.3119	0.0010431	100.2	0.3119	0.0010430	100.2	0.3119
120	0.0010600	120.8	0.3646	0.0010599	120.4	0.3645	0.0010599	120.4	0.3645
140	0.0010795	140.7	0.4149	0.0010795	140.7	0.4149	0.0010794	140.7	0.4149
160	0.0011020	161.3	0.4636	0.0011019	161.3	0.4636	0.0011018	161.3	0.4635
170	0.2450	661.5	1.5918	0.0011143	171.8	0.4873	0.0011142	171.8	0.4878
180	0.2524	667.3	1.6063	0.2226	665.5	1.5905	0.1987	663.8	1.5760
190	0.2594	672.8	1.6185	0.2291	671.8	1.6029	0.2046	669.7	1.5887
200	0.2662	678.2	1.6300	0.2353	676.8	1.6147	0.2103	675.4	1.6007
210	0.2729	683.5	1.6410	0.2413	682.2	1.6260	0.2159	681.0	1.6124
220	0.2795	688.7	1.6517	0.2472	687.5	1.6369	0.2214	686.5	1.6286
230	0.2860	693.8	1.6621	0.2531	692.7	1.6474	0.2268	691.9	1.6344
240	0.2925	699.0	1.6722	0.2589	698.0	1.6577	0.2321	697.2	1.6449
250	0.2990	704.1	1.6820	0.2647	703.2	1.6678	0.2374	702.4	1.6551
260	0.3054	709.2	1.6916	0.2704	708.4	1.6776	0.2426	707.6	1.6650
270	0.3117	714.3	1.7010	0.2761	718.5	1.6871	0.2477	712.7	1.6746

280	0.3180	719.4	1.7102	0.2818	718.6	1.6964	0.2529	717.8	1.6839
290	0.3242	724.4	1.7193	0.2874	723.6	1.7055	0.2580	722.9	1.6930
300	0.3305	729.4	1.7282	0.2930	728.7	1.7144	0.2630	728.0	1.7019
310	0.3367	734.5	1.7369	0.2985	733.9	1.7232	0.2681	733.2	1.7107
320	0.3429	739.5	1.7455	0.3040	739.0	1.7318	0.2731	738.4	1.7194
330	0.3490	744.6	1.7540	0.3095	744.1	1.7403	0.2780	743.5	1.7280
340	0.3552	749.8	1.7623	0.3150	749.2	1.7487	0.2829	748.7	1.7365
350	0.3613	754.9	1.7705	0.3205	754.3	1.7570	0.2879	753.8	1.7448
360	0.3674	760.0	1.7786	0.3260	759.4	1.7651	0.2929	758.9	1.7530
370	0.3735	765.1	1.7866	0.3315	764.6	1.7731	0.2979	764.1	1.7611
380	0.3796	770.1	1.7945	0.3369	769.7	1.7810	0.3028	769.2	1.7690
390	0.3857	775.2	1.8023	0.3423	774.8	1.7887	0.3077	774.3	1.7767
400	0.3918	780.3	1.8099	0.3477	779.9	1.7963	0.3126	779.5	1.7843
410	0.3978	785.4	1.8174	0.3532	785.0	1.8039	0.3174	784.6	1.7919
420	0.4039	790.5	1.8248	0.3586	790.1	1.8114	0.3223	789.7	1.7994
430	0.4099	795.6	1.8321	0.3639	795.2	1.8187	0.3272	794.8	1.8067
440	0.4159	800.6	1.8393	0.3693	800.3	1.8259	0.3320	799.9	1.8139
450	0.4219	805.7	1.8464	0.3747	805.4	1.8331	0.3369	805.1	1.8211
460	0.4280	810.9	1.8534	0.3800	810.6	1.8402	0.3417	810.3	1.8282
470	0.4340	816.0	1.8604	0.3854	815.7	1.8472	0.3465	815.4	1.8352
480	0.4400	821.2	1.8673	0.3907	820.9	1.8541	0.3513	820.6	1.8421
490	0.4460	826.4	1.8741	0.3961	826.0	1.8609	0.3561	825.8	1.8490
500	0.4519	831.6	1.8808	0.4014	831.2	1.8677	0.3609	831.0	1.8558
520	0.4639	841.9	1.8941	0.4121	841.7	1.8810	0.3706	841.5	1.8691
540	0.4759	852.3	1.9072	0.4227	852.2	1.8941	0.3802	852.0	1.8822
550	0.4819	857.6	1.9136	0.4280	857.4	1.9005	0.3851	857.2	1.8886
600	0.5117	884.1	1.9447	0.4546	883.9	1.9316	0.4090	883.7	1.9198

续表

t	12.0kgf/cm²（绝对大气压）$t_s=187.08$ $v''=0.1663$ $h''=664.9$ $s''=1.5597$			14.0kgf/cm²（绝对大气压）$t_s=194.13$ $v''=0.1434$ $h''=666.2$ $s''=1.5468$			16.0kgf/cm²（绝对大气压）$t_s=200.43$ $v''=0.1261$ $h''=667.1$ $s''=1.5354$			18.0kgf/cm²（绝对大气压）$t_s=206.14$ $v''=0.1125$ $h''=667.8$ $s''=1.5253$		
	v	h	s	v	h	s	v	h	s	v	h	s
0	0.0009996	0.3	0.0000	0.0009995	0.3	0.0000	0.0009994	0.4	0.0000	0.0009993	0.4	0.0000
20	0.0010013	20.3	0.0707	0.0010012	20.3	0.0707	0.0010011	20.4	0.0707	0.0010010	20.4	0.0707
40	0.0010074	40.2	0.1364	0.0010073	40.3	0.1364	0.0010072	40.3	0.1364	0.0010071	40.4	0.1364
60	0.0010165	60.2	0.1982	0.0010164	60.2	0.1982	0.0010163	60.2	0.1982	0.0010162	60.3	0.1982
80	0.0010284	80.2	0.2565	0.0010283	80.2	0.2564	0.0010282	80.2	0.2564	0.0010281	80.3	0.2564
100	0.0010429	100.2	0.3119	0.0010428	100.3	0.3118	0.0010427	100.3	0.3118	0.0010425	100.3	0.3117
120	0.0010598	120.4	0.3645	0.0010596	120.4	0.3644	0.0010595	120.5	0.3644	0.0010594	120.5	0.3644
140	0.0010793	140.8	0.4148	0.0010792	140.8	0.4148	0.0010791	140.8	0.4147	0.0010789	140.9	0.4147
160	0.0011017	161.8	0.4635	0.0011015	161.4	0.4634	0.0011014	161.4	0.4633	0.0011013	161.4	0.4633
170	0.0011141	171.8	0.4872	0.0011139	171.8	0.4871	0.0011138	171.8	0.4870	0.0011136	171.8	0.4870
180	0.0011273	182.3	0.5106	0.0011272	182.3	0.5105	0.0011270	182.3	0.5104	0.0011268	182.3	0.5103
190	0.1678	666.7	1.5634	0.0011414	192.9	0.5335	0.0011412	192.9	0.5334	0.0011411	192.9	0.5333
200	0.1728	672.9	1.5762	0.1460	670.0	1.5546	0.0011565	203.6	0.5562	0.0011563	203.6	0.5561
210	0.1777	678.8	1.5884	0.1505	676.3	1.5674	0.1300	673.5	1.5483	0.1138	670.4	1.5306
220	0.1825	684.5	1.6000	0.1547	682.3	1.5796	0.1338	679.9	1.5610	0.1175	677.0	1.5438
230	0.1872	690.0	1.6112	0.1588	688.0	1.5911	0.1375	685.3	1.5730	0.1209	683.3	1.5563
240	0.1918	695.3	1.6220	0.1629	693.5	1.6020	0.1411	691.4	1.5843	0.1242	689.3	1.5681
250	0.1963	700.6	1.6324	0.1669	698.9	1.6126	0.1447	696.9	1.5951	0.1275	695.0	1.5793
260	0.2007	705.9	1.6425	0.1708	704.2	1.6229	0.1482	702.3	1.6056	0.1307	700.6	1.5900
270	0.2051	711.2	1.6523	0.1746	709.4	1.6329	0.1517	707.8	1.6158	0.1338	706.2	1.6004

280	0.2095	716.4	1.6618	0.1784	714.6	1.6426	0.1551	713.2	1.6257	0.1369	711.8	1.6104
290	0.2138	721.5	1.6711	0.1822	719.8	1.6520	0.1585	718.6	1.6353	0.1400	717.3	1.6202
300	0.2181	726.7	1.6802	0.1859	725.1	1.6612	0.1618	724.0	1.6447	0.1430	722.8	1.6298
310	0.2223	731.9	1.6891	0.1896	730.5	1.6703	0.1651	729.4	1.6539	0.1460	728.2	1.6392
320	0.2265	737.1	1.6979	0.1933	735.8	1.6792	0.1683	734.7	1.6630	0.1490	733.6	1.6484
330	0.2306	742.3	1.7066	0.1969	741.1	1.6880	0.1715	740.0	1.6719	0.1519	738.9	1.6574
340	0.2348	747.6	1.7151	0.2005	746.4	1.6967	0.1747	745.4	1.6807	0.1548	744.3	1.6663
350	0.2390	752.8	1.7235	0.2041	751.7	1.7052	0.1779	750.7	1.6893	0.1577	749.7	1.6750
360	0.2432	757.9	1.7317	0.2077	756.9	1.7135	0.1811	756.0	1.6977	0.1605	755.0	1.6835
370	0.2474	763.1	1.7398	0.2114	762.2	1.7217	0.1848	761.3	1.7059	0.1633	760.3	1.6918
380	0.2515	768.3	1.7478	0.2150	767.4	1.7297	0.1875	766.6	1.7140	0.1661	765.6	1.7000
390	0.2557	773.5	1.7556	0.2185	772.6	1.7376	0.1906	771.8	1.7220	0.1689	770.9	1.7081
400	0.2598	778.7	1.7633	0.2220	777.9	1.7454	0.1937	777.1	1.7299	0.1717	776.2	1.7160
410	0.2638	783.8	1.7709	0.2256	783.1	1.7531	0.1969	782.3	1.7377	0.1745	781.5	1.7238
420	0.2679	788.9	1.7784	0.2291	788.3	1.7607	0.2000	787.5	1.7453	0.1773	786.7	1.7315
430	0.2720	794.1	1.7859	0.2326	793.5	1.7682	0.2031	792.8	1.7527	0.1801	792.0	1.7391
440	0.2761	799.3	1.7933	0.2361	798.7	1.7755	0.2062	798.0	1.7600	0.1829	797.3	1.7465
450	0.2801	804.5	1.8005	0.2396	803.9	1.7827	0.2092	803.2	1.7673	0.1856	802.5	1.7538
460	0.2842	809.7	1.8076	0.2431	809.1	1.7898	0.2123	808.4	1.7745	0.1884	807.8	1.7610
470	0.2882	814.9	1.8146	0.2466	814.3	1.7969	0.2154	813.6	1.7816	0.1911	813.0	1.7681
480	0.2922	820.1	1.8215	0.2501	819.5	1.8039	0.2184	818.9	1.7886	0.1938	818.3	1.7751
490	0.2962	825.3	1.8283	0.2536	824.8	1.8108	0.2215	824.2	1.7955	0.1965	823.6	1.7820
500	0.3003	830.5	1.8351	0.2570	830.0	1.8177	0.2245	829.5	1.8024	0.1992	828.9	1.7889
520	0.3084	841.1	1.8485	0.2639	840.6	1.8311	0.2306	840.1	1.8159	0.2047	839.6	1.8024
540	0.3164	851.7	1.8618	0.2709	851.2	1.8443	0.2367	850.7	1.8292	0.2101	850.2	1.8158
550	0.3205	856.9	1.8682	0.2744	856.5	1.8508	0.2398	756.0	1.8357	0.2129	855.5	1.8224
600	0.3405	883.4	1.8994	0.2916	883.0	1.8821	0.2549	882.6	1.8671	0.2264	882.3	1.8538

续表

t	20.0 kgf/cm²（绝对大气压） $t_s=211.34$　$v''=0.1015$　$h''=668.5$　$s''=1.5161$			25.0 kgf/cm²（绝对大气压） $t_s=222.90$　$v''=0.08150$　$h''=669.3$　$s''=1.4961$			30.0 kgf/cm²（绝对大气压） $t_s=232.76$　$v''=0.06797$　$h''=669.6$　$s''=1.4794$			40.0 kgf/cm²（绝对大气压） $t_s=249.18$　$v''=0.05077$　$h''=669.0$　$s''=1.4517$		
	v	h	s	v	h	s	v	h	s	v	h	s
0	0.0009992	0.5	0.0000	0.0009989	0.6	0.0000	0.0009987	0.7	0.0000	0.0009982	1.0	0.0001
20	0.0010010	20.5	0.0707	0.0010007	20.6	0.0706	0.0010005	20.7	0.0706	0.0010001	20.9	0.0705
40	0.0010070	40.4	0.1364	0.0010068	40.5	0.1363	0.0010066	40.6	0.1362	0.0010062	40.8	0.1362
60	0.0010161	60.3	0.1981	0.0010159	60.4	0.1980	0.0010157	60.5	0.1980	0.0010152	60.7	0.1978
80	0.0010280	80.3	0.2563	0.0010278	80.4	0.2562	0.0010275	80.5	0.2561	0.0010271	80.7	0.2560
100	0.0010425	100.4	0.3117	0.0010422	100.5	0.3116	0.0010419	100.5	0.3115	0.0010414	100.7	0.3113
120	0.0010593	120.5	0.3643	0.0010591	120.6	0.3642	0.0010588	120.7	0.3641	0.0010582	120.9	0.3639
140	0.0010788	140.9	0.4146	0.0010785	141.1	0.4145	0.0010782	141.1	0.4144	0.0010776	141.2	0.4142
160	0.0011011	161.4	0.4632	0.0011008	161.5	0.4630	0.0011004	161.6	0.4629	0.0010997	161.7	0.4625
170	0.0011135	171.8	0.4869	0.0011131	171.9	0.4867	0.0011127	171.9	0.4865	0.0011120	172.1	0.4861
180	0.0011267	182.8	0.5102	0.0011263	182.3	0.5100	0.0011259	182.4	0.5098	0.0011251	182.5	0.5094
190	0.0011409	192.9	0.5333	0.0011404	192.9	0.5330	0.0011400	193.0	0.5328	1.0011391	193.1	0.5324
200	0.0011561	203.6	0.5560	0.0011556	203.6	0.5558	0.0011552	203.6	0.5556	0.0011542	203.7	0.5551
210	0.0011726	214.4	0.5788	0.0011720	214.4	0.5785	0.0011715	214.4	0.5782	0.0011704	214.5	0.5777
220	0.1043	674.4	1.5280	0.0011899	225.4	0.6009	0.0011892	225.4	0.6006	0.0011880	225.4	0.6001
230	0.1077	681.0	1.5409	0.08364	674.5	1.5064	0.0012086	236.5	0.6227	0.0012072	236.5	0.6222
240	0.1108	687.2	1.5530	0.08643	681.4	1.5200	0.06987	675.0	1.4900	0.0012282	247.8	0.6445
250	0.1138	693.1	1.5645	0.08906	687.9	1.5325	0.07230	682.1	1.5038	0.05696	669.7	1.4530
260	0.1168	698.9	1.5756	0.09158	694.1	1.5443	0.07459	688.9	1.5167	0.05302	678.0	1.4684
270	0.1197	704.6	1.5863	0.09408	700.2	1.5556	0.07678	695.5	1.5289	0.05495	685.7	1.4825

280	1.4957	693.0	0.05679	1.5405	701.9	0.07889	1.5665	706.2	0.09640	1.5967	710.2	0.1225
290	1.5082	699.8	0.05854	1.5517	708.1	0.08094	1.5771	712.1	0.09878	1.6068	715.8	0.1253
300	1.5201	706.6	0.06022	1.5624	714.2	0.08294	1.5874	717.8	0.1010	1.6166	721.3	0.1281
310	1.5314	713.2	0.06183	1.5727	720.2	0.08489	1.5974	723.4	0.1033	1.6261	726.9	0.1308
320	1.5423	719.6	0.06338	1.5827	726.1	0.08680	1.6071	729.1	0.1055	1.6354	732.4	0.1334
330	1.5529	725.8	0.06488	1.5924	731.9	0.08869	1.6165	734.8	0.1077	1.6445	737.9	0.1360
340	1.5631	731.9	0.06636	1.6019	737.7	0.09055	1.6256	740.5	0.1098	1.6534	743.4	0.1386
350	1.5729	737.9	0.06782	1.6112	743.5	0.09239	1.6345	746.1	0.1120	1.6621	748.8	0.1412
360	1.5323	743.8	0.06927	1.6202	749.2	0.09421	1.6432	751.6	0.1141	1.6707	754.1	0.1438
370	1.5914	749.7	0.07070	1.6290	754.8	0.09601	1.6518	757.1	0.1162	1.6791	759.4	0.1465
380	1.6003	755.6	0.07212	1.6376	760.4	0.09780	1.6603	762.6	0.1183	1.6874	764.8	0.1491
390	1.6091	761.4	0.07352	1.6460	765.9	0.09958	1.6686	768.0	0.1204	1.6955	770.1	0.1516
400	1.6177	767.2	0.07490	1.6542	771.4	0.1013	1.6767	773.4	0.1225	1.7035	775.5	0.1542
410	1.6262	772.9	0.07627	1.6623	776.9	0.1031	1.6846	778.8	0.1245	1.7113	780.8	0.1567
420	1.6345	778.5	0.07763	1.6703	782.4	0.1048	1.6924	784.2	0.1266	1.7190	786.1	0.1592
430	1.6426	784.2	0.07897	1.6781	787.9	0.1066	1.7001	789.7	0.1287	1.7266	791.4	0.1617
440	1.6505	789.8	0.08030	1.6858	793.3	0.1084	1.7077	795.1	0.1308	1.7341	796.6	0.1642
450	1.6583	795.4	0.08162	1.6934	798.7	0.1101	1.7152	800.4	0.1328	1.7414	801.8	0.1667
460	1.6659	801.0	0.08293	1.7008	804.1	0.1118	1.7225	805.7	0.1347	1.7486	807.1	0.1692
470	1.6734	806.5	0.08424	1.7081	809.5	0.1134	1.7297	811.0	0.1367	1.7557	812.5	0.1717
480	1.6808	812.1	0.08555	1.7153	815.0	0.1151	1.7368	816.4	0.1387	1.7628	817.9	0.1741
490	1.6881	817.6	0.08686	1.7224	820.4	0.1168	1.7439	821.7	0.1406	1.7698	823.2	0.1765
500	1.6953	823.1	0.08816	1.7295	825.8	0.1185	1.7509	827.1	0.1426	1.7767	828.5	0.1790
520	1.7094	834.2	0.09074	1.7434	836.6	0.1218	1.7647	837.9	0.1466	1.7904	839.1	0.1840
540	1.7233	845.3	0.09330	1.7571	847.6	0.1252	1.7782	848.7	0.1506	1.8038	849.8	0.1888
550	1.7300	850.7	0.09457	1.7638	853.0	0.1269	1.7848	854.0	0.1527	1.8104	855.1	0.1913
600	1.7623	878.3	0.1008	1.7956	880.1	0.1351	1.8165	881.0	0.1625	1.8419	881.9	0.2036

续表

t	50.0kgf/cm²（绝对大气压） $t_s=262.70$　$v''=0.04026$　$h''=667.5$　$s''=1.4288$			60.0kgf/cm²（绝对大气压） $t_s=274.29$　$v''=0.03313$　$h''=665.4$　$s''=1.4089$			70.0kgf/cm²（绝对大气压） $t_s=284.48$　$v''=0.02798$　$h''=662.6$　$s''=1.3911$		
	v	h	s	v	h	s	v	h	s
0	0.0009977	1.2	0.0001	0.0009972	1.4	0.0001	0.0009967	1.7	0.0001
20	0.0009997	21.1	0.0705	0.0009992	21.3	0.0704	0.0009988	21.6	0.0704
40	0.0010057	41.0	0.1361	0.0010053	41.2	0.1360	0.0010049	41.4	0.1359
60	0.0010148	60.9	0.1977	0.0010144	61.1	0.1976	0.0010139	61.3	0.1974
80	0.0010266	80.9	0.2558	0.0010262	81.1	0.2556	0.0010257	81.2	0.2555
100	0.0010409	100.9	0.3111	0.0010404	101.1	0.3109	0.0010399	101.2	0.3107
120	0.0010577	121.1	0.3637	0.0010572	121.2	0.3635	0.0010566	121.4	0.3633
140	0.0010770	141.4	0.4140	0.0010764	141.5	0.4137	0.0010758	141.7	0.4135
160	0.0010990	161.8	0.4622	0.0010984	162.0	0.4619	0.0010977	162.1	0.4617
180	0.0011243	182.6	0.5090	0.0011235	182.8	0.5086	0.0011226	182.9	0.5082
200	0.0011532	203.8	0.5547	0.0011522	203.9	0.5543	0.0011513	204.0	0.5539
210	0.0011694	214.6	0.5773	0.0011683	214.6	0.5768	0.0011673	214.7	0.5764
220	0.0011868	225.5	0.5996	0.0011857	225.5	0.5991	0.0011845	225.6	0.5986
230	0.0012058	236.5	0.6217	0.0012045	236.5	0.6212	0.0012032	236.6	0.6206
240	0.0012266	247.8	0.6439	0.0012251	247.8	0.6433	0.0012236	247.8	0.6428
250	0.0012495	259.3	0.6661	0.0012478	259.3	0.6655	0.0012460	259.3	0.6649
260	0.0012751	271.1	0.6885	0.0012729	270.9	0.6878	0.0012709	270.9	0.6871
270	0.04156	674.2	1.4410	0.0013014	283.0	0.7100	0.0012989	282.9	0.7092
280	0.04330	682.7	1.4564	0.03405	671.0	1.4188	0.0013308	295.2	0.7317
290	0.04493	690.7	1.4708	0.03563	680.2	1.4357	0.02881	668.5	1.4015

300	0.04646	698.4	1.4842	0.03711	689.0	1.4512	0.03029	678.7	1.4195
310	0.04790	705.6	1.4968	0.03848	697.4	1.4655	0.03163	688.2	1.4360
320	0.04927	712.5	1.5087	0.03976	705.1	1.4788	0.03287	697.1	1.4510
330	0.05059	719.2	1.5200	0.04097	712.5	1.4912	0.03403	705.3	1.4646
340	0.05186	725.8	1.5308	0.04213	719.6	1.5029	0.03512	713.0	1.4773
350	0.05310	732.2	1.5412	0.04324	726.4	1.5140	0.03615	720.3	1.4893
360	0.05432	738.5	1.5512	0.04432	733.1	1.5216	0.03714	727.4	1.5007
370	0.05552	744.7	1.5609	0.04538	739.7	1.5349	0.03810	734.3	1.5116
380	0.05671	750.8	1.5703	0.04642	746.1	1.5448	0.03903	741.0	1.5220
390	0.05788	756.9	1.5795	0.04744	752.4	1.5543	0.03994	747.6	1.5320
400	0.05904	762.9	1.5885	0.04845	758.7	1.5635	0.04084	754.1	1.5417
410	0.06018	768.8	1.5972	0.04944	764.9	1.5725	0.04173	760.5	1.5511
420	0.06130	774.7	1.6057	0.05042	770.9	1.5813	0.04260	766.8	1.5602
430	0.06241	780.5	1.6140	0.05138	776.8	1.5899	0.04346	773.0	1.5690
440	0.06352	786.3	1.6222	0.05233	782.7	1.5983	0.04430	779.1	1.5776
450	0.06462	792.0	1.6302	0.05327	788.5	1.6065	0.04513	785.1	1.5860
460	0.06571	797.8	1.6380	0.05420	794.4	1.6146	0.04596	791.1	1.5943
470	0.6679	803.5	1.6457	0.05512	800.3	1.6225	0.04678	797.2	1.6024
480	0.6786	809.2	1.6532	0.05604	806.1	1.6302	0.04759	803.0	1.6103
490	0.6893	814.9	1.6606	0.05695	811.9	1.6378	0.04839	808.9	1.6181
500	0.6999	820.5	1.6680	0.05785	817.6	1.6453	0.04918	814.8	1.6257
510	0.7104	820.1	1.6753	0.05874	823.4	1.6527	0.04996	820.7	1.6332
520	0.07208	831.7	1.6825	0.05962	829.1	1.6600	0.05073	826.5	1.6406
530	0.07312	837.3	1.6896	0.06050	834.8	1.6671	0.05150	832.3	1.6479
540	0.07416	842.9	1.6966	0.06138	840.5	1.6741	0.05227	838.1	1.6551
550	0.07519	848.5	1.7034	0.06227	846.2	1.6810	0.05304	843.9	1.6621
600	0.08029	876.4	1.7361	0.06659	874.9	1.7145	0.05680	872.7	1.6958

续表

t	80.0kgf/cm²（绝对大气压） $t_s=293.62$ $v''=0.02405$ $h''=659.8$ $s''=1.8745$			90.0kgf/cm²（绝对大气压） $t_s=301.92$ $v''=0.02096$ $h''=655.7$ $s''=1.3589$			100.0kgf/cm²（绝对大气压） $t_s=309.53$ $v''=0.01846$ $h''=651.7$ $s''=1.3440$			120kgf/cm²（绝对大气压） $t_s=323.15$ $v''=0.01463$ $h''=642.5$ $s''=1.3151$		
	v	h	s	v	h	s	v	h	s	v	h	s
0	0.0009962	1.9	0.0001	0.0009957	2.2	0.0001	0.0009952	2.4	0.0001	0.0009943	2.9	0.0002
20	0.0009983	21.8	0.0703	0.0009979	22.0	0.0702	0.0009975	22.2	0.0702	0.0009966	22.7	0.0701
40	0.0010045	41.6	0.1359	0.001040	41.8	0.1357	0.0010036	42.1	0.1356	0.0010028	42.5	0.1355
60	0.0010135	61.5	0.1973	0.0010130	61.7	0.1971	0.0010126	61.9	0.1917	0.0010117	62.3	0.1967
80	0.0010252	81.4	0.2553	0.0010248	81.6	0.2551	0.0010243	81.8	0.2550	0.0010234	82.2	0.2547
100	0.0010394	101.4	0.3105	0.0010389	101.6	0.3103	0.0010384	101.8	0.3101	0.0010375	102.1	0.3097
120	0.0010561	121.6	0.3631	0.0010556	121.7	0.3628	0.0010550	121.9	0.3626	0.0010540	122.2	0.3623
140	0.0010752	141.8	0.4133	0.0010746	142.0	0.4180	0.0010740	142.1	0.4128	0.0010728	142.4	0.4124
160	0.0010970	162.2	0.4614	0.0010963	162.4	0.4611	0.0010957	162.5	0.4608	0.0010943	162.8	0.4603
180	0.0011219	183.0	0.5079	0.0011211	183.1	0.5075	0.0011203	183.2	0.5072	0.0011188	183.5	0.5066
200	0.0011504	204.1	0.5535	0.0011494	204.2	0.5532	0.0011485	204.3	0.5527	0.0011466	204.5	0.5520
210	0.0011662	214.8	0.5759	0.0011652	214.9	0.5755	0.0011642	215.0	0.5751	0.0011621	215.1	0.5743
220	0.0011833	225.7	0.5982	0.0011822	225.7	0.5977	0.0011810	225.8	0.5978	0.0011788	225.0	0.5964
230	0.0012019	236.6	0.6202	0.0012006	236.7	0.6196	0.0011998	236.7	0.6192	0.0011968	236.8	0.6183
240	0.0012221	247.8	0.6423	0.0012206	247.9	0.6417	0.0012192	247.9	0.6412	0.0012163	248.0	0.6402
250	0.0012443	259.8	0.6643	0.0012425	259.8	0.6638	0.0012409	259.8	0.6632	0.0012377	259.3	0.6621
260	0.0012689	270.9	0.6864	0.0012669	270.9	0.6858	0.0012650	270.9	0.6852	0.0012613	270.8	0.6839
270	0.0012965	282.9	0.7085	0.0012942	282.7	0.7078	0.0012919	282.7	0.7071	0.0012875	282.6	0.7057
280	0.0013279	295.1	0.7308	0.0013250	295.0	0.7300	0.0013222	294.9	0.7293	0.0013169	294.6	0.7278
290	0.0013640	307.9	0.7538	0.0013604	307.7	0.7528	0.0018569	307.5	0.7520	0.0013505	307.1	0.7501

	col1	col2	col3	col4	col5	col6	col7	col8	col9	col10	col11	col12
300	0.7729	320.1	0.0013897	0.7751	320.7	0.0013979	0.7764	321.1	0.0014024	1.3875	667.0	0.02503
310	0.7966	333.8	0.001436	1.3452	652.2	0.01854	1.8764	666.0	0.02213	1.4067	678.0	0.02635
320	0.8225	848.8	0.001495	1.3688	666.0	0.01988	1.8968	677.7	0.02336	1.4230	688.0	0.02757
330	1.3357	654.1	0.01560	1.3891	678.3	0.02105	1.4145	688.3	0.02448	1.4393	697.2	0.02870
340	1.3594	669.2	0.01679	1.4071	689.2	0.02210	1.4303	698.0	0.02553	1.4534	705.8	0.02976
350	1.3798	681.5	0.01780	1.4231	699.0	0.02307	1.4446	706.9	0.02652	1.4665	713.9	0.03076
360	1.3978	692.7	0.01870	1.4376	708.0	0.02397	1.4578	715.1	0.02745	1.4787	721.5	0.03171
370	1.4137	703.0	0.01951	1.4508	716.5	0.02481	1.4702	722.9	0.02832	1.4902	728.8	0.03261
380	1.4282	712.5	0.02027	1.4632	724.5	0.02561	1.4818	730.4	0.02914	1.5012	735.9	0.03348
390	1.4414	721.3	0.02098	1.4748	732.2	0.02637	1.4927	737.6	0.02993	1.5117	742.8	0.03482
400	1.4537	729.6	0.02168	1.4858	739.6	0.02710	1.5031	744.6	0.03070	1.5217	749.5	0.03514
410	1.4654	737.5	0.02234	1.4963	746.8	0.02781	1.5132	751.5	0.03145	1.5314	756.1	0.03595
420	1.4765	745.1	0.02297	1.5065	753.9	0.02850	1.5230	758.3	0.03218	1.5408	762.6	0.03674
430	1.4872	752.5	0.02357	1.5164	760.8	0.02917	1.5325	764.9	0.03289	1.5500	769.0	0.03752
440	1.4975	759.7	0.02415	1.5260	767.5	0.02982	1.5418	771.4	0.03359	1.5589	775.3	0.03828
450	1.5074	766.8	0.02472	1.5353	774.1	0.03046	1.5508	777.8	0.03428	1.5676	781.5	0.03903
460	1.5169	773.8	0.02528	1.5444	780.6	0.03109	1.5596	784.2	0.03496	1.5761	787.7	0.03977
470	1.5261	780.7	0.02583	1.5532	787.1	0.03171	1.5682	790.5	0.03563	1.5844	793.8	0.04050
480	1.5351	787.4	0.02637	1.5617	793.5	0.03232	1.5766	796.7	0.03629	1.5925	799.9	0.04122
490	1.5438	794.0	0.02690	1.5700	799.8	0.03292	1.5847	802.9	0.03694	1.6004	805.9	0.04194
500	1.5522	800.5	0.02742	1.5781	806.1	0.03352	1.5926	809.0	0.03758	1.6082	811.9	0.04265
510	1.5604	807.0	0.02793	1.5860	812.3	0.03411	1.6003	815.1	0.03821	0.6159	817.9	0.04335
520	1.5685	813.4	0.02843	1.5938	818.5	0.03469	1.6079	821.1	0.03884	1.6234	823.9	0.04405
530	1.5765	819.7	0.02893	1.6015	824.7	0.03526	1.6154	827.2	0.03947	1.6308	829.8	0.04474
540	1.5848	823.0	0.02942	1.6090	830.8	0.03583	1.6228	833.3	0.04009	1.6381	835.7	0.04542
550	1.5920	832.3	0.02991	1.6164	836.9	0.03639	1.6301	839.4	0.04071	1.6453	841.6	0.04610
600	1.6231	863.1	0.03231	1.6516	867.0	0.03917	1.6649	868.9	0.04374	1.6795	870.8	0.04946

续表

t	140kgf/cm²（绝对大气压）$t_s=335.09$ $v''=0.01182$ $h''=631.7$ $s''=1.2873$			160kgf/cm²（绝对大气压）$t_s=345.74$ $v''=0.009625$ $h''=618.9$ $s''=1.2580$			180kgf/cm²（绝对大气压）$t_s=355.35$ $v''=0.007803$ $h''=602.8$ $s''=1.2257$			200kgf/cm²（绝对大气压）$t_s=364.08$ $v''=0.00618$ $h''=581.4$ $s''=1.1848$		
	v	h	s	v	h	s	v	h	s	v	h	s
0	0.0009933	3.3	0.0002	0.0009924	3.8	0.0002	0.0009914	4.3	0.0002	0.0009905	4.7	0.0003
20	0.0009958	23.1	0.0700	0.0009950	23.5	0.0699	0.0009941	24.0	0.0698	0.0009933	24.4	0.0697
40	0.0010019	42.9	0.1352	0.0010011	43.3	0.1351	0.0010003	43.7	0.1350	0.0009995	44.1	0.1347
60	0.0010109	62.7	0.1965	0.0010100	63.1	0.1962	0.0010092	63.5	0.1959	0.0010083	63.8	0.1958
80	0.0010225	82.5	0.2544	0.0010216	82.9	0.2541	0.0010207	83.3	0.2538	0.0010198	83.7	0.2536
100	0.0010365	102.5	0.3094	0.0010356	102.9	0.3090	0.0010347	103.2	0.3087	0.0010337	103.6	0.3084
120	0.0010529	122.6	0.3619	0.0010519	122.9	0.3615	0.0010508	123.2	0.3611	0.0010498	123.6	0.3607
140	0.0010717	142.8	0.4119	0.0010705	143.1	0.4115	0.0010694	143.3	0.4110	0.0010682	143.7	0.4106
160	0.0010930	163.1	0.4593	0.0010917	163.4	0.4593	0.0010905	163.6	0.4588	0.0010892	163.9	0.4583
180	0.0011172	183.7	0.5060	0.0011157	183.9	0.5054	0.0011143	184.2	0.5048	0.0011128	184.4	0.5042
200	0.0011448	204.7	0.5513	0.0011430	204.9	0.5506	0.0011412	205.1	0.5499	0.0011395	205.3	0.5492
210	0.0011601	215.3	0.5735	0.0011582	215.5	0.5727	0.0011562	215.6	0.5720	0.0011543	215.8	0.5712
220	0.0011766	226.1	0.5955	0.0011744	226.2	0.5946	0.0011722	226.3	0.5938	0.0011701	226.5	0.5980
230	0.0011943	237.0	0.6174	0.0011919	237.0	0.6164	0.0011895	237.2	0.6155	0.0011871	237.3	0.6147
240	0.0012136	248.0	0.6392	0.0012108	248.1	0.6382	0.0012082	248.2	0.6372	0.0012055	248.2	0.6363
250	0.0012346	259.3	0.6610	0.0012314	259.3	0.6599	0.0012284	259.4	0.6588	0.0012254	259.4	0.6578
260	0.0012576	270.8	0.6827	0.0012541	270.7	0.6816	0.0012506	270.7	0.6804	0.0012472	270.7	0.6792
270	0.0012832	282.5	0.7044	0.0012791	282.4	0.7033	0.0012751	282.3	0.7020	0.0012712	282.2	0.7007
280	0.0013118	294.5	0.7263	0.0013070	294.4	0.7250	0.0013023	294.2	0.7236	0.0012977	294.0	0.7222
290	0.0013448	306.9	0.7484	0.0013885	306.6	0.7463	0.0013329	306.4	0.7453	0.0013274	806.1	0.7437

T												
300	0.0013820	319.5	0.7709	0.0013746	319.1	0.7690	0.0013678	318.7	0.7673	0.0013612	318.4	0.7655
310	0.001426	322.9	0.7942	0.001417	332.2	0.7919	0.001408	331.6	0.7898	0.001400	331.1	0.7878
320	0.001481	347.5	0.8189	0.001468	346.4	0.8159	0.001457	345.5	0.8133	0.001446	344.7	0.8109
330	0.001552	363.4	0.8453	0.001533	361.7	0.8416	0.001517	360.6	0.8381	0.001502	359.2	0.8351
340	0.01253	642.8	1.3055	0.001621	379.4	0.8708	0.001596	376.9	0.8654	0.001573	375.0	0.8611
350	0.01374	660.3	1.3338	0.01032	630.0	1.2780	0.001713	396.5	0.8973	0.001671	393.1	0.8904
360	0.01471	674.4	1.3563	0.01154	651.8	1.3112	0.00862	620.3	1.2543	0.001841	416.6	0.9280
370	0.01558	687.0	1.3760	0.01252	668.3	1.3367	0.00991	645.8	1.2947	0.00746	610.5	1.2318
380	0.01637	698.3	1.3935	0.01332	682.1	1.3584	0.01082	664.0	1.3221	0.00870	640.3	1.2780
390	0.01709	708.6	1.4091	0.01404	694.5	1.3772	0.01161	679.0	1.3449	0.00958	660.6	1.3098
400	0.01775	718.1	1.4234	0.01471	705.7	1.3938	0.01231	691.9	1.3644	0.01033	676.5	1.3334
410	0.01837	727.0	1.4365	0.01533	715.8	1.4087	0.01293	703.4	1.3813	0.01098	689.9	1.3531
420	0.01896	735.5	1.4487	0.01591	725.2	1.4224	0.01349	714.0	1.3966	0.01156	701.9	1.3706
430	0.01953	743.6	1.4603	0.01646	734.1	1.4350	0.01402	723.9	1.4105	0.01209	712.9	1.3863
440	0.02008	751.4	1.4714	0.01699	742.5	1.4469	0.01453	733.2	1.4286	0.01259	723.1	1.4007
450	0.02061	759.0	1.4820	0.01750	750.6	1.4582	0.01503	742.0	1.4359	0.01307	732.7	1.4140
460	0.02112	766.4	1.4921	0.01798	758.5	1.4691	0.01550	750.5	1.4475	0.01352	741.9	1.4266
470	0.02162	773.7	1.5018	0.01844	766.3	1.4795	0.01595	758.8	1.4585	0.01395	750.7	1.4385
480	0.02211	780.8	1.5112	0.01889	773.9	1.4895	0.01638	766.8	1.4691	0.01436	759.2	1.4498
490	0.02259	787.8	1.5203	0.01933	781.3	1.4992	0.01680	774.5	1.4793	0.01475	767.4	1.4606
500	0.02306	794.7	1.5292	0.01976	788.5	1.5086	0.01720	782.1	1.4891	0.01513	775.4	1.4709
510	0.02352	801.4	1.5379	0.02018	795.6	1.5176	0.01759	789.6	1.4985	0.01550	783.2	1.4838
520	0.02397	808.0	1.5464	0.02059	802.6	1.5263	0.01797	796.9	1.5076	0.01586	790.8	1.4903
530	0.02441	814.5	1.5547	0.02100	809.5	1.5348	0.01835	804.1	1.5165	0.01621	798.2	1.4995
540	0.02485	821.0	1.5627	0.02140	816.2	1.5431	0.01872	811.1	1.5252	0.01656	805.5	1.5085
550	0.02529	827.5	1.5705	0.02180	822.8	1.5513	0.01908	817.9	1.5336	0.01690	812.6	1.5172
600	0.02740	859.2	1.6075	0.02371	855.2	1.5894	0.02084	851.1	1.5729	0.01854	847.0	1.5577

续表

t	240kgf/cm² (绝对大气压)			280kgf/cm² (绝对大气压)			300kgf/cm² (绝对大气压)		
	v	h	s	v	h	s	v	h	s
0	0.0009887	5.7	0.0003	0.0009868	6.6	0.0003	0.0009859	7.1	0.0003
20	0.0009916	25.8	0.0695	0.0009900	26.2	0.0694	0.0009892	26.6	0.0693
40	0.0009978	44.9	0.1344	0.0009962	45.8	0.1340	0.0009954	46.2	0.1338
60	0.0010067	64.6	0.1953	0.0010050	65.4	0.1949	0.0010042	65.8	0.1947
80	0.0010181	84.4	0.2530	0.0010164	85.2	0.2525	0.0010154	85.5	0.2522
100	0.0010318	104.3	0.3077	0.0010300	105.0	0.3072	0.0010291	105.4	0.3068
110	0.0010395	114.3	0.3341	0.0010376	115.0	0.3334	0.0010367	115.3	0.3330
120	0.0010478	124.3	0.3599	0.0010458	124.9	0.3591	0.0010448	125.3	0.3587
130	0.0010567	134.3	0.3851	0.0010546	134.9	0.3842	0.0010535	135.2	0.3838
140	0.0010661	144.3	0.4097	0.0010639	144.9	0.4088	0.0010628	145.2	0.4084
150	0.0010760	154.4	0.4338	0.0010737	155.0	0.4329	0.0010726	155.3	0.4324
160	0.0010866	164.5	0.4573	0.0010842	165.1	0.4564	0.0010830	165.4	0.4559
170	0.0010979	174.7	0.4804	0.0010953	175.2	0.4794	0.0010940	175.5	0.4789
180	0.0011099	184.9	0.5031	0.0011071	185.5	0.5020	0.0011057	185.7	0.5015
190	0.0011226	195.2	0.5256	0.0011196	195.7	0.5244	0.0011181	195.9	0.5239
200	0.0011362	205.6	0.5477	0.0011328	206.0	0.5466	0.0011312	206.2	0.5459
210	0.0011506	216.1	0.5698	0.0011470	216.5	0.5683	0.0011452	216.6	0.5676
220	0.0011660	226.7	0.5914	0.0011621	227.0	0.5898	0.0011602	227.1	0.5890
230	0.0011826	237.5	0.6129	0.0011782	237.7	0.6112	0.0011761	237.8	0.6103
240	0.0012005	248.4	0.6343	0.0011956	248.6	0.6324	0.0011933	248.6	0.6315
250	0.0012198	259.5	0.6557	0.0012144	259.6	0.6537	0.0012118	259.6	0.6526
260	0.0012408	270.7	0.6769	0.0012347	270.7	0.6747	0.0012317	270.7	0.6736
270	0.0012638	282.1	0.6982	0.0012568	282.0	0.6957	0.0012534	282.0	0.6945
280	0.0012891	293.8	0.7195	0.0012811	293.6	0.7167	0.0012778	298.5	0.7154
290	0.0013172	305.7	0.7408	0.0013080	305.4	0.7378	0.0013036	305.2	0.7364

300	0.0013489	317.8	0.7622	0.0013380	317.8	0.7589	0.0013328	317.2	0.7574
310	0.001385	330.4	0.7840	0.001372	329.6	0.7803	0.001366	329.2	0.7786
320	0.001427	343.6	0.8065	0.001410	342.4	0.8022	0.001403	342.0	0.8002
330	0.001477	357.4	0.8298	0.001455	355.9	0.8249	0.001446	355.3	0.8225
340	0.001538	372.2	0.8544	0.001510	370.0	0.8484	0.001497	369.1	0.8456
350	0.001617	388.5	0.8808	0.001577	385.3	0.8729	0.001558	383.9	0.8694
360	0.001722	407.3	0.9108	0.001659	402.2	0.9006	0.001558	400.2	0.8958
370	0.001914	432.2	0.9498	0.001779	421.6	0.9310	0.00174	418.4	0.9240
380	0.00370	526.3	1.0945	0.00202	446.7	0.9695	0.00190	440.5	0.9580
390	0.00603	606.3	1.2158	0.00284	490.8	1.0363	0.00226	470.5	1.0037
400	0.00708	636.0	1.2604	0.00427	571.9	1.1575	0.00302	524.9	1.0851
410	0.00785	657.8	1.2927	0.00537	613.4	1.2186	0.00429	582.6	1.1702
420	0.00851	674.9	1.3180	0.00618	639.4	1.2565	0.00518	617.2	1.2206
430	0.00908	688.9	1.3383	0.00684	659.8	1.2857	0.00589	642.0	1.2560
440	0.00959	701.2	1.3560	0.00738	676.5	1.3092	0.00648	661.3	1.2833
450	0.01006	712.5	1.3718	0.00785	690.1	1.3289	0.00696	677.4	1.3062
460	0.01049	723.3	1.3866	0.00830	702.9	1.3469	0.00741	691.9	1.3266
470	0.01089	733.6	1.4004	0.00870	714.8	1.3632	0.00782	705.0	1.3446
480	0.01128	743.4	1.4133	0.00907	726.1	1.3782	0.00820	717.1	1.3608
490	0.01165	752.6	1.4253	0.00942	736.6	1.3920	0.00855	728.2	1.3755
500	0.01200	761.5	1.4367	0.00975	746.5	1.4048	0.00888	738.6	1.3892
510	0.01234	770.1	1.4476	0.01007	756.0	1.4168	0.00918	748.6	1.4019
520	0.01267	778.5	1.4580	0.01038	765.2	1.4282	0.00947	758.3	1.4139
530	0.01299	786.6	1.4680	0.01068	774.0	1.4391	0.00976	767.6	1.4253
540	0.01331	794.4	1.4776	0.01098	782.6	1.4496	0.01005	776.5	1.4362
550	0.01362	802.1	1.4870	0.01127	790.9	1.4597	0.01033	785.1	1.4467
600	0.01509	838.6	1.5303	0.01261	829.8	1.5055	0.01161	825.3	1.4939

附表 5　在饱和温度下读出的过热水蒸气的平均比热容

单位：kcal/(kg·℃)

p/(kgf/cm²) \ t/℃	140	160	180	200	220	240	260	280	300	320	340	360	380	400	420	440	460	480	500	520	540	560	580	600
1	0.474	0.471	0.471	0.471	0.471	0.472	0.472	0.473	0.473	0.474	0.475	0.476	0.477	0.478	0.479	0.481	0.482	0.484	0.485	0.487	0.488	0.490	0.491	0.492
5		0.540	0.528	0.520	0.514	0.510	0.507	0.506	0.504	0.504	0.504	0.503	0.503	0.503	0.503	0.503	0.504	0.504	0.504	0.505	0.506	0.507	0.508	0.509
10				0.577	0.566	0.556	0.547	0.540	0.535	0.533	0.531	0.528	0.527	0.526	0.525	0.523	0.523	0.523	0.523	0.523	0.523	0.523	0.523	0.524
20					0.681	0.653	0.625	0.607	0.596	0.588	0.582	0.576	0.571	0.567	0.564	0.560	0.557	0.556	0.554	0.553	0.552	0.550	0.550	0.549
30						0.746	0.709	0.684	0.663	0.648	0.635	0.626	0.617	0.609	0.602	0.597	0.592	0.588	0.584	0.581	0.579	0.577	0.575	0.573
40							0.832	0.779	0.740	0.713	0.693	0.675	0.662	0.651	0.641	0.633	0.626	0.620	0.614	0.610	0.606	0.602	0.599	0.597
50								0.873	0.820	0.785	0.754	0.730	0.710	0.695	0.682	0.670	0.660	0.652	0.645	0.638	0.633	0.628	0.623	0.619
60								0.985	0.918	0.869	0.825	0.790	0.763	0.742	0.724	0.708	0.695	0.684	0.674	0.662	0.659	0.653	0.647	0.643
70									1.031	0.963	0.908	0.858	0.821	0.792	0.769	0.749	0.732	0.718	0.706	0.696	0.687	0.679	0.672	0.666
80									1.159	1.073	1.003	0.937	0.890	0.848	0.817	0.793	0.772	0.754	0.739	0.727	0.716	0.707	0.698	0.690
90										1.217	1.111	1.023	0.957	0.906	0.869	0.838	0.813	0.792	0.774	0.758	0.746	0.735	0.725	0.715
100										1.366	1.231	1.116	1.033	0.972	0.925	0.888	0.857	0.832	0.811	0.793	0.777	0.764	0.752	0.741
110										1.550	1.383	1.235	1.124	1.048	0.991	0.946	0.908	0.877	0.852	0.830	0.811	0.795	0.782	0.769
120											1.585	1.357	1.231	1.133	1.059	1.003	0.959	0.924	0.893	0.868	0.846	0.828	0.812	0.797
130											1.869	1.518	1.357	1.229	1.139	1.071	1.017	0.974	0.940	0.910	0.885	0.864	0.844	0.828
140											2.261	1.714	1.483	1.331	1.223	1.141	1.078	1.029	0.988	0.953	0.924	0.900	0.878	0.859
150												1.975	1.643	1.454	1.319	1.222	1.147	1.088	1.040	1.001	0.968	0.939	0.915	0.893
160												2.307	1.845	1.600	1.431	1.311	1.222	1.155	1.099	1.054	1.016	0.982	0.954	0.929
170												2.816	2.110	1.773	1.560	1.417	1.310	1.228	1.163	1.111	1.067	1.029	0.997	0.969
180													2.483	1.996	1.720	1.541	1.411	1.316	1.240	1.179	1.128	1.084	1.047	1.015
190													3.077	2.325	1.946	1.711	1.549	1.431	1.339	1.265	1.206	1.155	1.112	1.075
200													3.700	2.648	2.155	1.866	1.673	1.534	1.427	1.343	1.274	1.216	1.168	1.126
210														3.194	2.500	2.117	1.869	1.694	1.563	1.460	1.377	1.309	1.252	1.203
220														4.143	3.063	2.504	2.167	1.940	1.770	1.639	1.535	1.450	1.379	1.318

附表6　　水的重要物理性质

温度/℃	外压 100kN/m²	外压 kgf/cm²	密度/kg/cm³	焓 kJ/kg	焓 kcal/kgf	比热容 kJ/kg·K	比热容 kcal/kgf·℃	导热系数 W/m·K	导热系数 kcal/m·h·℃	黏度 mPa·s或cP	黏度 10⁻⁶kgf·s/m²	运动黏度/(10⁻⁵m²/s)	体积膨胀系数/(10⁻³/℃)	表面张力 mN/m	表面张力 10⁻³kgf/m
0	1.013	1.033	999.9	0	0	4.212	1.006	0.551	0.474	1.789	182.3	0.1789	−0.063	75.6	7.71
10	1.013	1.033	999.7	42.04	10.04	4.191	1.001	0.575	0.494	1.305	133.1	0.1306	+0.070	74.1	7.56
20	1.013	1.033	998.2	83.90	20.04	4.183	0.999	0.599	0.515	1.005	102.4	0.1006	0.182	72.7	7.41
30	1.013	1.033	995.7	125.8	30.02	4.174	0.997	0.618	0.531	0.801	81.7	0.0805	0.321	71.2	7.26
40	1.013	1.033	992.2	167.5	40.01	4.174	0.997	0.634	0.545	0.653	66.6	0.0659	0.387	69.6	7.10
50	1.013	1.033	988.1	209.3	49.99	4.174	0.997	0.648	0.557	0.549	56.0	0.0556	0.449	67.7	6.90
60	1.013	1.033	983.2	251.1	59.98	4.178	0.998	0.659	0.567	0.470	47.9	0.0478	0.511	66.2	6.75
70	1.013	1.033	977.8	293.0	69.98	4.187	1.000	0.668	0.574	0.406	41.4	0.0415	0.570	64.3	6.56
80	1.013	1.033	971.8	334.9	80.00	4.195	1.002	0.675	0.580	0.355	36.2	0.0365	0.632	62.6	6.38
90	1.013	1.033	965.3	377.0	90.04	4.208	1.005	0.680	0.585	0.315	32.1	0.0326	0.695	60.7	6.19
100	1.013	1.033	958.4	419.1	100.10	4.220	1.008	0.683	0.587	0.283	28.8	0.0295	0.752	58.8	6.00
110	1.433	1.461	951.0	461.3	110.19	4.223	1.011	0.685	0.589	0.259	26.4	0.0272	0.808	56.9	5.80
120	1.986	2.025	943.1	503.7	120.3	4.250	1.015	0.686	0.590	0.237	24.2	0.0252	0.864	54.8	5.59
130	2.702	2.755	934.8	546.4	130.5	4.266	1.019	0.686	0.590	0.218	22.2	0.0233	0.919	52.8	5.39
140	3.624	3.699	926.1	589.1	140.7	4.287	1.024	0.685	0.589	0.201	20.5	0.0217	0.927	50.7	5.17
150	4.761	4.855	917.0	632.2	151.0	4.312	1.030	0.684	0.588	0.186	19.0	0.0203	1.03	48.6	4.96
160	6.181	6.303	907.4	675.3	161.3	4.346	1.038	0.683	0.587	0.173	17.7	0.0191	1.07	46.6	4.75
170	7.924	8.080	897.3	719.3	171.8	4.386	1.046	0.679	0.584	0.163	16.6	0.0181	1.13	45.3	4.62
180	10.03	10.23	886.9	763.3	182.3	4.417	1.055	0.675	0.580	0.153	15.6	0.0173	1.19	42.3	4.31

续表

温度 /℃	外压 100kN/m²	外压 kgf/cm²	密度 /kg/cm³	焓 kJ/kg	焓 kcal/kgf	比热容 kJ/kg·K	比热容 kcal/kgf·℃	导热系数 W/m·K	导热系数 kcal/m·h·℃	黏度 mPa·s 或 cP	黏度 10⁻⁶kgf·s/m²	运动黏度 /(10⁻⁵ m²/s)	体积膨胀系数/(10⁻³/℃)	表面张力 mN/m	表面张力 10⁻³kgf/m
190	12.55	12.80	876.0	807.6	192.9	4.459	1.065	0.670	0.576	0.144	14.7	0.0165	1.26	40.0	4.08
200	15.54	15.85	863.0	852.4	203.6	4.505	1.076	0.663	0.570	0.136	13.9	0.0158	1.33	37.7	3.84
210	19.07	19.45	852.8	897.6	214.4	4.555	1.088	0.655	0.563	0.130	13.3	0.0153	1.41	35.4	3.61
220	23.20	23.66	840.3	943.7	225.4	4.614	1.102	0.645	0.555	0.124	12.7	0.0148	1.48	33.1	3.38
230	27.98	28.53	827.3	990.2	236.5	4.681	1.118	0.637	0.648	0.120	12.2	0.0145	1.59	31.0	3.16
240	33.47	34.13	813.6	1038	247.8	4.756	1.136	0.628	0.540	0.115	11.7	0.0141	1.68	28.5	2.91
250	39.77	40.55	799.0	1086	259.3	4.844	1.157	0.618	0.531	0.110	11.2	0.0137	1.81	26.2	2.67
260	46.93	47.85	784.0	1135	271.1	4.949	1.182	0.604	0.520	0.106	10.8	0.0135	1.97	23.8	2.42
270	55.03	56.11	767.9	1185	283.1	5.070	1.211	0.590	0.507	0.102	10.4	0.0133	2.16	21.5	2.19
280	64.16	65.42	750.7	1237	295.4	5.229	1.249	0.575	0.494	0.098	10.0	0.0131	2.37	19.1	1.95
290	74.42	75.88	732.3	1290	308.1	5.485	1.310	0.558	0.480	0.094	9.6	0.0129	2.62	16.9	1.72
300	85.81	87.6	712.5	1345	321.2	5.736	1.370	0.540	0.464	0.091	9.3	0.0128	2.92	14.4	1.47
310	98.76	100.6	691.1	1402	334.9	6.071	1.450	0.523	0.450	0.088	9.0	0.0128	3.29	12.1	1.23
320	113.0	115.1	667.1	1462	349.2	6.573	1.570	0.506	0.435	0.085	8.7	0.0128	3.82	9.81	1.00
330	128.7	131.2	640.2	1526	364.5	7.24	1.73	0.484	0.416	0.081	8.3	0.0127	4.33	7.67	0.782
340	146.1	149.0	610.1	1595	380.9	8.16	1.95	0.457	0.393	0.077	7.9	0.0127	5.34	5.67	0.578
350	165.3	168.6	574.4	1671	399.2	9.50	2.27	0.43	0.37	0.073	7.4	0.0126	6.68	3.81	0.389
360	189.0	190.32	528.0	1761	420.7	13.98	3.34	0.40	0.34	0.067	6.8	0.0126	10.9	2.02	0.206
370	210.4	214.5	450.5	1892	452.0	40.32	9.63	0.34	0.29	0.057	5.8	0.0126	26.4	4.71	0.048

附表7　　　　　　　　　空气的重要物理性质(760mmHg 压力下)

温度/℃	密度/$\frac{kg}{m^3}$	定压比热		导热系数		黏度		运动黏度/($10^{-6}m^2/s$)
		$\frac{kJ}{kg \cdot K}$	$\frac{kcal}{kgf \cdot ℃}$	$\frac{W}{m \cdot K}$	$\frac{kcal}{m \cdot h \cdot ℃}$	$\mu Pa \cdot s$ 或 $10^{-3}cP$	$\frac{10^{-6}kgf \cdot s}{m^2}$	
−50	1.584	1.013	0.242	0.0204	0.0175	14.6	1.49	9.23
−40	1.515	1.013	0.242	0.0212	0.0182	15.2	1.55	10.04
−30	1.453	1.013	0.242	0.0220	0.0189	16.7	1.60	10.80
−20	1.395	1.009	0.241	0.0228	0.0196	16.2	1.65	12.79
−10	1.342	1.009	0.241	0.0236	0.0203	16.7	1.70	12.43
0	1.293	1.005	0.240	0.0244	0.0210	17.2	1.75	13.28
10	1.247	1.005	0.240	0.0251	0.0216	17.7	1.80	14.16
20	1.205	1.005	0.240	0.0259	0.0223	18.1	1.85	15.06
30	1.165	1.005	0.240	0.0267	0.0230	18.6	1.90	16.00
40	1.128	1.005	0.240	0.0276	0.0237	19.1	1.95	16.96
50	1.093	1.005	0.240	0.0283	0.0243	19.6	2.00	17.95
60	1.060	1.005	0.240	0.0290	0.0249	20.1	2.05	18.97
70	1.029	1.009	0.241	0.0297	0.0255	20.6	2.10	20.02
80	1.000	1.009	0.241	0.0305	0.0262	21.1	2.15	21.09
90	0.972	1.009	0.241	0.0313	0.0269	21.5	2.19	22.10
100	0.946	1.009	0.241	0.0321	0.0276	21.9	2.23	23.13
120	0.898	1.009	0.241	0.0334	0.0287	22.9	2.33	25.45
140	0.854	1.013	0.242	0.0349	0.0300	23.7	2.42	27.80
160	0.815	1.017	0.243	0.0364	0.0313	24.5	2.50	30.09
180	0.779	1.022	0.244	0.0378	0.0325	25.3	2.58	32.49
200	0.746	1.026	0.245	0.0393	0.0338	26.0	2.65	34.85
250	0.674	1.038	0.248	0.0429	0.0367	27.4	2.79	40.61
300	0.615	1.048	0.250	0.0461	0.0396	29.7	3.03	48.33
350	0.566	1.059	0.253	0.0491	0.0422	31.4.	3.20	55.46
400	0.524	1.068	0.255	0.0521	0.0448	33.0	3.37	63.09
500	0.456	1.003	0.261	0.0575	0.0494	36.2	3.69	79.38
600	0.404	1.114	0.266	0.0622	0.0535	39.1	3.99	96.89
700	0.362	1.135	0.271	0.0671	0.0577	41.8	4.26	115.4
800	0.329	1.156	0.276	0.0718	0.0617	44.3	4.52	134.8
900	0.301	1.172	0.280	0.0763	0.0656	46.7	4.76	155.1
1000	0.277	1.185	0.283	0.0804	0.0694	49.0	5.00	177.1
1100	0.257	1.197	0.286	0.0850	0.0731	51.2	5.22	199.3
1200	0.239	1.206	0.288	0.0915	0.0787	53.4	5.45	223.7

附表 8　无机物水溶液在大气压下的沸点

溶液浓度，质量/%

溶液 ＼ 温度/℃	101	102	103	104	105	107	110	115	120	125	140	160	180	200	220	240	260	280	300	340
CaCl₂	5.66	10.31	14.16	17.36	20.00	24.24	29.33	35.68	40.83	54.80	57.89	68.94	75.85	64.91	68.73	72.64	75.76	78.95	81.63	86.18
KOH	4.49	8.51	11.96	14.82	17.01	20.88	25.65	31.97	36.51	40.23	48.05	54.89	60.41							
KCl	8.42	14.31	18.96	23.02	26.57	32.62	36.47	(近于108.5℃)*												
K₂CO₃	10.31	18.37	24.20	28.57	32.24	37.69	43.97	50.86	56.04	60.40	66.94	(近于133.5℃)								
KNO₃	13.19	23.66	32.23	39.20	45.10	54.65	65.34	79.53												
MgCl₂	4.67	8.42	11.66	14.31	16.59	20.23	24.41	29.48	33.07	36.02	38.61									
MgSO₄	14.31	22.78	28.31	32.23	35.32	42.86	(近于108℃)													
NaOH	4.12	7.40	10.15	12.51	14.53	18.32	23.08	26.21	33.77	37.58	48.32	60.13	69.97	77.53	84.03	88.89	93.02	95.92	98.47	(近于314℃)
NaCl	6.19	11.03	14.67	17.69	20.32	25.09	28.92	(近于108℃)												
NaNO₃	8.26	15.61	21.87	17.53	32.45	40.47	49.87	60.94	68.94											
Na₂SO₄	15.26	24.81	30.73	31.83	(近于103.2℃)															
Na₂CO₃	9.42	17.22	23.72	29.18	33.66															
CuSO₄	26.95	39.98	40.83	44.47	45.12		(近于104.2℃)													
ZnSO₄	20.00	31.22	37.89	42.92	46.15															
NH₄NO₃	9.09	16.66	23.08	29.08	34.21	42.52	51.92	63.24	71.26	77.11	87.09	93.20	69.00	97.61	98.84	100				
NH₄Cl	6.10	11.35	15.96	19.80	22.89	28.37	35.98	46.94												
(NH₄)₂SO₄	13.34	23.41	30.65	36.71	41.79	49.73	49.77	53.55	(近于108.2℃)											

* 括号内的指饱和溶液的沸点。

附表9　　　　　　　　　　　　　　单位换算表

将本书中以国际单位制表达的数值,通过除以一定的数值,获得以常用单位表达的数值

物理量名称	以国际单位制表达数值	除以的数	以常用单位的表达数值
面积	平方厘米[cm^2]	6.4516	平方英寸[in^2]
	平方米[m^2]	0.0929030	平方英尺[ft^2]
	平方米[m^2]	0.8361274	平方码[yd^2]
密度	千克每立方米[kg/m^3]	16.01846	磅每立方英尺[lb/ft^3]
	千克每立方米[kg/m^3]	1000	克每立方厘米[g/cm^3]
能量	焦耳[J]	1.35582	英尺磅力[ft·lbf]
	焦耳[J]	9.80665	米千克力[m·kgf]
	毫焦耳[mJ]	0.0980665	厘米克力[cm·gf]
	千焦耳[kJ]	1.05506	英制热量单位[Btu]
	兆焦耳[MJ]	2.68452	马力小时[hp·h]
	兆焦耳[MJ]	3.600	千瓦时[kW·h 或 kWh]
	千焦耳[kJ]	4.1868	千卡路里[kcal]
	焦耳[J]	1	米牛顿[m·N 或 Nm]
力	牛顿[N]	4.44822	磅力[lbf]
	牛顿[N]	0.278014	盎司力[ozf]
	牛顿[N]	9.80665	千克力[gf]
	毫牛顿[mN]	0.01	达因[dynes]
单位长度力	牛顿每米[N/m]	9.80665	克力每方毫米[gf/mm]
	千牛顿每米[kN/m]	0.1751268	磅力每英寸[lbf/in]
长度	纳米[nm]	0.1	埃米[Å]
	微米[μm]	1	微米[μm]
	毫米[mm]	0.0254	密尔(千分之一英寸)[mil 或 0.001in]
	毫米[mm]	25.4	英寸[in]
	米[m]	0.3048	英尺[ft]
	千米[km]	1.609	里[mi]
质量	克[g]	28.3495	盎司[oz]
	千克[kg]	0.453592	磅[lb]
	公吨(吨)[t](1000kg)	0.907185	吨[=2000lb]
功	瓦特[W]	1.35582	英尺磅力每秒[ft·lbf/s]
	瓦特[W]	745.700	马力[hp]=550英尺磅力每秒
	千瓦特[kW]	0.74570	马力[hp]
	瓦特[W]	735.499	米制马力

续表

物理量名称	以国际单位制表达数值	除以的数	以常用单位的表达数值
压力,应力,单位面积力	千帕斯卡[kPa]	6.89477	磅力每平方英寸[lbf/in² 或 psi]
	帕斯卡[Pa]	47.8803	磅力每平方英尺[lbf/ft²]
	千帕斯卡[kPa]	2.98898	水英尺高度(39.2℉)[ft H₂O]
	千帕斯卡[kPa]	0.24884	水英寸高度(60℉)[in H₂O]
	千帕斯卡[kPa]	3.38638	水银英寸高度(32℉)[in Hg]
	千帕斯卡[kPa]	3.37685	水银英寸高度(60℉)[in Hg]
	千帕斯卡[kPa]	0.133322	水银毫米高度(0℃)[mm Hg]
	兆帕斯卡[MPa]	0.101325	大气压[atm]
	帕斯卡[Pa]	98.0665	克力每平方厘米[gf/cm²]
	帕斯卡[Pa]	1	牛顿每平方米[N/m²]
	千帕斯卡[kPa]	100	大气压[bar]
速度	米每秒[m/s]	0.30480	英尺每秒[ft/s]
	毫米每秒[mm/s]	5.080	英尺每分钟[ft/min 或 fpm]
抗张吸收能(TEA)	焦耳每平方米[J/m²]	14.5939	英尺磅力每平方英尺[ft·lbf/ft²]
	焦耳每平方米[J/m²]	175.127	英寸磅力每平方英寸[in·lbf/in²]
	焦耳每平方米[J/m²]	9.80665	米千克力每平方米[kgf·m/m²]
动态黏度 Dynamic	帕斯卡秒[Pas]	0.1	泊[P]
	微帕斯卡秒[mPas]	1	厘泊[cP]
运动黏度 Kinematic	平方毫米每秒[mm²/s]	1	厘涩[cSt]
流体体积	毫升[mL]	29.5735	盎司[oz]
	升[L]	3.785412	加仑[USgal]
固体或流体体积	立方厘米[cm³]	16.38706	立方英寸[in³]
	立方米[m³]	0.0283169	立方英尺[ft³]
	立方米[m³]	0.764555	立方码[yd³]
	立方毫米[mm³]	1	微升[μL]
	立方厘米[cm³]	1	毫升[mL]
	立方分米[dm³]	1	升[L]
	立方米[m³]	0.001	升[L]